高等院校计算机专业应用技术系列教材

# Java 程序设计语言

陈杰华 编著

北京大学出版社

PEKING UNIVERSITY PRESS

**图书在版编目 (CIP) 数据**

Java 程序设计语言 / 陈杰华编著 . — 北京 : 北京大学出版社 , 2017. 4
( 高等院校计算机专业应用技术系列教材 )
ISBN 978-7-301-16156-2

Ⅰ . ① J… Ⅱ .①陈… Ⅲ .① Java 语言 - 程序设计 - 高等学校 - 教材 Ⅳ .① TP312

中国版本图书馆 CIP 数据核字 (2009) 第 222776 号

| | |
|---|---|
| 书　　　名 | Java 程序设计语言 |
| 著作责任者 | 陈杰华　编著 |
| 责 任 编 辑 | 王　华 |
| 标 准 书 号 | ISBN 978-7-301-16156-2 |
| 出 版 发 行 | 北京大学出版社 |
| 地　　　址 | 北京市海淀区成府路 205 号　100871 |
| 网　　　址 | http://www.pup.cn　新浪微博 : @ 北京大学出版社 |
| 电 子 信 箱 | zpup@pup.cn |
| 电　　　话 | 邮购部 62752015　发行部 62750672　编辑部 62765014 |
| 印 刷 者 | 北京大学印刷厂 |
| 经 销 者 | 新华书店 |

787 毫米 × 1092 毫米　16 开本　19 印张　462 千字
2017 年 4 月第 1 版　2017 年 4 月第 1 次印刷

定　　　价　38. 00 元

# 内　容　提　要

　　本书是学习 Java 程序设计语言的基础教材，共分为 12 章，主要内容包括：绪论，Java 语言目录结构、程序规范和上机操作，数据类型、运算符和表达式、Java 语言的基本语句和控制结构，类、数组和字符串，异常处理，线程与对象串行化，文件和输入输出，图形用户界面程序和事件处理，编写 Applet 程序，图形程序设计，Java 的多媒体应用。为方便讲课与上机实践，每章最后均附有习题，并在书后附有习题答案。

　　本书内容丰富，讲解简明易懂、循序渐进、深入浅出。本书可作为高等院校本、专科各专业学生学习 Java 语言程序设计课程的教材，也可作为初学者、IT 行业爱好者的辅助学习教材。

# 前　　言

　　Java 程序设计语言广泛使用面向对象程序设计,它模拟人类对现实世界的思维方式,将数据与操作组合起来,符合现代软件开发的要求,正逐步替代面向过程的程序设计技术,进而成为计算机应用开发领域的主流趋势。同时 Java 程序设计语言具有跨平台运行的优点,从而使软件重用程度非常高。此外,Java 白皮书中还提到:Java 程序设计语言具有简单、分布式、解释、安全、可移植、高性能、多线程、动态等优点。

　　本书主要特点体现在三个方面:

　　(1) 适合教师教学。本书按教材编写,内容组织和结构合理,条理清晰。同时,每章后均安排有习题,方便学生学习使用。同时,教师可以利用本书的电子教案、习题参考答案等教学资源,备课、讲课、指导学生上机,方便教学。

　　(2) 章节结构合理。本书每章均按照基本概念、语句结构、程序思想、代码实现等程序设计思想流程介绍 Java 程序设计语言,有利于学生对照学习,提高学习效率。本书采用循序渐进的学习模式,适合初、中级读者掌握 Java 程序设计语言。

　　(3) 图文并茂,简明易懂。本书文字通俗,努力做到用通俗语言来解释概念和程序设计思想。对绝大多数 Java 程序都附有计算机运行后的窗口图形,以方便读者阅读。重点介绍 Java 程序设计语言的相关知识,为读者体验式学习奠定基础。

　　本书最大的特色是按课程教学方式来组织内容,因此适合老师授课,也适合学生阅读。

　　本书由陈杰华制定全书整体框架和统稿工作,并编写主要文字内容,其他参与文字编写、资料整理、代码调试、图片制作的还有孟宏源、戴丽娟老师等。由于作者水平有限,加之编写出版时间仓促,书中难免不足和谬误之处,恳请广大读者批评和指正。

　　编者电子邮件地址:cjh028@126.com 和 chenjiehua@scu.edu.cn,如有技术问题、索要案例、习题源程序文件和电子教案,可以发送电子邮件,我们一定准时回复并尽可能为您提供方便。

编者

2016 年 10 月 20 日

# 目 录

# 第 1 章　绪　　论

"Java"在英文中的意思是指印度尼西亚的爪哇岛,该岛以盛产咖啡而闻名于世。但是在计算机领域中,Java 则是一种程序设计语言。它具有与计算机操作平台无关的特性,是当今最流行的网络开发语言之一。本章主要内容包括:Java 语言的特点,Java 语言的三种平台,Java 语言的实现机制和主要应用。

## 1.1　Java 语言起源、特点和现状

### 1.1.1　Java 语言的起源

1991 年,美国 Sun Microsystems 公司成立了一个新的计算机语言开发小组,取名为 Green,其目的是研制一种面向家用电器市场的计算机语言。该开发小组首先考虑这一软件产品必须具有与计算机操作系统平台无关的特征,同时还必须具有高度简洁和安全可靠的特征,取名为 Oak 语言,这就是 Java 语言的前身。

同时,美国 Sun Microsystems 公司抓住 WWW 网页都是静态表示的致命弱点,将 Oak 语言重新定位在 WWW 浏览器上。在继续完善 Oak 语言的同时,还用 Oak 语言开发出一个真正的因特网上的 WWW 浏览器——WebRunner,这就是后来的"HotJava"程序设计语言。1995 年 5 月,Oak 语言被重新命名为 Java 语言。

### 1.1.2　Java 语言的特点

在 Java 白皮书中,它是这样描述的:"Java 语言是一个简单的、面向对象的、分布式的、解释的、健壮的、安全的、独立于平台的、可移植的、高性能的、多线程的、动态的程序设计语言。"

1. 简单性

Java 属于一种简单的程序设计语言,它表现在如下三个方面:

(1) 易学易用。Java 语言的概念不多,而且这些概念大多数程序员都是熟知的。在外部表现形式上,Java 语言与 C++语言极为相似,这在一定程度上也就保证了 Java 语言易学易用这一特点。

(2) 取消 C++语言中的不良成分。为保证简单性,Java 语言取消了 C++语言中的许多不良成分,这些不良成分往往容易导致不良的程序设计风格。

(3) 简单运行系统。Java 语言的运行系统是十分简单的,它的基本解释器(Interpreted)只有 49KB,即使加上全部标准库和线程支持也不过数百 KB。

由此可知,Java 语言是从 C++语言发展而来的,原来 C++语言的程序开发者很容易转向 Java 语言环境。另外,Java 语言比 C++语言更简单易学,所编程序的可读性也得到了大大地增强。

2. 面向对象程序设计

Java 语言完全具有面向对象程序设计技术的四大特点：继承性、封装性、多态性和动态性。Java 语言的封装性比 C++语言的封装性要好得多，Java 语言没有全局变量。在 Java 语言中，绝大部分成员变量都是对象，只有属于基本数据类型的整型变量、浮点型变量、字符型变量、布尔型变量才是例外。另外，Java 语言为程序员提供了大量的类，这些类又可以组成各种各样的软件包（Package），从而使程序员从复杂的程序设计工作中解放出来。Java 语言中的类和 C++语言的类一样也是有层次继承关系的，子类可以继承父类中的全部属性和方法，程序员只需要为特定计算任务编写部分代码。

Java 语言是一种纯面向对象 POO（Pure Object Oriented）的程序设计语言，其程序代码以类的形式组成，完全抛弃了 C++语言中的非面向对象特性，主要结构特点如下：

（1）程序一般是由类的声明和类的使用两部分组成的。在主程序中，程序员可以定义全部对象，并规定对象间传递消息的方式。

（2）程序中的全部操作都是通过向对象发送消息（Message）来实现的，对象接收到消息后，就可以启动有关的方法（Method）完成相应的操作。

**注意**：C++语言中将全部类均处理成虚函数，而 Java 语言中将类处理成是可以动态加载的程序代码。

3. 分布式计算

Java 语言是随着因特网发展起来的一种面向对象语言，它支持网络上的许多应用程序。从本质上看，Java 语言是一种分布式（Distributed）的程序设计语言。Java 语言系统提供了一个 Java.net 的包，通过该包中的许多类，程序员可以完成各种层次上的网络连接。例如：Java 语言系统提供了一个 Socket 类，通过该类可以获取安全的网络连接，这样就方便程序员开发分布式的客户机/服务器（Client/Server）应用程序；另外，Java 语言系统提供了一个 URL 类，它支持 Java 应用程序通过因特网打开并访问远程资源，这样就使得用 Java 语言打开远程文件与打开本地文件是一致的。

4. 健壮性

Java 语言的健壮性（也称为鲁棒性）体现在三个方面：强类型语言、异常处理和内存储器管理。

（1）强类型语言。Java 语言要求进行完全显式的方法声明、变量声明和类型转换，这就保证了编译器可以发现无效变量、方法调用错误、数据类型不一致等问题，从而保证应用程序更加可靠地运行。

（2）异常处理。程序员通过使用 try/catch/finally 语句，可以将一组错误处理代码放在一个特定的地方，这样便于简化错误处理工作，同时增强程序可读性。

（3）内存储器管理，又称为自动垃圾回收机制。Java 语言的无用单元自动收集机制可以防止动态内存储器分配所导致的种种问题，Java 语言不支持 C++语言程序开发者推崇备至的指针操作，这就从根本上杜绝了应用程序对内存储器的非法访问。另外，Java 解释器在运行时也进行在线的实时检查，可以发现数组下标越界、字符串访问错误、存储空间不够等问题。

5. 安全性

Java 语言的运行系统具有字节代码（JavaByteCode，JBC）验证机制，从而保证从网络上下载的任何代码不违反 Java 语言的限制；另外，Java 语言的内存储器分配模式是防止有害代码或病毒破坏用户文件系统的一个重要手段。由于 Java 语言取消了 C++语言中的指针操作，所以一个 Java 应用程序是无法访问它不该访问的内存储器单元的，Java 程序的安全性具体体现在三个层次上，即编译层、解释层和平台层，如表 1-1 所示。

表 1-1 Java 程序安全性的具体体现

| 层次 | 说明 |
|---|---|
| 编译层 | 完成词法分析、语法检查等 |
| 解释层 | 包括字节码校验器、测试代码段格式与规则检查、访问权限与类型转换合法性检查、操作数堆栈的上溢或下溢检查、代码参数类型合法性检查等 |
| 平台层 | 通过配置策略可设定访问资源范围而无需区分本地机与远程系统 |

### 6. 平台无关性

Java 语言的本质特征就是与平台无关性。任何其他的程序设计语言编译或解释产生的代码，都不能保证在任何操作系统平台上能够有效地运行。Java 语言编译产生的中间代码是字节代码，而不是任何形式的机器语言代码。JBC 本身是一种解释型（Interpreted）的代码，Java 程序的字节代码必须运行在一个解释器上。Java 语言的字节代码是一种与操作系统平台无关的面向对象的文件格式，所以 Java 语言可以高效地运行在不同的操作系统平台上。

Java 语言使用完全统一的程序描述机制，它的基本数据类型不会随机器的变化而变化。例如一个整型数据的长度总是 32 位的，不像 C++语言，随着机器的不同，其整型数的长度是不相同的，可能是 16 位，也可能是 32 位，甚至是 64 位的。此外，Java 语言环境还定义了一个用于访问底层操作系统功能的扩展类库，从而使 Java 语言应用程序能够完全不依赖于具体的操作系统环境。

### 7. 可移植性

实际上，Java 语言与平台无关性本身就提供了一种最佳的程序可移植性。Java 语言运行系统本身是采用标准 ANSI C 语言编写的，Java 语言的编译器是采用 Java 语言本身编写的，从而保证 Java 语言程序的可移植性。Java 语言定义出一套自己独有的虚拟机，以及在该虚拟机上使用的机器代码——JBC。Java 通过预先将源代码编译为接近于机器指令的字节代码，有效地克服传统解释型语言的性能缺陷。另外，由于解释执行 JBC 只需要 Java 语言运行系统，而不需要某个特定操作系统平台的支持，所以这就保证了 Java 语言运行环境与操作系统平台的无关性，程序可移植性好。

### 8. 解释型

Java 语言编译器产生的中间代码是一种字节代码，而不是任何形式的机器语言代码。JBC 本身是一种解释型的代码，Java 语言程序的字节代码必须运行在一个解释器上。所以，Java 语言是一种解释型的程序设计语言。

但是，Java 语言的 JBC 是一种与操作系统平台无关的对象文件格式，所以 Java 语言程序可以高效地运行在各种不同的操作系统平台上。换句话说，只要该操作系统平台上装有 Java 语言的虚拟机 VM（Virtual Machine），一个 Java 程序就可以运行在任何一种操作系统平台上。

9.高性能

Java 作为一个现代语言,它的高性能表现在如下五个方面:

(1) Java 语言是一个面向对象的程序设计语言,使用面向对象设计技术本身就可以提高软件系统的可重用性和可维护性。

(2) Java 语言支持多线程机制,提高了软件系统的交互性、并行性和实时性。

(3) 可以进行动态超文本(Dynamic HTML,DHTML)的 Web 页面开发。

(4) 提供数据窗体向导工具(Data Form Wizard,DFW)访问数据库。

(5) 虽然 Java 语言的字节代码执行速度慢,但通过 Java 语言编译器翻译出来的机器代码,执行速度与 C++语言编译器翻译产生的机器语言代码几乎一样地快。

10.多线程

Java 语言是一种多线程的程序设计语言,它可以同时运行多个线程来处理多个任务。Java 语言系统提供内置的多线程机制,这样简化了多线程应用程序的开发过程,Java 程序员可以使用 Java.lang 包中提供的 Thread 类方便地完成多线程应用程序的开发。

**注意**:通常多个线程之间的切换速度非常快,程序员从宏观上觉得好像全部线程是同时执行的。

11.动态性

Java 是"动态"程序设计语言,为了实现 Java 语言的动态性,Java 语言的所有类都被设计成具有运行标识码的、同一类中的各个对象实例都具有相应的运行类定义。Java 语言的动态性主要表现在如下两个方面:

(1) 在 Java 语言程序运行期间,可以很容易地确认要使用哪个类,并找到相应的类库。

(2) Java 语言提供使用类名中所含字符串查找类定义的方法,可以根据字符串将数据类型查找出来,并将其动态地链接到运行系统中。

12.Applet 程序

Applet 属于 Java 语言系统中的一种应用程序,主要是嵌入到 HTML 类型文件中,随主页发布到互联网中,最终由浏览器解释执行。Java 语言属于网络编程语言,它充分利用当前软件新技术,从而避免了许多其他编程语言的缺点。Java 语言围绕网络应用开发,最大限度地利用网络资源,其小应用程序(即 Applet)在网络传输时不受 CPU 和环境限制。

**注意**:Java 语言的执行模式是属于半编译和半解释的,与脚本描述语言 JavaScript 不同,后者的执行模式是使用浏览器解释执行的。

### 1.1.3　Java 语言的现状

Java 语言从早期的艰难起步到现在的如日中天,历时也不过短短二十几年的时间。不过,应该看到:Java 语言还是一个十分年轻的程序设计语言,它还存在着许多缺点和不足。其中,最主要的是由于 Java 语言是解释运行的,因而用 Java 语言开发的应用程序运行速度比用 C++开发的应用程序要慢。另一方面,除了简洁性、安全性、多线程和与操作系统平台无关等优点外,Java 语言与 C++语言相比也并没有其他优势。

实际上,Java 语言低下的运行速度可以从 Java 语言与计算机平台无关中得到弥补。现在经常提到的"编写一次,运行多次(write once,run anywhere)"就是 Java 语言与计算机平台无关优点的具体体现。另外,Java 语言提供的高度安全性也是至关重要的。现在,Java 语言已经成为世界上最流行的一种程序设计语言。

计算机自从 1946 年诞生以来,经历了如下四个发展阶段:终端-主机计算机阶段、微型计算机阶段、客户机-服务器阶段和 Java 语言阶段。其中,Java 语言阶段这一时期的特点就是以 Java 为代表的网络计算(Network Computing,NC),Java 语言阶段实现真正与平台无关的计算机方案,从而能充分发挥因特网的作用。

过去,许多计算机操作系统是完全不能兼容的,而 Java 语言却成为允许各类计算机系统相互兼容和共享应用环境的接口。这将使各类软件可以真正实现"编写一次,运行多次"。这样,同一个软件可以运行在不同的计算机操作系统上,例如在 Windows 操作系统、苹果操作系统和 UNIX 操作系统,也可以在机顶盒、个人数据助理、移动电话上得以运行。Java 语言使我们实现了"轻击鼠标拥抱全球"的梦想,它将使全人类受益,并极大地改变我们的生活方式。

## 1.2 Java 语言的平台和应用

### 1.2.1 Java 语言的平台

Sun Microsystems 公司在 1995 年正式发布 Java 1.0 版后,在全球范围内引发 Java 热潮,Java 版本也不断地从 V1.1 更新到 V1.8,相应内容也进行了改进和扩充。在计算机行业中,经常将 Java 1.2 以后的版本称为 Java2。

Java 既是一种程序设计语言,又是一种开发软件的运行平台。目前 Sun Microsystems 公司针对不同的市场需求,将 Java 平台划分为标准版、微型版和企业版。

1. 标准版(Java 2 Platform Standard Edition,J2SE)

该平台主要为台式机和工作站提供一个开发软件的运行平台,包含 Java 核心类和 GUI 类,这也是目前开发运用最广泛的 Java 平台。J2SE 平台主要面向企业级应用,属于综合性的标准开发平台,其主要特点包括:

(1) 客户端和服务器端均有编译程序;

(2) 支持公共对象请求代理体系结构(Common Object Request Broker Architecture,CORBA)、Java 命名与目录接口(Java Naming and Directory Interface,JNDI)和轻量目录访问协议(Light Weight Directory Access,LDAP);

(3) 提供互操作与安全认证技术,可移植性好;

(4) 拥有支持成组开发的各种工具。

2. 微型版(Java 2 Platform Micro Edition,J2ME)

该平台是为嵌入式系统和移动设备提供的 Java 系统平台,可广泛用于各种消费电子产品中,如个人数据助理、移动电话、机顶盒、汽车导航系统或其他无线设备等。

3. 企业版(Java 2 Platform Enterprise Edition,J2EE)

该平台主要为企业提供一个应用服务器开发的平台,包含开发基于 Web 技术的应用程序的类和接口,如 Servlet、Java Server Pages、Enterprise JavaBeans 等。J2EE 本身是开放的,任何软件厂商都可以推出符合 J2EE 标准的自主产品,如 IBM 公司的 Websphere;另外像甲骨文、惠普等公司都已经推出了相应的产品。

在 Java 语言中,J2EE 的服务功能包括 Java 命名与目录接口服务、Java 事务 API(Java

Transaction API,JTA)服务、安全服务、部署服务、消息服务、JMS 和邮件服务 JavaMail 等。

J2EE 是面向大企业级的应用平台,它的主要特点包括:

(1) 以 J2SE 为基础,支持 JavaEE 服务器端组件模型（Enterprise Java Bean,EJB）和 J2ME；

(2) 实现需求的个性化配置；

(3) 支持事务处理、异步通信和大量用户请求的快速响应；

(4) 支持高度安全性维护；

(5) 可进行高效率开发,以适应基于构件的 Web 技术；

(6) 可实现与原系统的集成。

### 1.2.2 Java 语言的应用

Java 语言具有很好的应用前景,主要表现在如下四个方面:

1. 设计图形与动画

Java 语言可以设计质量很高的可视化图形和动画软件,从而为计算机图形学、多媒体通信提供良好支持。

2. 设计和开发人机交互软件

Java 语言具有图形、可视化界面、可操作化等功能,从而为人机交互软件的设计提供良好支持。

3. 提供动态网页

由于 Java 语言具有 Applet 程序,使其能非常方便地将动画和各种信息嵌入到 HTML 网页文件中,从而使 Java 语言具有强大的网络功能。

4. 数据交换和通信

Java 语言是随着因特网发展起来的一种面向对象的语言,它支持网络上的许多应用程序。例如:Java 语言系统提供了一个 Socket 类,通过该类可以获取安全的网络连接;另外,Java 语言系统提供了一个 URL 类,它支持 Java 应用程序通过因特网打开并访问远程资源。

# 1.3 Java 语言实现机制

Java 语言实现机制主要的表现是:Java 虚拟机、自动垃圾回收机制和代码验证机制。

### 1.3.1 Java 虚拟机

1. Java 虚拟机概念

Java 语言是以虚拟机（Java Virtual Machine,JVM）为基础的,主要体系结构是最下层为移植接口,由适配器和 Java OS 组成,从而保证 Java 体系结构与跨平台无关;虚拟机的上层是 Java 基本类和基本应用程序编程接口,它们都具有扩展性;虚拟机的最上层是 Java Application 程序和 Java Applet 程序,如图 1-1 所示。

所谓"Java 虚拟机"是由一个 Java 解释系统和运行系统组成的,功能是将 Java 语言的字节代码翻译成特定的机器语言代码并执行,它的作用相当于一台处理机（processor）,只不过功能非常单一而已。每一种操作系统环境下的 Java 虚拟机都可以是不同的,这就是 Java 语

| Java Application程序和Java Applet程序 | |
|---|---|
| Java基本应用程序编程接口 | Java扩展应用程序编程接口 |
| Java基本类 | Java扩展类 |
| Java虚拟机 | |
| 移植接口（适配器和Java OS） | |

**图 1-1　Java 系统的体系结构**

言与平台无关性的关键之处。全部支持 Java Applet 小程序的 WWW 网页浏览器(如 Internet Explorer 浏览器、Navigator 浏览器等)，都可以完全嵌入到 Java 虚拟机中，从而实现与计算机操作系统平台的无关性。

**注意**：虚拟机可以用软件实现，也可用硬件实现。

2. Java 虚拟机的特点

从程序执行角度来看，Java 虚拟机具有三大特点：多线程、动态链接和异常处理。

(1) 多线程。Java 具有多线程的程序设计功能，它可以通过同时运行多个线程来处理多个任务，这样就可简化多线程应用程序的开发过程，如使用 Java.lang 包中提供的 Thread 类进行多线程应用程序的设计。

(2) 动态链接。Java 语言的所有类都被设计成具有运行标识码的，同一类中的各个对象实例都具有相应的运行类定义。一方面在程序运行期间 Java 系统可以动态地确认要使用的类和类库，另一方面 Java 语言根据字符串计算数据类型并动态地链接到运行系统中。

(3) 异常处理。Java 的异常处理机制是在程序执行过程出现错误时自动产生一个对象，该对象通过类调用层次关系，逐层向上传递，直到异常处理机制能够捕捉到这个异常时为止，进而由 Java 系统对该异常对象处理后，才能得到正确的运行结果。

### 1.3.2　代码验证机制

Java 语言的安全性是其他程序设计语言所不能比拟的。美国 Sun Microsystems 公司对 Java 的安全性做了很大努力，使 Java 语言通过自己的安全机制就可以防止有害程序对用户文件系统进行破坏。

## 1.4　简单的 Java 程序介绍

根据程序结构和运行环境情况，可以将 Java 程序分成两大类，一类是应用程序(即 Java Application)，另一类是小应用程序(即 Java Applet)。

(1) Java Application 属于独立程序，由 Java 解释器实现解释运行。

(2) Java Applet 不是独立程序，需要嵌入到 HTML 语言构成的网页文件中，由 Java 浏览器 AppletViewer 或 Internet Explorer 浏览器、Navigator 浏览器等对 Java Applet 程序进行解释运行。

### 1.4.1 Java Application 程序

【例 1-1】 一个 Java Application 程序。

```
1   //这是 Java Application 程序,程序文件名为 WelcomeStudyApplication.java
2   public class WelcomeStudyApplication {
3       public static void main(String[] args) {
4           System.out.println("Welcome to study Java programming");
5       }
6   }
```

说明:

(1) 程序中的第 1 行属于单行注释,注释方式是以"//"符号开头的。使用注释行可对程序中的许多成分进行说明,但对程序运行没有影响。这里的注释行说明程序文件名为 WelcomeStudyApplication.java,Java 语言要求程序文件名与类名完全相同。

(2) 程序中的第 2 行用 class 保留字声明一个类,类名为 WelcomeStudyApplication。类名的首字母通常为大写,Java 语言对字母大小写是加以区分的。修饰符 public 用于指定所定义类是公共类,即说明 WelcomeStudyApplication 类的使用权限是"公共"的。WelcomeStudyApplication 类的具体内容在"{……}"中进行定义。一个 Java 程序中可以定义多个类,但是最多只能有一个 public 类。

(3) 程序中的第 3 行定义一个主方法 main(),并用三个保留字 public、static 和 void 说明方法的类型。如 public 表示访问权限是公用方法,即所有类都可以引用 main()方法;static 表示访问方式是一个静态方法,即可以通过类名直接进行调用;void 表示方法类型为"空",即 main()方法没有返回值。

(4) 程序中的第 4 行用于输出提示信息"Welcome to study Java programming"。

(5) 程序中的第 5、6 行使用"}"以便结束前面对应的定义。

Java Application 程序可以由若干个类组成,但在该程序中只能有一个 public 类。另外,对于一个 Java Application 程序而言,可在一个类中定义许多方法,但必须有且只能有一个 main()方法。main()方法是 Java Application 程序的运行开始位置,其他方法只能通过被调用而得到执行。

程序运行结果如图 1-2 所示,具体操作过程将在第 2 章中进行详细说明。

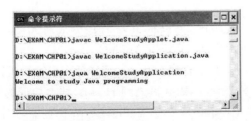

**图 1-2 一个简单的 Java Application 程序运行结果**

**注意**:Java 语言要求程序文件名与类名完全相同,包括字母大小写必须一致。另外,圆括号、方括号、花括号、尖角括号必须配对使用。

### 1.4.2　Java Applet 程序

【例 1-2】　一个 Java Applet 程序。

```
1    //这是 Java Applet 程序,程序文件名为 WelcomeStudyApplet.java
2    import java.awt. * ;
3    import java.applet. * ;
4    public class WelcomeStudyApplet extends Applet {
5        public void paint(Graphics g) {
6            g.drawString("Welcome to study Java programming ",100, 60);
7        }
8    }
```

说明:

(1) 程序中的第 1 行是注释行,说明程序文件名为 WelcomeStudyApplet.java。

(2) 程序中的第 2、3 行用 import 语句将 java.awt 包和 java.applet 包引入到程序中,从而让程序能够引用包中提供的类。

(3) 程序中的第 4 行声明一个公共类 WelcomeStudyApplet,并用 extends 指明它是 Applet 类的子类,即 Applet 类是 WelcomeStudyApplet 类的父类。WelcomeStudyApplet 类的具体内容在“{……}”中进行定义。

(4) 程序中的第 5 行定义 paint()方法,参数〈g〉的类型属于 Graphics 图形类。

(5) 程序中的第 6 行使用 paint()方法编写相关屏幕输出信息的语句,这时通过语句 g. drawString 向屏幕输出内容“Welcome to study Java programming”,且开始坐标为(100,60),由屏幕左上角从左到右 100、从上到下 60 个像素点处。

(6) 程序中的第 7、8 行使用“}”以便结束前面对应的定义。

【例 1-3】　编写嵌入 WelcomeStudyApplet.class 的 HTML 文件 AppletDemo.HTM。

```
1    〈HTML〉
2    〈TITLE〉输出提示信息〈/TITLE〉
3    〈HEAD〉 Welcome to study Java programming 〈/HEAD〉
4    〈BODY〉
5    〈APPLET CODE= WelcomeStudyApplet.class HEIGHT=160 WIDTH=400〉
6    〈/APPLET〉
7    〈/BODY〉
8    〈/HTML〉
```

说明:

(1) 〈HTML〉标记表示该文件属于超文本标识语言 HTML。

(2) 〈TITLE〉标记表示浏览器窗口的标题是“输出提示信息”。

(3) 〈HEAD〉标记表示网页标题是“Welcome to study Java programming”。

(4)〈BODY〉标记表示网页内容的正文部分。

(5)〈APPLET〉标记表示嵌入的类是 WelcomeStudyApplet.class。

程序运行结果如图 1-3 所示,具体操作过程将在第 2 章中进行详细说明。

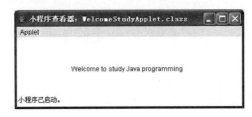

**图 1-3   一个简单的 Java Applet 程序运行结果**

**注意**:HTML 语言中的许多标记都是配对使用的,即首先使用"起始标记",然后再使用"结束标记"。

## 1.5   本章知识点

(1) Java 语言的特点:简单性、面向对象设计技术、分布式计算、健壮性、安全性、平台无关性、可移植性、解释型高性能、多线程、动态性和 Applet 程序。

(2) Java 语言的平台:Java 语言的平台划分为 J2SE、J2ME 和 J2EE。

(3) Java 语言的应用:设计图形和设计动画、设计和开发交互软件、提供动态网页和数据通信。

(4) Java 语言的实现机制:Java 虚拟机、自动垃圾回收机制和代码验证机制。

(5) Java 程序分类:应用程序(Java Application)和小应用程序(Java Applet)。

## 习 题 一

**一、单项选择题**

1. 在以下叙述中,Java 语言没有的特点是(    )。

A. 简单易学,具有可移植性、健壮性、安全性和高性能

B. Java Applet 程序在网络传输时不受 CPU 和环境限制

C. 充分利用网络资源,类库在网络传输时不受 CPU 和环境限制

D. Java 提供丰富的类库资源

2. 在以下关于虚拟机的说法中,错误的是(    )。

A. 虚拟机是不能用软件实现的          B. 虚拟机是用硬件实现的

C. 字节代码就是虚拟机的机器码        D. 虚拟机把程序代码与操作系统及硬件分开

3. Java 语言的前身是(    )。

A. C++语言          B. C 语言          C. 数据库语言          D. Oak 语言

4. 在 1995 年 5 月时,发布 Java 语言的美国公司是(    )。

A. IBM          B. Microsoft          C. Borland          D. Sun

5. 在以下选项中,不属于 Java 平台的是(　　　)。

A. J2ME　　　　　　B. J2HE　　　　　C. J2SE　　　　　　D. J2EE

6. 在以下选项中,不是虚拟机执行过程特点的是(　　　)。

A. 单线程　　　　　B. 多线程　　　　　C. 动态链接　　　　D. 异常处理

7. 在 Java 语言中,使用的执行模式是(　　　)。

A. 全编译　　　　　B. 全解释　　　　　C. 半编译和半解释　　D. 同脚本语言一致

二、填空题

1. Java 语言具有多种实现机制,属于垃圾回收机制技术的包括:数组下标越界、字符串访问错误、存储空间不够、_____等。

2. Java 以虚拟机 JVM 为基础,最下层是移植接口,其组成是适配器和_____。

3. Sun 公司针对不同的市场需求,将 Java 平台划分为 J2SE、J2ME 和_____。

三、简答题

1. Java 语言有哪些特点?

2. 什么叫 Java 虚拟机?

3. 什么叫体系结构中立?

四、编程题

1. 编写一个 Java Application 程序,输出提示信息:Hello,Java World。

2. 编写一个 Java Applet 程序,输出提示信息:Hello,Java World,并编写一个 HTML 文件引用该 Java Applet 程序。

# 第 2 章   Java 语言目录结构、程序规范和上机操作

在第 1 章中,已经讲到 Java 语言程序是以虚拟机为基础的。实际上,许多 Java 虚拟机功能也是由软件实现的。下面分别说明 Java 系统的目录结构、程序规范和上机操作过程。

## 2.1   JDK 目录结构

JDK 是"Java Development Kit"的英文缩写,表示 Java 软件开发工具包。

### 2.1.1   JDK 目录结构概述

以 JDK1.6 版本为例,安装到系统后获得的目录结构如图 2-1 所示。

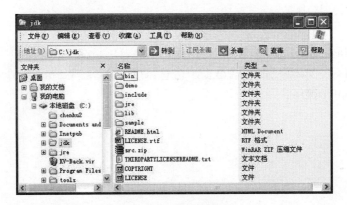

**图 2-1   JDK 目录结构**

目录结构中的内容说明如表 2-1 所示。

**表 2-1   JDK 目录结构内容**

| 目录 | 说明 |
|---|---|
| bin | 包括编译器、解释器和许多工具软件(如服务器工具、IDL 工具、Package 工具和 jdb 工具等) |
| demo | 包括各种演示程序示例 |
| include | 包括 Win32 子目录,属于本地机的对象方法文件 |
| jre | Java 程序运行环境的根目录,包括代码库、属性设置和资源文件,以及默认安装目录和安全管理等 |
| lib | 包括各种系统库文件 |
| src.zip | 包括许多 Java 源程序文件 |

### 2.1.2　JDK 工具集

Java 程序执行过程中将用到一套 JDK 工具,具体说明如表 2-2 所示。

表 2-2　JDK 工具集

| 工具 | 说明 |
|---|---|
| javac.exe | Java 语言编译器,输出结果为 Java 字节代码 |
| java.exe | Java 字节代码解释器,用于运行程序 |
| javap.exe | Java 字节代码分析程序,返回 Java 程序中的成员变量、方法等 |
| javadoc.exe | Java 文档生成器,以供程序员分析程序时使用 |
| jdb.exe | Java 调试器,以供程序员调试程序时使用 |
| appletviewer.exe | Java Applet 浏览器,以供网页浏览 Applet 类及其子类时使用 |
| javaprof.exe | Java 剖析工具,用于分析 Java 程序在运行过程中调用资源情况,如类和方法的调用次数、调用时间、各种数据类型的内存使用情况等 |

## 2.2　Java 语言的 API 结构

API(Application Programming Interface)就是 Java 应用程序编程接口。随着 Java 语言应用领域的扩大,Java 语言具有的类库也非常庞大。这时,我们不可能记住 Java 语言类库中的全部方法和属性。但在进行程序设计时,学习使用许多类库的方法和属性是必要的。Java 语言的 API 结构如同 Java 语言类库的 API 查询说明书,在编程时可以很容易的查阅相关内容。尤其值得高兴的是 Sun Microsystems 公司为国内用户提供中文 Java API,具体内容可以从网站 http://developers.sun.com.cn/home/sdnchina/home 中下载。

### 2.2.1　Java 语言的 API 结构概述

Java 语言的 API 是在编写程序时经常用到的一组类库,这些类库可以分为两大类,一类是捆绑到 JDK 中的核心类库,即这些类库是每个 JDK 都必须支持的类库;另一类是 JDK 附加的标准类库,即这些类库只在需要时才提供相应的 API。

Java 语言以类为程序的基本单位,Java 语言中的类是具有某种功能的基本模块描述,这些类所提供的标准类库,为编程所需的底层模块提供各种常用的方法和接口,并将它们分类封装成包(Package)。每个包又包括若干个子包,从而形成一个树型结构的类层次。

### 2.2.2　Java 语言的类库

Java 语言中的类库主要包括:Java 核心类库、Javax 包和 org 包。

1. Java 核心类库

Java 核心类库主要包括六个方面的内容,具体说明如表 2-3 所示。

表 2-3　Java 核心类库

| 序号 | 类库 | 说明 |
|---|---|---|
| 1 | Java 运行类库 | 包括基本 I/O、Applet、数据结构、网络支持、数学计算等类库 |
| 2 | Java 基础类库 | 包括 AWT 图形界面、Swing 图形界面、Java2D 图形支持等类库 |
| 3 | JDBC 类库 | 用于 Java 数据库连接所需的支持类库 |
| 4 | Java RMI 类库 | 用于 Java 远程方法调用所需的支持类库 |
| 5 | Java IDL 类库 | 属于 Java 接口定义语言，支持与 CORBA 进行通信 |
| 6 | 安全支持类库 | 包括数字签名、数字证书等方面的类库 |

Java 核心类库中常用的组件包如表 2-4 所示。

表 2-4　Java 核心类库中常用的组件包

| 组件包 | 说明 |
|---|---|
| java.lang | 封装 Java 系统所需的全部基本类，如 Object、Class、System 等 |
| java.io | 封装输入输出操作所需的全部包 |
| java.util | 提供实用程序类、集合类、工具类等 |
| java.awt | 提供用于图形用户界面操作的工具包 |
| java.net | 提供用于网络通信和 URL 处理的全部包 |
| java.applet | 提供用于运行 Applet 所需的通信类 |
| java.awt.event | 封装用于事件处理的全部包 |

2. Javax

Javax 属于扩展包，具体说明如表 2-5 所示。

表 2-5　Javax 扩展包

| 扩展包 | 说明 |
|---|---|
| javax.accessibility | 用于界面构件之间互访机制所需的基本类 |
| javax.naming | 用于命名服务所需的类和接口 |
| javax.rmi | 用于远程方法调用所需的基本类 |
| javax.sound | 用于 MIDI 数字声音处理所需的基本类 |
| javax.swing | 用于构建和管理程序的图形界面构件 |
| javax.transaction | 用于事务处理所需的基本类 |

**3. org 包**

org 包是关于国际组织标准的各种描述。

### 2.2.3　Java 语言程序结构

一个 Java 程序由四部分构成,如源程序(.java 文件)、由编译器 javac.exe 生成的类.class 文件、由归档工具 jar 生成的.jar 文件和对象状态串行化.ser 文件。其中,源程序(.java 文件)的构成情况如表 2-6 所示。

表 2-6　Java 源代码构成

| 成分 | 数量 | 说明 |
| --- | --- | --- |
| package 语句 | 0 或 1 个 | 指定源文件存入指定包中,该语句必须放在源代码文件的首部,隐含时表示源代码文件存入当前目录中 |
| import 语句 | 0 或多个 | 必须在所有类定义前引入相应的标准类 |
| public classDefinition | 0 或 1 个 | 用于指定应用程序类名,也是源文件名 |
| classDefinition | 0 或多个 | 用于进行类定义 |
| interfaceDefinition | 0 或多个 | 用于进行接口定义 |

## 2.3　Java 语言程序规范

### 2.3.1　Java 语言命名约定规则

Java 语言的名称命名约定规则如下:

(1) 下划线、美元号不能作为变量名和方法名的开始符号。

(2) 变量名、方法名首字母小写,其余单词只有首字母大写。

(3) 接口名、类名中首单词的第一个字母大写。

(4) 常量必须完全大写。

**注意**:建议读者在编程过程中尽量使用著名的"Smalltalk 法则"。

(1) 每个标识符可以由若干个单词左右连接而成。

(2) 常量标识符应该全部使用大写字母以示区别。

(3) 一般标识符应该全部使用小写字母以示区别。

(4) 特殊常量标识符应以大写字母开头以示区别。

(5) 方法的标识符应该以小写字母开头以示区别。

(6) 不要使用 Java 语言中的任何预定义保留字。

### 2.3.2　Java 语言程序注释规则

从软件工程角度来看,在程序中添加注释可以提高程序的可读性。在 Java 语言中,定义注释可以使用如下三种方法。

1. //文本

这是单行的注释,在"//"之后到该行行尾的文本都是注释内容。

2. 第一种多行注释

第一种多行注释的一般使用格式如下:

/＊文本＊/

说明:这是多行注释,全部在"/＊"到"＊/"之间的多行文本都是注释内容,这种注释方式与 C 语言完全相同。

3. 第二种多行注释

第二种多行注释又称为文档注释,它的一般使用格式如下:

/＊＊

＊文档

＊/

这种注释主要是为支持 JDK 工具 javadoc 而采用的,javadoc 能识别注释中的一些特殊变量,并把 doc 内容注释加入到它所生成的 HTML 文件中。

### 2.3.3 Java 语言源文件结构规则

1. Java 源文件结构需要遵守的规则

(1) 版权信息必须在 Java 文件的开头。

(2) package 语句在 imports 语句之前。

(3) 一个类的定义分为类注释、类声明和类体定义,如表 2-7 所示。

表 2-7　类注释、类声明和类体

| 类定义 | 说明 |
| --- | --- |
| 类注释 | 类定义部分可以有类的注释,它对程序运行没有任何影响 |
| 类声明 | 类的声明同时包含 extends 和 implements(可实现单一继承)时,一般不要放在同一行中 |
| 类体定义 | 程序中所有类的类体元素定义顺序应该统一 |

2. 在编写 Java 程序时,需要注意的事项

(1) 空格只能使用半角空格符或 Tab 字符。

(2) Java 语言区分字母大小写,因此最好养成良好的标识符命名习惯。

(3) 源文件名与程序中的主类名必须相同,并且扩展名必须为.java。

(4) 一个源文件中最多有一个 public 类,其他类的数目则可以任意。

**注意**:源文件名与程序类名必须相同,但两者由扩展名进行区别。

# 2.4　JDK 的下载与安装

### 2.4.1　JDK 的下载过程

JDK 的下载过程分为如下五个步骤：

（1）进入 Sun Microsystems 公司网站 http：//java.sun.com，如图 2-2 所示。

**图 2-2　Sun Microsystems 公司网站**

（2）单击"Downloads"键并进入下载页面，如图 2-3 所示。

**图 2-3　下载页面**

（3）单击"JDK 6 Update 14"链接并进入 JDK 下载页面，如图 2-4 所示。

（4）单击"JDK 6 Update 14"并选择下载方式，如图 2-5 所示。

（5）进入"JDK"文件的下载页面，如图 2-6 所示。

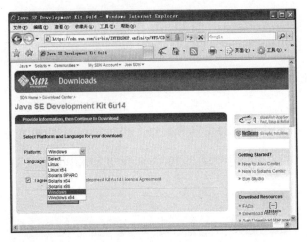

图 2-4　JDK 下载页面

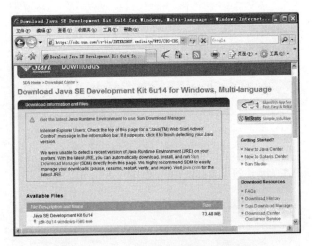

图 2-5　JDK 下载页面(下载方式的选择)

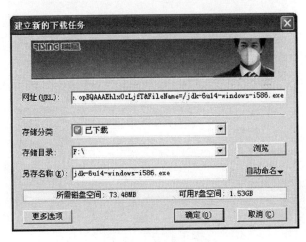

图 2-6　下载 JDK 文件

### 2.4.2　安装 JDK 过程

在下载完 JDK 系统后,进入安装,具体操作如下:
(1) 双击安装文件后,安装程序将弹出协议界面,如图 2-7 所示。

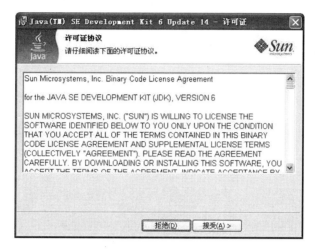

图 2-7　安装协议

(2) 单击"接受"按钮,进入选择安装路径界面,如图 2-8 所示。

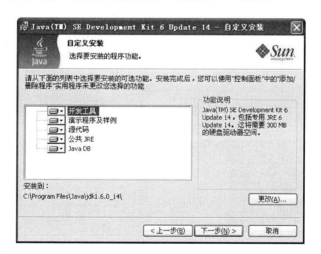

图 2-8　选择安装路径(可用系统默认路径,也可指定路径)

(3) 选好安装路径后,单击"下一步"按钮将弹出安装 Java 编译环境界面,如图 2-9 所示。
(4) 单击"下一步"按钮,弹出反映编译环境安装进度的状态界面,如图 2-10 所示。
(5) 安装完成后,弹出完成安装的界面,如图 2-11 所示,单击"完成"按钮则结束安装。

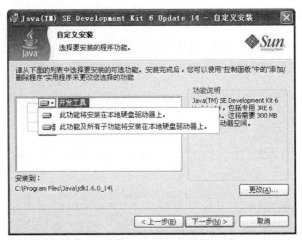

图 2-9  安装 Java 编译环境界面

图 2-10  安装进度界面

图 2-11  安装结束界面

### 2.4.3　设置环境参数

安装 JDK 软件时要设置系统变量和用户变量。系统变量用于指定 JDK 命令搜索路径，用户变量用于指定 Java 类路径。

1. 设置系统变量参数 path

在 Windows 系统中设置系统变量参数 path 时，按如下步骤进行：

（1）进入"控制面板"→"系统"→"高级"→"系统变量"后，如图 2-12 所示。

**图 2-12　设置系统变量参数 path**

（2）在系统变量参数 path 中增加内容：C:\jdk\bin。

2. 设置用户变量参数 classpath

在 Windows 系统中设置用户变量参数 classpath 时，则按如下步骤进行设置：

（1）进入"控制面板"→"系统"→"高级"→"用户变量"后，如图 2-13 所示。

**图 2-13　设置用户变量参数 classpath**

（2）在用户变量 classpath 中增加内容：C:\jdk\lib。

**注意**：要使系统变量和用户变量参数设置有效必须重新启动计算机。

## 2.5　JDK 的操作命令与程序调试过程

### 2.5.1　JDK 的操作命令

JDK 的操作命令可以分为六大类，即基本命令、RMI（运程方法调用，Remotc Method Invocation）命令、国际化命令、安全控制命令、JavaIDL 和 RMI－IIOP 命令以及 Java－plug－in 命令。

1. 基本命令

基本命令包括：javac、java、javadoc、appletviewer、jar、jdb、javah、javap 和 extcheck，如表 2-8 所示。

表 2-8　基本命令

| 命令 | 说明 |
|---|---|
| javac | Java 语言的编译器 |
| java | Java 语言的解释器 |
| javadoc | JavaAPI 文档生成器 |
| appletviewer | Java Applet 程序浏览器 |
| jar | Java 类文件归档命令 |
| jdb | Java 程序的调试器 |
| javap | Java 类文件解析器 |

2. RMI 命令

RMI 命令包括：rmic、rmiregistry、rmid、serialver，如表 2-9 所示。

表 2-9　RMI 命令

| 命令 | 说明 |
|---|---|
| rmic | 为远程对象生成 stub 和 skeleton |
| rmiregistry | 在当前主机的指定端口上启动远程对象注册服务程序 |
| rmid | 激活系统守候进程，以便能够在 Java 虚拟机上注册和激活对象 |
| serialver | 返回 serialVersionUID 中的内容 |

2. 国际化命令

国际化命令只有一条，即 native2ascii，该命令将含有本地编码字符的文件，转换为 Unicode 编码字符形式的文件。

3. 安全控制命令

安全控制命令包括：keytool、jarsigner、policytool、kinit、klist 和 ktab，用于 Java 系统的安全控制，如表 2-10 所示。

表 2-10　安全控制命令

| 命令 | 说明 |
|---|---|
| keytool | 管理密钥库和电子证书 |
| jarsigner | 用于为 Java 归档文件进行数字签名与验证 |
| policytool | 使用图形工具管理全部策略文件 |
| kinit | 获得的 Kerberos V5 tickets 方面的工具 |
| klist | 使用列表方式显示缓冲区和密钥库中的项目 |
| ktab | 帮助用户管理密钥库中的工具 |

### 4. JavaIDL 和 RMI－IIOP 命令

这些命令包括 tnameser、idlj、orbd、servertool 等，以便让用户建立并使用 OMG 的 IDL 和 CORBA/IIOP 标准的程序，如表 2-11 所示。

**表 2-11　JavaIDL 和 RMI－IIOP 命令**

| 命令 | 说明 |
| --- | --- |
| tnameser | 用于访问 CORBA 命令服务 |
| idlj | 将 OMG IDL 定义接口文件翻译为.java 文件，使所编程序能使用 CORBA |
| orbd | 支持客户端定位和激活 CORBA 环境中的永久服务对象 |
| servertool | 让程序员注册、撤消、启动、停止一个服务对象 |

### 5. Java-plug-in 命令

Java-plug-in 命令主要表现在如下两个方面：

（1）作为 JDK 命令：在命令行输入一条 JDK 命令后显示该命令的描述。

（2）作为 Unregbean：在 ActiveX 控件中注销以包形式存在的 javaBeans 构件。

#### 2.5.2　Java 程序调试过程

根据程序结构和运行环境情况，可以将 Java 程序分成两大类，一类是应用程序（即 Java Application），另一类是小应用程序（即 Java Applet）。Java Application 属于独立程序，由 Java 解释器实现解释运行；Java Applet 不是独立程序，需要嵌入到 HTML 语言构成的网页文件中，由浏览器内部包含的 Java 解释器对 Java Applet 程序进行解释运行。

#### 1. Java Application 程序的调试过程

Java Application 程序调试过程分为编辑源程序、将 Java 源程序编译成字节码程序和解释执行字节码程序。

（1）编辑源程序。

在编辑源程序时可以用 Java 集成开发环境提供的源代码编辑器（如 Visual J＋＋、JBuilder 等），也可以使用文本编辑工具（如 Windows 系统中的记事本）。在输入如下的 Java Application 程序后，必须保存为以.java 为扩展名的文本文件。

**【例 2-1】**　输出提示信息"欢迎学习 Java 程序设计语言"。

```
1   //程序文件名为 WelcomeStudyApp.java
2   import java.io. * ;
3   import java.awt. * ;
4   public class WelcomeStudyApp {
5       public static void main(String[] args) {
6           System.out.println("欢迎学习 Java 程序设计语言");
7       }
8   }
```

打开 Windows 系统中的记事本，并输入【例 2-1】中的程序，如图 2-14 所示。

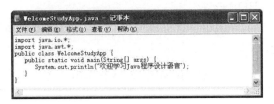

**图 2-14　WelcomeStudyApp.java 文件内容**

说明：

① 程序中的第 1 行属于注释行，说明程序文件名为 WelcomeStudyApp.java。

② 第 2、3 行将 java.io 包和 java.awt 包引入到程序中，从而让程序能够引用包中提供的类。

③ 第 4 行用 class 保留字声明一个类，类名为 WelcomeStudyApp。类名的首字母通常为大写，Java 语言对字母大小写是加以区分的。public 用于指定所定义类是公共类，即说明 WelcomeStudyApp 类的使用权限是"公共"的。

④ 第 5 行定义一个主方法 main()，并用三个保留字 public、static 和 void 说明方法的类型。如 public 表示这是公用方法，即所有类都可以引用 main() 方法；static 表示这是一个静态方法，即可以通过类名直接进行调用；void 表示方法类型为"空"，即 main() 方法没有返回值。

⑤ 第 6 行用于输出提示信息"欢迎学习 Java 程序设计语言"。

⑥ 程序中的第 7、8 行使用"}"以便结束前面对应的定义。

**注意**：Java 程序可由若干个类组成，但该程序只有一个公共类（WelcomeStudyApp）。对于一个 Java Application 程序而言，可在一个类中定义许多方法，但必须有且仅有一个 main() 方法。main() 方法是 Java Application 程序的运行入口，其他方法只能通过被调用而得到执行。

（2）将 Java 源程序编译成字节码程序。

将 Java 源程序编译成功后可得到目标代码，该目标代码又称为字节码（byte code），字节码文件的扩展名为.class。例如，将源程序文件 WelcomeStudyApp.java 编译成功后，得到的字节码文件名就是 WelcomeStudyApp.class。

要将 Java 源程序编译成字节码程序需要使用 Java 编译器，可以使用 Java 集成开发工具提供的编译器（如 Visual J＋＋、JBuilder 等），也可以使用命令行开发工具 JDK 提供的编译器（如 JDK 开发工具）。

用 JDK 开发工具中的 javac.exe 将程序 WelcomeStudyApp.java 编译成字节码文件 WelcomeStudyApp.class，可在命令提示符中输入"javac WelcomeStudyApp.java"命令，如图 2-15 所示。

（3）解释执行字节码程序。

字节码程序属于二进制文件，机器本身并不能执行，只能由 Java 解释器对字节码文件解释执行。要解释执行字节码程序可使用 Java 集成开发工具（如 Visual J＋＋、JBuilder 等），也可以使用命令行开发工具 JDK。用 JDK 开发工具中的 java.exe 可以解释执行字节码程序 WelcomeStudy.class，在命令提示符中输入命令"java WelcomeStudyApp"程序的运行结果，如

图 2-15 所示。

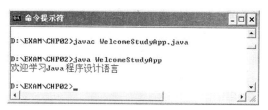

**图 2-15　操作过程**

**注意**：运行 Java 字节码文件时，不必写扩展名 .class。

2. Java Applet 程序的调试过程

Java Applet 程序调试过程分为编辑源程序、将 Java 源程序编译成字节码程序、将 Applet 程序嵌入到 HTML 文件中和运行 Java Applet 程序。

（1）编辑源程序。

**【例 2-2】**　输出提示信息"欢迎学习 Java 语言程序设计"。

```
1   //程序文件名为 WelcomeStudyApt.java
2   import java.awt. * ;
3   import java.applet. * ;
4   public class WelcomeStudyApt extends Applet {
5       public void paint(Graphics g) {
6           g.drawString("欢迎学习 Java 语言程序设计",100，60);
7       }
8   }
```

说明：

① 程序中的第 1 行是注释行，表示程序文件名为 WelcomeStudyApt.java。

② 第 2、3 行用 import 语句将 java.awt 包和 java.applet 包引入到程序中，从而让程序能够引用包中提供的类。

③ 第 4 行声明一个公共类 WelcomeStudyApt，并用 extends 指明它是 Applet 类的子类。

④ 第 5 行定义 paint()方法，参数〈g〉的类型属于 Graphics 图形类。

⑤ 第 6 行使用 paint()方法编写相关屏幕输出信息的语句，这时通过语句 g.drawString 向屏幕输出内容"欢迎学习 Java 语言程序设计"，输出位置坐标为(100,60)。

⑥ 程序中的第 7、8 行使用"}"以便结束前面对应的定义。

打开 Windows 系统中的记事本，并输入【例 2-2】中的程序，如图 2-16 所示。

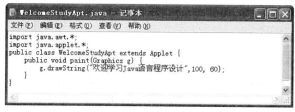

**图 2-16　WelcomeStudyApt.java 文件内容**

（2）将 Java 源程序编译成字节码程序。

用 JDK 开发工具中的 javac.exe 将源程序 WelcomeStudy.java 编译成字节码文件 WelcomeStudy.class，在命令提示符中输入命令：javac WelcomeStudyApt.java。

（3）将 Applet 程序嵌入到 HTML 文件中。

【例 2-3】 将 Applet 程序嵌入到 HTML 文件，并以 AppletDemo.HTM 作为扩展名。

```
1   〈HTML〉
2   〈TITLE〉输出提示信息〈/TITLE〉
3   〈HEAD〉Welcome to study Java programming 〈/HEAD〉
4   〈BODY〉
5   〈APPLET CODE＝WelcomeStudyApt.class HEIGHT＝200 WIDTH＝400〉
6   〈/APPLET〉
7   〈/BODY〉
8   〈/HTML〉
```

说明：〈HTML〉标记表示该文件属于超文本标识语言 HTML，〈TITLE〉标记表示浏览器的标题是"输出提示信息"，〈HEAD〉标记表示网页标题是"Welcome to study Java programming"，〈BODY〉标记表示网页内容的正文部分，〈APPLET〉标记表示嵌入的类是 WelcomeStudyApt.class。

打开 Windows 系统中的记事本，并输入【例 2-3】中的程序，如图 2-17 所示。

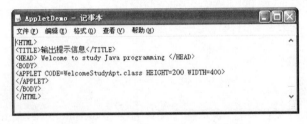

**图 2-17　AppletDemo.HTM 文件内容**

（4）运行 Java Applet 程序。

运行 Java Applet 程序可使用两种方法，一是使用 Java Applet 程序查看器，另一种是使用浏览器（如 IE、Netscape 等）。

用 Java Applet 程序查看器运行可使用命令：Appletviewer AppletDemo.HTM。

运行结果如图 2-18 所示。

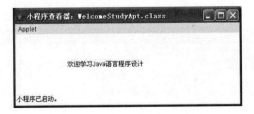

**图 2-18　Java Applet 程序查看器的使用**

用 IE 浏览器打开 HTML 文件,如图 2-19 所示。

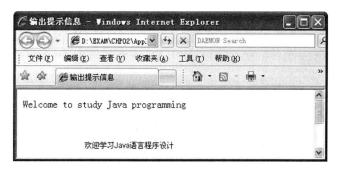

**图 2-19　IE 浏览器的使用**

### 2.5.3　Java Application 和 Java Applet

在 Java 系统中,要使程序同时具有 Application 和 Applet 的特征。具体做法包括,作为 Java Application 要定义 main()方法,并且把 main()方法所在的类定义为一个 public 类。为使该程序成为一个 Java Applet,main()方法所在的这个 public 类必须继承 Applet 类,在该类中可以象普通 Applet 类一样重写 Applet 类的 init()、start()、paint()等方法。程序可用 Appletviewer 或浏览器加载执行。

Java Application 与 Java Applet 的主要区别在于执行方式上 Application 以 main()方法为入口点运行,而 Applet 要在浏览器或 Appletviewer 中运行,其自身不能单独运行。

## 2.6　本章知识点

本章由 JDK 目录结构 Java 的 API 结构、Java 程序结构、Java 编辑规范、JDK 的下载与安装、JDK 的操作命名、Java Application 程序调试过程和 Java Applet 程序调试过程知识点组成,其具体内容如下:

(1) JDK 目录结构:bin 目录、demo 目录、include 目录、jre 目录、lib 目录和源码压缩文件 src.zip。

(2) Java 的 API 结构:Java 语言以类为程序的基本单位,Java 语言提供大量标准类库为编程所需的底层模块提供各种常用的方法和接口。类库包括:核心 java、javax 和 org 扩展包。

(3) Java 程序结构:Java 程序包括源代码、由编译器生成的类、由归档工具 jar 生成的.jar 文件和对象状态串行化.ser 文件。源代码文件中包括 package 语句、import 语句、应用程序类名、类定义和接口定义。

(4) Java 编程规范:四个 Java 命名约定规则,三种 Java 程序注释规则,单行注释、多行注释与文档注释,三条 Java 源文件结构规则。

(5) JDK 的下载与安装:JDK 的下载过程及其操作步骤,安装 JDK 时的参数设置。

(6) JDK 的操作命令:基本命令、RMI 命令、国际化命令、安全控制命令、JavaIDL 和 RMI-IIOP 命令、Java-plug-in 命令。

(7) Java Application 程序调试过程:编辑源程序,将 Java 源程序编译成字节码程序,解释执行字节码程序。

（8）Java Applet 程序调试过程：编辑源程序，将 Java 源程序编译成字节码程序，将 Applet 程序嵌入到 HTML 文件中，运行 Java Applet 程序。

# 习　题　二

一、单项选择题

1. 在以下选项中，不属于 JDK 目录结构中的目录（文件夹）是（　　）。

A. Inetpub　　　　　B. bin　　　　　C. demo　　　　　D. lib

2. Java 程序的执行过程中用到一套 JDK 工具，其中 java.exe 是（　　）。

A. Java 语言编译器　　　　　　　B. Java 字节码解释器

C. Java 文档生成器　　　　　　　D. Java 类分解器

3. 在 Java 语言的 API 结构中，不属于类库主要核心包的是（　　）。

A. Java 包　　　　B. Javax 包　　　　D. org 扩展包　　　　C. Javadoc 包

4. 在以下关于 Java 名称命名的约定中，错误的是（　　）。

A. 下划线、美元号不作为变量名、方法名开头

B. 变量名、方法名首字母小写其余单词只有首字母大写

C. 接口名、类名首单词中首字母大写

D. 常量必须完全小写

5. 在以下关于 Java 源文件结构规则的说法中，错误的是（　　）。

A. 版权信息必须放在 Java 文件的开头

B. package 语句放在 imports 语句之前

C. 类的定义部分可以首先放类的注释信息

D. 类的声明同时包含 extends 和 implements 时必须放在同一行

6. 在以下选项中，错误的注释语句是（　　）。

A. //Java 程序设计　　　　　　　B. /＊Java 程序设计；＊/

C. /＊＊Java 程序设计＊＊/　　　　D. /＊＊Java 程序设计/＊＊

7. 定义注释可以使用三种格式，其中文档注释格式使用的界定符是（　　）。

A. //　　　　　B. ＊＊　　　　　C. /＊与＊/　　　　　D. /＊＊与＊＊/

8. 在 Windows XP 中设置环境变量时，首先应该进入的是（　　）。

A. 我的电脑　　　B. 资源管理器　　　C. 控制面板　　　D. 不能进行设置

9. 在以下选项中，属于 JDK 命令的 RMI 命令的是（　　）。

A. rmic 和 rmiregistry　　　　　B. rmid 和 setislver

C. uar 和 javah　　　　　　　　D. A、B 两项都是

10. 在以下选项中，属于 JDK 基本命令是（　　）。

A. Java 语言编译器　　　　　　　B. Java 语言解释器

C. Java 类文件解析器　　　　　　D. 以上说法均对

11. 在以下选项中，不属于 Java IDL 和 RMI—IIOP 命令的是（　　）。

A. jarsigner　　　　B. tnameser　　　　C. idlj　　　　D. servertool

12. 在以下选项中,属于 JDK 命令的国际化命令的是(　　　)。

A. native2ascii　　　　B. rmiregistry　　C. javah　　　　　D. 以上都是

13. 在以下选项中,不属于 JDK 命令的是(　　　)。

A. RMI 命令　　　　　B. 网络传输命令 C. JDK 基本命令　　D. 安全控制命令

14. 在以下关于 Java 的应用程序说法中,错误的是(　　　)。

A. Java 有两类应用程序

B. Java Application 是独立应用程序

C. Java Application 不是独立应用程序

D. Java Applet 嵌入 HTML 文件中在浏览器内执行

15. 在以下选项中,不属于 Java 程序结构文件的是(　　　)。

A. .asp 文件　　　　　B. .java 文件　　C. .class 文件　　　D. .jar 文件

16. 关于 Applet 和 Application,下列说法错误的是(　　　)。

A. Applet 自身不能运行　　　　　　　B. Applet 可嵌在 Application 中运行

C. Application 以 main()方法为入口　　D. Applet 可嵌在浏览器中运行

二、填空题

1. 在 Java 语言中,定义注释可以使用_____种办法。

2. Java 程序执行时将用到一套 JDK 工具,其中 appletviewer.exe 是_____。

3. 在 Java 语言中,它的 API 文档是一种_____工具。

4. Java 程序结构中,源文件与程序类名_____。

5. 每个 Java 应用程序可以包含许多方法,但必须有且仅有一个_____方法。

6. 每个 Java 源程序可包含多个类,但其中最多只能有一个类是_____的。

7. 变量名、_____首单词小写,其余单词只有首字母大写。

8. 在 Java 实现中,每个编译单元就是一个以_____为扩展名的文件。

9. 在 JDK 安装过程中,需要设置的环境变量是 path 和_____。

10. Java 源程序文件的扩展名是_____,Java 字节码文件的扩展名是_____。

三、简答题

1. 什么是 JDK? 它的主要功能是什么?

2. 通常将 Java 程序分为哪两类? 它们有什么区别?

3. 简单说明 java.exe 和 javac.exe 的功能与使用方法。

4. 简单说明 Java 程序是由哪四部分构成的?

四、操作题

1. 编写一个 Application 程序,输出如下信息。

＃＃＃＃＃＃＃＃＃＃＃＃＃＃＃＃＃＃＃＃＃＃＃＃＃＃＃＃＃＃

＃　　　　　　　　Welcome to Java World　　　　　　　　＃

＃＃＃＃＃＃＃＃＃＃＃＃＃＃＃＃＃＃＃＃＃＃＃＃＃＃＃＃＃＃

并在计算机中正确完成程序调试的全部过程。

2. 编写一个 Applet 程序,输出上题中的信息。并在计算机中正确完成程序调试的全部过程。

3. 登录 Sun Microsystems 公司的官方网站 http://java.sun.com 下载并安装 JDK,正确设置操作环境参数。

# 第3章 数据类型、运算符和表达式

本章首先介绍数据类型,它是简单数据的基本属性。在数据类型的基础上,可以书写各种运算符,进而构成表达式。

## 3.1 常量和变量

### 3.1.1 常量

所谓常量是指在程序运行过程中始终不会发生变化的量,Java 共有五种类型的常量:整型常量、浮点型常量、逻辑型常量、字符型常量和字符串型常量。

1. 整型常量

Java 语言中可以定义十进制常量,也可以定义八进制常量或十六进制常量。其中:

(1) 表示十进制常量时,不能以数字"0"开头,如 12,−456.4。

(2) 表示八进制常量时,要以数字"0"开头,其数值的范围为 0~7,如 012 对应十进制为 10。

(3) 表示十六进制常量时,要用数字"0x"开头,其数值的范围为 0~15,并用 A~F 来代替 10~15 这六个数值,如 0x12 对应十进制为 18。

在表示整型常量时,字母大小写是不加以区分的,这时可以使用字母表示某种特定的数据类型。例如,2001 和 200L 都是指一个长整型常量。

注意:任何数据在内存中都是以二进制形式存放的。

2. 浮点型常量

浮点型常量又称为实型常量,常常用于表示需要小数部分的数据。尤其是对于一些很大或很小的数以及一些其他非整数的十进制数,都必须使用浮点型常量。浮点数代表具有小数部分的十进制数,它们可以用自然计数法或科学计数法来表示,自然计数法是由一个整数部分和一个纯小数部分组合起来表示浮点型数据的,科学计数法是用指数幂形式来表示浮点型数据的。

例如:123.456,12.3456e1,1.23456e2,0.123456e3。

Java 语言包括两种浮点类型常量,float 单精度浮点常量和 double 双精度浮点常量,Java 隐含将浮点常量当做双精度浮点类型 double。如果要定义单精度浮点常量,则必须在该常量后面加上字母 F 或 f,如 3.1415926F。

3. 逻辑型常量

逻辑型常量只能取两种值 true 和 false,分别表示真和假。如果逻辑型数据没有进行赋值,则系统的隐含值为 false。

说明:

(1) 所有关系表达式的返回值都是逻辑型常量,即 true 或 false。

（2）在输出逻辑类型的数据时,输出的结果只能是字符串"true"或"false"。

（3）逻辑型数据不能转换成另外的数据类型,这是与 C++语言完全不同的。

4. 字符型常量

字符型常量是用单引号括起的字符,Java 语言使用 Unicode 字符集。Java 语言中的字符型常量由 16 位二进制的表示,可以转换成整数,可以用整数运算符对它进行操作,如字符加法、字符减法等。

全部可见的 ASCII 字符(除控制字符)可以直接用单引号括起的,如' A '、' 5 '、' ＊ '等。但是,对于那些不能直接输入的字符即控制字符和特殊字符则可以通过转义字符来表示,如表 3-1 所示。

表 3-1　转义字符

| 转义字符 | 说明 | Unicode 编码 |
| --- | --- | --- |
| \' | 单引号 | \u0007 |
| \b | Backspace 键 | \u0008 |
| \t | 制表符 Tab | \u0009 |
| \n | 换行 NEWLINE | \u000A |
| \f | 缩进 FORMFEED | \u000C |
| \\ | 反斜杠 | \u005C |
| \" | 双引号 | \u0022 |
| \ddd | 八进制 ASCII 字符 | |
| \xdd | 十六进制 ASCII 字符 | |
| \uxxxx | 十六进制 Unicode 字符 | |

**注意**:Unicode 即国际化字符集,每个字符用 16 位二进制码表示,总共可表示 65536 个字符,可表示人类全部已发现的绝大多数语言符号,包含 ASCII 码。

5. 字符串型常量

字符串型常量是用双引号括起的一个字符串。切记:在字符串中的转义字符、八进制和十六进制表示,与单个字符表示是完全一样的。换言之,表 3-1 中的转义序列字符同样可以用在字符串型常量中。C++语言中的一个字符串型常量被当做一个字符数组,而 Java 语言中的一个字符串型常量被当做一个对象。Java 语言中的一个字符串型常量必须放在同一个语句行内,不能换行。

**注意**:字符型常量仅指单引号括起的一个字符,而字符串型常量是指一个字符串,并且是用双引号括起来的。所以,' A '是字符型常量,而"A"是字符串型常量。

### 3.1.2　标识符

使用标识符可以表示变量名、方法名、数组名、类名、文件名等。在 Java 语言中,标识符必须是以字母、下划线、$ 等符号开头的,其后可以是零个或若干个字母、数字、下划线、$ 等符号组成的字符串。在 Java 语言中有许多预定义的运算符号如"+"、"—"、" * "、"/"等,它们是不可以用于定义标识符的。

如下的标识符都是合法的:

(1) average_score:使用字母和下划线符号。

(2) grade80:使用字母和数字符号。

(3) _numbers:使用字母和下划线符号,并以下划线符号开头。

(4) $salary:使用字母和 $,并以 $ 开头。

x * 2,o/n, $ %,x+y 这些标识符都是不合法的。

### 3.1.3 变量

所谓变量是指在程序运行过程中可能会发生变化的一个量,Java 语言共有四种变量:数字型变量、逻辑型变量、字符型变量和字符串型变量。

1. 变量定义

在 Java 语言中,任何变量都必须先定义后使用,变量定义的格式如下:

〈type〉〈identifier〉=[〈value〉][,〈identifier〉[=〈value〉],……]

**说明**:〈type〉是类型标识符,〈identifier〉是变量名称,〈value〉是常量。

**注意**:如果定义同一类型的多个变量,则可以使用逗号将多个变量分隔开。可以通过等于符号和一个变量值或表达式来初始化一个变量,但要注意初始化变量值或表达式的数据类型必须是一致的。由于 Java 语言严格区分字母的大小写形式,即大小写字母的含义是完全不同的。这样,ABC 和 abc 就是完全不同的两个变量。

**【例 3-1】** 定义各种不同数据类型的变量,其中一些变量包含静态初始化,即声明时确定值。

```
int m=100;包含静态初始化
float b=2.5;包含静态初始化
char c;没有初始化
boolean flag;没有初始化
```

2. 变量动态初始化

变量的动态初始化就是在程序执行过程中变量才会被初始化。由于 Java 语言允许对变量进行动态初始化,这样就可使用表达式来对变量进行动态初始化。

**【例 3-2】** 定义各种不同数据类型的变量,其中对一些变量进行动态初始化。

```
int m;
float a,b;
m=100;进行动态初始化
b=2.5;进行动态初始化
```

3. 变量作用域

Java 语言允许在任何块中定义变量。所谓块是指语句块(statement block),就是用花括号括起来的一段程序。这样,每次新开始一个语句块时,就创建一个变量的作用域(scope)。变量的作用域一方面决定对程序其他部分可引用的对象,另一方面也决定这些对象的生命周期(life time)。

在 Java 语言中,类和方法定义的两个基本作用域分别是:public 和 private。按作用域来划分,变量可以有如下四种:

(1) 方法参数:方法参数将传递给方法,它的作用域就是被调用方法本身。

(2) 局部变量:局部变量在方法中或方法的一段代码中声明,作用域为所在的代码块。

(3) 类变量:类变量在类中声明,而不是在类的方法中进行声明,作用域是整个类。

(4) 异常处理参数:异常处理参数将传递给异常处理代码,它的作用域就是异常处理代码。

# 3.2　基本数据类型及转换

## 3.2.1　基本数据类型

数据类型是指简单数据的基本属性,这是一个十分重要的概念,因为数据操作必须遵守一条基本原则:只有相同或兼容类型的数据之间才能进行操作。基本数据类型也叫简单数据类型,这些类型中的数据是不能再分解的。在这些类型的基础上,可以创建其他的数据类型(又称为复合数据类型),如类、接口、数组等。

基本数据类型具有明确的数据范围和允许的数学运算。Java 语言使用完全统一的描述机制,它的基本数据类型不会随机器的变化而变化。例如,C++语言的整型长度可以基于不同的计算机执行环境,分别为 16 位、32 位、64 位。但是,Java 语言的整型长度总是 32 位,而不管是何种计算机执行环境。这使得 Java 语言在不进行程序修改的情况下,就可以运行于所有计算机平台。

Java 语言共定义了八种基本数据类型,如表 3-2 所示。

表 3-2　Java 语言的八种基本数据类型

| 类型标识符 | 说明 | 数据标识符 | 说明 |
| --- | --- | --- | --- |
| byte | 字节类型 | float | 单精度浮点类型 |
| short | 短整数类型 | double | 双精度浮点类型 |
| int | 整数类型 | boolean | 逻辑类型 |
| long | 长整数类型 | char | 字符类型 |

1. 整型数据类型

Java 语言中定义四种整型数据类型:byte、short、int 和 long,所有这些都是有符号数,即取值可以是正数也可以是负数。另外,Java 语言并不支持无符号数,而在 C++语言中,允许使用有符号数和无符号数。表 3-3 列出了整型数据的二进制位数和十进制数的有效范围。

表 3-3　整型数据的二进制位数和十进制有效范围

| 类型 | 二进制位数 | 十进制有效范围 |
|---|---|---|
| int | 32 | −2147483648～＋2147483647 |
| long | 64 | −9223372036854808～9223372036854807 |
| short | 16 | −32768～＋32767 |
| byte | 8 | −128～＋127 |

说明：

（1）int 型是最常用的整型数据，可用于循环控制和数组下标处理。

（2）long 型可表示非常大的数据，常常用于 int 型不能表示的大数据。

（3）short 型这是最不常用的整型数据，过去经常用于 16 位计算机中。

（4）byte 型只能表示非常小的数据范围，常常用于表示二进制数据。

【例 3-3】　显示 Java 系统中的整型数字常量。

```
1   import java.io. * ;
2   public class IntegerNumber {
3       public static void main(String args[]) {
4           System.out.println(Byte.MIN_VALUE+"\t\t\t"+Byte.MAX_VALUE);
5           System.out.println(Short.MIN_VALUE+"\t\t\t"+Short.MAX_VALUE);
6           System.out.println(Integer.MIN_VALUE+"\t\t"+Integer.MAX_VALUE);
7           System.out.println(Long.MIN_VALUE+"\t"+Long.MAX_VALUE);
8       }
9   }
```

说明：程序中的第 1 行用 import 语句引入 java.io 包，从而让程序能够引用包中提供的方法和属性，如 System.out.println()方法；第 2 行用 class 保留字声明一个类，类名为 Integer-Number；第 3 行定义一个主方法 main()，并用三个保留字 public、static 和 void 说明方法的类型；程序中的第 4、5、6、7 行用于输出 8 个整型数字常量。第 8、9 行使用"}"以便结束对应的定义。字符串中的"\t"属于转义字符，用于对齐输出信息。

运行该程序后，得到的输出结果如图 3-1 所示。

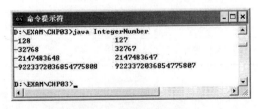

图 3-1　整型数字常量

【例 3-4】　定义 int 整型变量并进行输出。

```
1   import java.io. * ;
2   public class OutputNum {
3       public static void main(String args[]) {
4           int num=100;
5           System.out.print("num="+num);
6       }
7   }
```

程序输出结果是：num=100。

说明：程序中的第 4 行声明变量 num,并初始化为 100；第 5 行将输出变量 num 的值。

int 型的数据使用 32 位进行存放,以下程序用于理解 int 整型数据的取值范围。

【例 3-5】 定义整型数据的变量并输出计算结果。

```
1   import java.io. * ;
2   public class OutputFact {
3       public static void main(String args[]) {
4           int n;
5           n=1 * 2 * 3 * 4 * 5 * 6 * 7 * 8 * 9 * 10 * 11 * 12 * 13 * 14 * 15 * 16;
6           System.out.print ("16! ="+n);
7       }
8   }
```

程序输出结果是：16! =2004189184。

说明：当变量 n 的值再乘以 17 后,程序输出结果是－288522240。出错原因在于计算机使用机器数,其中最高数位为符号位,若乘积进位到符号位则数据将从正整数变为负整数。一种简单解决的方法将程序中的第 4 行改写成"double n",可能产生误差,但不会是负数。

2. 浮点型数据类型

浮点型数据又称为实型数据,常常用于表示有小数部分的数据。尤其是对于一些很大或很小的数据,以及一些其他非整数的十进制数,都必须使用浮点型数据。Java 语言包括两种类型的浮点数：单精度浮点数 float 和双精度浮点数 double,表 3-4 列出了浮点型数据的二进制位数和十进制有效范围。

表 3-4　浮点型数据的二进制位数和十进制有效范围

| 类型 | 位数 | 十进制有效范围 |
| --- | --- | --- |
| float | 32 | $-3.40282347E+38 \sim +3.40282347E+38$ |
| double | 64 | $-1.79769313486231570E+308 \sim +1.79769313486231570E+308$ |

说明：

(1) float 类型：使用 32 个二进制位来表示一个单精度浮点数,占用内存空间小,运算速度快,但表示的数据精度不高。

（2）double 类型：使用 64 个二进制位来表示一个双精度浮点数，占用内存空间大，运算速度慢。但表示的精度可以达到 15 个十进制位，可用于精度要求高的工程计算领域。

【例 3-6】 显示 Java 系统中的浮点型数字常量。

```
1    import java.io. * ;
2    public class RealNumber {
3        public static void main(String args[]) {
4            System.out.println(Float.MIN_VALUE+"\t\t"+Float.MAX_VALUE);
5            System.out.println(Double.MIN_VALUE+"\t"+Double.MAX_VALUE);
6        }
7    }
```

运行该程序后，得到的输出结果如图 3-2 所示。

图 3-2　浮点型数字常量

【例 3-7】 浮点型数据的舍入误差。

```
1    import java.io. * ;
2    public class FloatErr {
3        public static void main(String args[]) {
4            float a,b;
5            a=123456700;
6            b=a+2;
7            System.out.print(b);
8        }
9    }
```

程序输出结果是：1.23456704E8。

说明：浮点型变量只能保证 7 位有效数字，多的位数没有意义。应避免将"大数据"和"小数据"进行加减，否则会"丢失小数据"。一种简单的解决方法是：将程序中的第 4 行使用双精度类型声明变量，即 double a,b。

【例 3-8】 浮点型数据的表示误差和运算误差。

```
1    import java.io. * ;
2    public class StorageErr {
3        public static void main(String args[]) {
4            double a=0.03,b=0.04,c=0.05;
```

```
5            System.out.print(a * a+b * b-c * c);
6        }
7    }
```

程序输出结果是：-4.3368086899420177E-19。

说明：浮点型数据的表示误差是在将十进制数转换成二进制数时产生的，所以两个浮点型数据最好不要进行相等比较。一种简单的解决方法是将程序中的第 5 行表达式"a * a+b * b-c * c"小于 $10^{-6}$ 就可能作为"相等"。

3. 逻辑型数据类型

在 Java 语言中有一种非常简单的数据类型，这就是 boolean(布尔)数据类型，它的值只有true 和 false 两种，分别表示逻辑"真"和逻辑"假"。如果逻辑型数据没有进行赋值，则系统的隐含值为 false。

【例 3-9】　显示 Java 系统中的逻辑型数据。

```
1    import java.io. * ;
2    public class BooleData {
3        public static void main(String args[]) {
4            int n=2;
5            boolean bln;
6            bln=n>0;
7            System.out.println("逻辑型数据是"+bln);
8        }
9    }
```

程序输出结果是：逻辑型数据是 true。

说明：程序中的第 5 行声明逻辑变量 bln，第 6 行将"n>0"的值存放到 bln 中。

4. 字符型数据类型

在 Java 语言中，数据类型 char 用于表示字符数据。尽管 char 数据类型不是整型数，但在很多情况下可以将它们按整数方式进行操作，这一点与 C++语言是相同的。例如，两个字符可以相加，或输出一个字符变量的整数值。

注意：尽管 Java 语言是所谓"纯面向对象"的程序设计语言，但它的基本数据类型则不是面向对象的，这一点与非面向对象语言（如 ANSI C 语言、Pascal 语言）中的简单数据类型一样。实际上将简单数据类型变成对象将大大降低"纯面向对象"性能，这样做完全是不得已的。

【例 3-10】　显示 Java 系统中的字符型数据。

```
1    import java.io. * ;
2    public class OutputChar {
3        public static void main(String args[]) {
4            char c;
5            c='A';
6            System.out.println("字符型数据是"+c);
```

```
7        }
8    }
```

程序输出结果是:字符型数据是 A。

说明:程序中的第 6 行有一个"+"符号,表示字符串的顺序连接运算。

### 3.2.2 自动类型转换和强制类型转换

Java 语言是一种强类型的程序设计语言。一方面,任何变量和表达式都只能具有唯一的数据类型,而每个数据类型本身必须有严格定义;另一方面,全部赋值操作,不论是显式的赋值操作,还是通过方法进行参数传递,Java 语言都要自动检查数据类型是否一致。Java 语言与 C++的自动类型转换功能不同,Java 编译器将负责检查所有表达式和参数的数据类型,以确保数据类型的一致性,任何形式的类型不匹配将导致编译错误。

如果读者过去曾经使用过 C++编写程序,则肯定知道将一种类型的值赋给另外一种变量类型是经常发生的事情。在 Java 语言中,如果这两种数据类型是兼容的,则将执行自动类型转换。但是,并不是所有的数据类型都是兼容的,换句话说,不是所有的数据类型都允许执行自动的数据类型转换。例如,在双精度浮点型 double 和字节型 byte 之间就没有定义类型转换,这样就需要进行强制类型转换。

#### 1. 自动类型转换

当一种数据类型的值赋给另外一种数据类型的变量时,只要满足下面的条件,Java 语言将执行自动类型转换。

(1) 目的数据类型和源数据类型是兼容的。

(2) 目的数据类型比源数据类型大(存储容量大、数据范围大)。

例如,int 类型总是比 byte 类型大,long 类型总是比 int 类型大,这样 Java 语言将执行自动类型转换,满足上述两个条件时所进行的转换就是自动类型转换,又称为宽类型转换。在宽类型转换中,数字类型(包括整型和浮点型两种)是兼容的,但是,数字类型与字符型是不兼容的,字符型与逻辑型也是不兼容的。尽管自动转换类型很有用,但是它并不能满足所有类型转换的需要。例如,将 long 值赋给 int 变量就不能执行自动类型转换,因为 long 类型比 int 类型大。

【例 3-11】 自动类型转换。

```
1    import java.io. * ;
2    public class AutomaticType {
3        public static void main(String args[]) {
4            float x;
5            x=100;
6            System.out.println(x);
7        }
8    }
```

程序输出结果是:x=100.0。

说明:程序中的第 4 行声明浮点型变量 x,第 5 行将整数 100 存入 x 中,这时由系统实现自动类型转换，从而使 x 的值为 100.0，而不是整数 100。

2. 强制类型转换

强制类型转换将实现大量非兼容类型变量之间的显式类型转换，要实现不同类型数据之间的转换，可使用以下格式进行：

(〈target type〉)〈value〉

说明：

(1)〈target type〉用于指定需要转换的目的数据类型。

(2)〈value〉用于指定需要源数据类型的值。

如果将"大"的数据类型赋给"小"的数据类型，则会产生误差。例如，将浮点值赋给整数变量时，将发生数据截去(transaction)转换。由于整型数没有小数部分，这样，当浮点数据赋给一个整型变量时，小数部分将被丢失。例如，如果将 3.1415926 赋给一个整型变量 n，其结果是 n 为 3，而小数部分 0.1415926 将被截去。当然，如果该浮点值比整数类型的范围还要大，则将按整型的数据范围取整进行类型转换。

在 Java 语言中，能够进行安全转换的数据类型如表 3-5 所示。

表 3-5　安全转换的数据类型

| 源数据类型 | 安全转换的数据类型 |
| --- | --- |
| byte | short、char、int、long、float、double |
| short | int、long、float、double |
| int | long、float、double |
| char | int、float、double |
| float | double |

【例 3-12】　强制类型转换。

```
1   import java.io. * ;
2   public class NonAutomaticType {
3       public static void main(String args[]) {
4           float a＝5,b＝2,c;
5           c＝(int)(a/b);
6           System.out.println(c);
7       }
8   }
```

程序输出结果是：c＝2。

说明：程序中的第 4 行声明 3 个浮点型变量 a、b 和 c，第 5 行计算 a/b 将得到 2.5，但同时系统进行强制类型转换 (int)(a/b)将使运算结果是 2，不是 2.5，输出结果是 2.0。

3. 提升表达式类型

除赋值操作以外，Java 语言的表达式也存在数据类型转换的问题。如果表达式的中间计算结果超出操作数的范围，则表达式的类型将会自动进行提升。在 Java 语言中，提升表达式类型的原则如下:如果表达式中有一个操作数的数据类型为 double 类型,则该表达式的数据类型可以提升为 double 类型。如果表达式中有一个操作数的数据类型为 float 类型,则该表达式的数据类型可以提升为 float 类型。如果表达式中有一个操作数的数据类型为 long 类型,则该表达式的数据类型可以提升为 long 类型。

**注意**:在 Java 语言中,如果进行运算的两种数据类型是兼容的,则将执行自动类型转换。如果进行运算的两种数据类型是不兼容的,则只能使用强制类型转换。在赋值操作过程中,可以用表达式类型提升原则解决数据类型的转换问题。

**【例 3-13】** 提升表达式类型。

```
1  import java.io. * ;
2  public class ExpressionType {
3      public static void main(String args[]) {
4          float a=2;
5          double b,x;
6          b=3.5;
7          x=5/a+3+b;
8          System.out.println(x);
9      }
10 }
```

程序输出结果是一个双精度数据:9.0。

说明:程序中的第 4 行声明一个单精度变量 a,第 5 行声明两个双精度变量 b 和 x。第 7 行将进行混合类型的计算,并得到双精度的结果。

4. 强类型程序设计语言

Java 语言是一种强类型的程序设计语言。实际上,这就是 Java 语言具有高度安全性和健壮性的重要原因之一。强类型语言的特点主要表现在如下两方面:

(1) 任何变量和表达式只能具有唯一的数据类型,而必须有严格的定义。

(2) 全部赋值操作,不论是显式的赋值操作,还是通过方法中的参数传递,Java 语言都要自动检查数据类型是否一致。Java 语言与 C++语言的自动类型转换功能不同,Java 编译器将负责检查全部表达式和参数的数据类型,以确保数据类型的一致性,任何形式的数据类型不匹配都将导致编译错误。

### 3.2.3 Java 类库中对简单数据类型的类包装

Java 语言中的简单数据类型是包装在类库中,它们在基本类库的层次如图 3-3 所示。

```
class java.lang.Object
 ├─class java.lang.Boolean(implements)java.io.Serializable)
 ├─class java.lang.Character(implements.lang.Comparable.java.io.Serializable)
 └──┬──class java.lang.Number(implements java.io.Serializable)
    ├──class java.lang.Byte(implements java.lang.Comparable)
    ├──class java.lang.Double(implements java.lang.Comparable)
    ├──class java.lang.Float(implements java.lang.Comparable)
    ├──class java.lang.Integer(implements java.lang.Comparable)
    ├──class java.lang.Long(implements java.lang.Comparable)
    └──class java.lang.Short(implements java.lang.Comparable)
```

**图 3-3 简单数据类型在基本类库中的层次**

## 3.3　运算符和表达式运算

### 3.3.1　运算符

在 Java 语言中,共有如下五类运算符:算术运算符、关系运算符、逻辑运算符、位运算符和问号运算符,下面分别进行说明。

1. 算术运算符

算术运算符的具体内容如表 3-6 所示。

表 3-6　算术运算符

| 名称 | 算术运算符 | 类型 | 示例 |
| --- | --- | --- | --- |
| 加 | ＋ | 基本算术运算符 | 10＋5 |
| 减 | － | 基本算术运算符 | 10－5 |
| 乘 | ＊ | 基本算术运算符 | 10 * 5 |
| 除 | / | 基本算术运算符 | 10/5 |
| 取余 | ％ | 基本算术运算符 | 10％5 |
| 相加并赋值 | ＋＝ | 扩展算术赋值运算符 | a＋＝b |
| 相减并赋值 | －＝ | 扩展算术赋值运算符 | a－＝b |
| 相乘并赋值 | ＊＝ | 扩展算术赋值运算符 | a＊＝b |
| 相除并赋值 | /＝ | 扩展算术赋值运算符 | a/＝b |
| 取余并赋值 | ％＝ | 扩展算术赋值运算符 | a％＝b |
| 加 1 | ＋＋ | 自增运算符 | i＋＋ |
| 减 1 | －－ | 自减运算符 | i－－ |

说明:

(1) 取余运算是将两个数值相除后的余数作为运算结果。Java 语言中的取余运算除适合整型运算外,还适合于浮点类型运算,这一点与 C＋＋语言不同。例如:在 Java 语言中 25.5％10 的结果为 5.5。

(2) 在控制程序的过程中,递增运算符和递减运算符是很有用的,它是从 C＋＋中继承下来的一种简化表达式书写的方法,例如表达式"i＋＋"表示将 i 的值加 1 后送回。

(3) 算术运算符用于对数值型数据进行算术运算,产生数字型运算的结果。运算规则如下:先乘除后加减、自增自减运算符优于乘除、算术赋值运算符的优先级别最低、圆括号最优先、同级操作按从左到右的顺序进行。

(4) 与递增运算符和递减运算符类似,算术赋值运算符可以完成相加并赋值、相减并赋值、相乘并赋值、相除并赋值和取余并赋值。例如语句"i＋＝6;"表示将 i 的值加 6 后送回到变量 i 中。递增运算符和递减运算符的功能是使变量的值增 1 或减 1。

（5）＋＋i，－－i 表示在引用 i 之前使 i 的值加 1 或减 1，称为前置运算。

（6）i＋＋，i－表示在引用 i 之后使 i 的值加 1 或减 1，称为后置运算。

**注意**：递增运算符和递减运算符只能用于变量，不能用于常量或表达式。其次，递增运算符和递减运算符的结合方向是"从右到左"。

【**例 3-14**】 递增运算符和递减运算符。

```
1    import java.io. * ;
2    public class AddSubtract {
3        public static void main(String args[]) {
4            int i,j,m,n;
5            i=8;
6            j=8;
7            m=++i;
8            n=j++;
9            System.out.println("i="+i+",j="+j+",m="+m+",n="+n);
10       }
11   }
```

程序输出结果是：i＝9，j＝9，m＝9，n＝8。

说明：程序中的第 7 行属于前置运算，变量 i 和 m 的值均修改成 9。第 8 行属于后置运算，变量 n 的值修改成 8，变量 j 的值修改成 9。

2．关系运算符

关系运算符用于比较运算，只有相同数据类型的两个表达式才能进行比较，运算结果只能为两种逻辑值之一：true 或 false，关系运算符的内容如表 3-7 所示。

表 3-7　关系运算符

| 名称 | 关系运算符 | 示例 | 名称 | 关系运算符 | 示例 |
|------|------------|------|------|------------|------|
| 大于 | ＞ | 20＞10 | 不等于 | ！＝ | 20！＝10 |
| 小于 | ＜ | 20＜10 | 大于等于 | ＞＝ | 20＞＝10 |
| 等于 | ＝＝ | 20＝＝10 | 小于等于 | ＜＝ | 20＜＝10 |

例如：关系表达式"50＞100"的结果为 false，而关系表达式"China"＞"American" 的结果为 true 等。

说明：

（1）关系运算符确定一个操作数与另一个操作数之间的关系，运算的结果为逻辑类型，它经常用于条件语句和循环语句中。

（2）运算符"＝＝"和运算符"！＝"可以适用于任何类型的数据之间进行比较，但其他四种关系运算符只能用于数字型数据进行比较。

（3）英文符号比较大小是按其 Unicode 码值的大小进行比较的。汉字字符串比较大小使用相应的汉语拼音字母代替该汉字。然后，再按英文字母比较大小的规则进行比较。

3. 位运算符

Java 语言共定义 13 种位运算符,它们都可以用于任何整型数据类型,如 int 、long、short、byte 和 char 类型,表 3-8 列出 Java 语言的位运算符。

表 3-8 位运算符

| 序号 | 按位名称 | 位运算符 | 示例 |
|---|---|---|---|
| 1 | 按位取非 | ~ | ~20 |
| 2 | 按位相与 | & | 20&40 |
| 3 | 按位相或 | \| | 20\|40 |
| 4 | 按位异或 | ^ | 20^40 |
| 5 | 带符号数左移 n 位 | << | −10<<2 |
| 6 | 带符号数右移 n 位 | >> | −10>>2 |
| 7 | 无符号数右移 n 位 | >>> | 10>>>2 |
| 8 | 带符号数左移 n 位并赋值 | <<= | a<<=2 |
| 9 | 带符号数右移 n 位并赋值 | >>= | a>>=2 |
| 10 | 不带符号右移 n 位并赋值 | >>>= | a>>>=2 |
| 11 | 按位相与并赋值 | &= | a&=a |
| 12 | 按位相或并赋值 | \|= | a\|=b |
| 13 | 按位异或并赋值 | ^= | a^=b |

说明:

(1)位运算是以二进制数据位为单位进行运算的,它来源于 C++语言,由于 Java 语言本身具有平台无关性,所以 Java 语言中所用到的全部整型数据运算也具有平台无关性,这样在 Java 语言中使用位运算符是绝对安全的。

(2)带符号数左移 n 位是将该值乘以 $2^n$,带符号数右移 n 位是将该值除以 $2^n$。

(3)带符号数移动要保证数值的符号不变,如果是正数移动,在左侧或右侧补充的数字都是 0;而对于负数的移动,在左侧或右侧补充的数字都是 1。

(4)不带符号数移动则不管数的正负,在左侧或右侧补充的数字都是 0。

**注意**:Java 语言不支持无符号数的左移,因为根本就没有无符号数。

【例 3-15】 位运算符。

```
1    import java.io. * ;
2    public class BitComputing {
3        public static void main(String args[]) {
4            int n,a,b;
5            n=16;
6            a=n<<2;
7            b=n>>2;
```

```
8            System.out.println("a="+a+",b="+b);
9        }
10 }
```

程序输出结果是:a=64,b=4。

说明:程序中的第 6 行是将变量 n 中的值左移 2 位,表示扩大 4 倍,从而得到 64。第 7 行是将变量 n 中的值右移 2 位,表示缩小 4 倍,从而得到 4。

4. 逻辑运算符

逻辑运算符是对一个或两个逻辑型表达式实施逻辑运算,只能产生逻辑型的运算结果,即 true 或 false。在 Java 语言中,只有三个逻辑运算符:逻辑与、逻辑或和逻辑非,逻辑运算符的内容如表 3-9 所示。

表 3-9    逻辑运算符

| 名称 | 逻辑运算符 | 示例 | 说明 |
| --- | --- | --- | --- |
| 逻辑与 | && | a&&b | a 和 b 同时为 true 则结果为 true,其余都为 false |
| 逻辑或 | \|\| | a\|\|b | a 和 b 同时为 false 则结果为 false,其余都为 true |
| 逻辑非 | ! | !a | a 为 true 则结果为 false,a 为 false 则结果为 true |

**注意**:在运用逻辑与和逻辑或运算符时,可以通过合理地安排表达式的执行顺序来提高程序的运行效率。例如,对逻辑与运算符,如果左侧的表达式结果为 false,就不必再运算右侧表达式了。同样,对于逻辑或运算符,如果左侧的表达式结果为 true,也就不必运算右侧表达式了。

5. 条件运算符"?"

Java 语言包含一个特殊的条件运算符"?",用它可以代替部分简单的 if-then-else 语句。Java 语言中"?"运算符的格式如下:

〈BooleanExperession〉?〈TrueValue〉:〈FalseValue〉

功能:如果逻辑型表达式〈BooleanExperession〉的值为 true,则该表达式将返回表达式〈TrueValue〉的值;如果逻辑型表达式〈BooleanExperession〉的值为 false,则该表达式将返回表达式〈FalseValue〉的值。

说明:

(1)〈BooleanExperession〉:用于指定一个逻辑型表达式。

(2)〈FalseValue〉的值和〈TrueValue〉的值必须保持数据类型一致。

【例 3-16】  条件运算符"?"的使用。

```
1  import java.io.*;
2  public class TriSymbol {
3      public static void main(String args[]) {
4          char ch;
5          int score=80;
6          ch=(score>=60)? 'T':'F';
7          System.out.print(ch);
```

```
8        }
9    }
```

程序输出结果是:T。

说明:程序中的第 6 行是条件运算,由于条件"score>=60"为真,从而使 ch 变量存放字符"T"。

### 3.3.2　表达式及其运算

1. 表达式

表达式是由运算符和数据组成的,通过运算就可以得到一个表达式的计算结果。在 Java 语言中,表达式有三种形式:算术表达式、关系表达式和逻辑表达式。表达式是实际完成某一计算任务的最简单的手段,运算符则是组成表达式的基本元素之一。

2. 运算符的优先级

各种运算符的运算优先级是不同的,而运算符的优先级将决定表达式的计算顺序。在大多数情况下,它将影响整个表达式的计算结果,表 3-10 列出了 Java 语言中各种运算符的优先级(从上到下递减)。

表 3-10　运算符的优先级(从上到下递减)

| 序号 | 运算符 | 说明 |
|---|---|---|
| 1 | . | 用于访问对象和类中的方法和变量 |
| 2 | [ ] | 用于访问数组元素 |
| 3 | ( ) | 用于定义表达式的运算顺序 |
| 4 | ++、--、!、|、- | 加 1、减 1、逻辑非、按位取反、取负 |
| 5 | instanceof | 若对象是类实例且是该类的父类则返回"真" |
| 6 | new (⟨type⟩)⟨expression⟩ | 用于创建新的类实例 |
| 7 | *、/、% | 乘、除、取余 |
| 8 | +、- | 加、减 |
| 9 | <<、>> | 左移、右移 |
| 10 | <、>、<=、>= | 大小关系比较 |
| 11 | ==、!= | 相等、不等 |
| 12 | & | 按位与 |
| 13 | ^ | 按位异或 |
| 14 | \| | 按位或 |
| 15 | && | 逻辑与 |
| 16 | \|\| | 逻辑或 |
| 17 | ? | 条件运算符 |
| 18 | =、+=、-=、*=、/=、%= | 赋值和组合赋值 |
| 19 | ^=、&=、\|=、<<=、>>=、>>>= | 赋值和组合赋值 |

**注意**:由于圆括号的优先级别是最高的,所以,在运算符优先级容易混淆时,最简单的办法就是使用圆括号来强行规定优先级,如表达式"(a+b)/(c+d)"。

3 表达式语句

表达式语句主要有如下三种形式:

(1) 在由++和--运算符形成的一元算术表达式后加上分号构成。

(2) 在一个表达式(如赋值表达式)后加上分号构成。

(3) 在没有返回值的方法调用后加上分号构成。

### 3.3.3　扩展赋值运算符

在赋值符"="前加上其他运算符,即构成扩展赋值运算符,如 a+=3 等价于 a=a+3。换言之,扩展赋值运算符的一般格式为 var 〈op〉=〈expression〉,对应功能如表 3-11 所示。

表 3-11　扩展赋值运算符

| 序号 | 运算符 | 格式 | 等效表达式 |
| --- | --- | --- | --- |
| 1 | += | 〈op1〉+=〈op2〉 | 〈op1〉=〈op1〉+〈op2〉 |
| 2 | -= | 〈op1〉-=〈op2〉 | 〈op1〉=〈op1〉-〈op2〉 |
| 3 | *= | 〈op1〉*=〈op2〉 | 〈op1〉=〈op1〉*〈op2〉 |
| 4 | /= | 〈op1〉/=〈op2〉 | 〈op1〉=〈op1〉/〈op2〉 |
| 5 | %= | 〈op1〉%=〈op2〉 | 〈op1〉=〈op1〉%〈op2〉 |
| 6 | &= | 〈op1〉&=〈op2〉 | 〈op1〉=〈op1〉&〈op2〉 |
| 7 | \|= | 〈op1〉\|=〈op2〉 | 〈op1〉=〈op1〉\|〈op2〉 |
| 8 | ^= | 〈op1〉^=〈op2〉 | 〈op1〉=〈op1〉^〈op2〉 |
| 9 | >>= | 〈op1〉>>=〈op2〉 | 〈op1〉=〈op1〉>>〈op2〉 |
| 10 | <<= | 〈op1〉<<=〈op2〉 | 〈op1〉=〈op1〉<<〈op2〉 |
| 11 | >>>= | 〈op1〉>>>=〈op2〉 | 〈op1〉=〈op1〉>>>〈op2〉 |

说明:〈op1〉表示第一个操作数,〈op2〉表示第二个操作数。

# 3.4　数组和字符串

除上面介绍的基本数据类型外,作为面向对象程序设计语言的 Java,它还有另外一些数据类型——字符串和数组,在表示字符串和数组时将沿用与类定义相同的表示方法。

### 3.4.1　数组

Java 语言提供数组数据,这不仅方便用户在解决实际问题时使用数组,同时又提高程序设计的描述能力。Java 语言取消了指针机制,这样数组只能使用 Java 中的类来表示。在声明数组时,必须说明数组的类型、数组名称和数组长度。与其他程序设计语言一样,数组一定要先定义后使用。在 Java 语言中,创建数组由定义数组变量;创建新的数组对象;分别给数组中的每个数组元素赋值三步组成。

1. 定义数组变量

对于声明数组,数据类型决定数组将要存储数据的类型,一个数组只能保存一组相同类型的数据。数组名称决定如何引用数组元素,它的命名规则和变量的命名规则是一致的。数组长度决定数组中元素的个数,数组元素的下标(或索引)是从 0 开始的。

(1) 第一种数组声明。数组变量的命名规则和一般变量的命名规则是一样的,只要在变量名后加上一个空的方括号就行了。它的定义格式如下:

〈ArrayType〉arrayVarName[];

说明:

① 〈ArrayType〉:指定数组的数据类型。

② 〈ArrayVarName〉:指定数组名。

(2) 第二种数组声明,是在数组类型之后,放置一个空的方括号来代替变量名称后的空方括号。它的定义格式如下:

〈ArrayType〉[]〈ArrayVarName〉;

说明:

① 〈ArrayType〉:指定数组的数据类型。

② 〈ArrayVarName〉:指定数组名。

2. 创建数组对象

(1) 实例化处理。在声明数组变量后,可以将它们进行实例化处理。

【例 3-17】 数组对象的实例化处理。

```
m[]=new int[10];
arr[]=new float[5];
p[]=new double[10];
tag[]=new boolean[2];
ch[]=new char[10];
workdays[]=new String[7];
```

当然,也可以将声明数组变量和实例化处理一次完成。

【例 3-18】 数组对象的实例化处理。

```
int m[]=new int[10];
float arr[]=new float[5];
double p[]=new double[10];
boolean tag[]=new boolean[2];
char ch[]=new char[10];
String workdays[]=new String[7];
```

(2) 初始化处理。在创建数组对象后,数组元素均隐含被初始化如下:

① 对于整型数组,全部的数组元素被初始化为 0。

② 对于逻辑型的数组,全部的数组元素被初始化为 false。

③ 对于字符型的数组,全部的数组元素被初始化为字符'\0'。

④ 对于对象型的数组,全部的数组元素被初始化为 null。

也可以在创建数组对象时对数组元素进行赋值,相应的格式如下:

〈ArrayType〉〈ArrayVarName〉[ ]={〈ValueList1〉[,〈ValueList2〉,……]};

说明:

① 〈ArrayType〉:用于指定数组的数据类型。

② 〈ArrayVarName〉:用于指定数组的名称。

③ 〈ValueList〉:用于指定所有数组元素的初始值列表,初始值列表中的元素个数可以确定数组的长度。

(3) 访问数组元素。在使用数组数据的过程中,相应的数组元素可以像一般变量那样使用。数组元素的值可以用赋值语句得到,也可以由系统隐含得到。要注意的是,数组本身是有数据类型的,同一个数组的所有数组元素只能是同一种数据类型,在创建数组对象后,可以像访问一般变量那样进行数组元素的访问。访问数组元素的一般格式如下:

〈ArrayVarName〉[〈index〉]

说明:

① 〈ArrayVarName〉:用于指定数组的名称。

② 〈index〉:用于指定数组元素的索引(即下标),Java 语言中的索引号是从 0 开始进行编号的,编程时经常用整型表达式来表示下标。

给数组元素赋值的格式是与给变量赋值的格式类似的,只要将数组名加上方括号括起数组元素索引(即下标)即可。它的一般格式如下:

〈ArrayVarName〉[〈index〉]=〈NewValueList〉;

说明:

① 〈ArrayVarName〉:用于指定数组的名称。

② 〈index〉:用于指定数组元素的索引(即下标)。

③ 〈NewValueList〉:用于指定数组元素的新值。

**注意**:访问数组元素时要注意数组的索引(即下标)是否越界,由于 Java 语言中的数组索引号是从 0 开始编号的,所以以数组最后一个元素的索引号就是数组长度减 1。

【例 3-19】 一维数组的使用。

```
1   import java.io. * ;
2   public class ArraySum {
3       public static void main(String args[]) {
4           int p[]={10,20,30,40},sum;
5           sum=p[0]+p[1]+p[2]+p[3];
6           System.out.print("sum="+sum);
7       }
8   }
```

程序输出结果是:sum=100。

说明:程序中的第 4 行声明一维数组 p[]并进行初始化,第 5 行通过引用全部数组元素来求和。

(4)二维数组。在介绍一维数组后,开始介绍二维数组,更高维的数组由读者自己推广。有时需要使用一些有行列关系的二维数组,这时可以将二维数组看成是这样的一维数组:一维数组的每个的数组元素又是一个一维数组。二维数组的定义和一维数组没有什么区别,只是将一个方括号变成两个方括号而已。引用数组元素时也需要两个方括号表示两个索引,它的定义格式如下:

〈ArrayType〉〈ArrayVarName〉[][];或〈ArrayType〉[][]〈ArrayVarName〉;

说明:

①〈ArrayType〉:指定数组的数据类型。

②〈ArrayVarName〉:指定数组名。

【例 3-20】　二维数组的使用。

```
1   import java.io. * ;
2   public class ArraySumm {
3       public static void main(String args[]) {
4           int p[][]={{10,20,30},{40,50,60}};
5           int i,j,sum;
6           for (i=0;i<2;i++) {
7               for (j=0;j<3;j++) System.out.println(p[i][j]);
8               System.out.println();
9           }
10          sum=p[0][0]+p[0][1]+p[1][0]+p[1][1];
11          System.out.print(sum);
12      }
13  }
```

说明:程序中的第 4 行声明二维数组 p[][]并进行初始化,第 6~9 行输出二维数组 p,第 10 行将仅对数组 p 中左上角的 4 个数组元素进行求和,程序输出结果如图 3-4 所示。

图 3-4　二维数组的使用

### 3.4.2　字符串

前面已经说过,字符型常量仅指用单引号括起的一个字符,而字符串型常量是指一个字符串,并且是用双引号括起来的,所以,"ABDCEFG"是字符串型常量。在 C++语言中,字符串纯粹是一串字符,由于 Java 语言中取消指针概念,所以 C++语言中的字符串移植到 Java 语言中就失去了一些性能。这就是为什么 Java 语言要将字符串和数组与类放在一起的根本原因。

在定义一个字符串时,可以使用定义基本数据类型的格式。例如:

String str＝"It is a string";

说明:

(1) String:这是 Java 语言系统提供的字符串类。

(2) It is a string:用于代表一个字符串常量。

由于字符串属于基于对象的类,可以通过实例化对象操作来创建它。

## 3.5　本章知识点

1. 变量和常量

(1) 五种常量:整型常量、浮点型常量、逻辑型常量、字符型常量和字符串型常量。

(2) 四种变量:数值型变量、浮点型变量、逻辑型变量和字符型变量。

2. 基本数据类型及转换

(1) 基本数据类型:byte、short 、int、long、float、double、boolean、char。

(2) 自动类型转换和强制类型转换。

(3) Java 类库中对简单数据类型的类包装。

3. 运算符、表达式运算和表达式语句

(1) 算术运算符、关系运算符、逻辑运算符、位运算符和问号运算符。

(2) 表达式和算符优先级。

(3) 表达式语句:在由++和--运算符形成的一元算术表达式后加上分号构成;在一个表达式(如赋值表达式)后加上分号构成;在没有返回值的方法调用后加上分号构成。

4. 数组和字符串

(1) 定义数组变量与创建数组对象。

(2) 字符型常量与定义字符串变量。

## 习　题　三

一、单项选择题

1. 在 Java 语言中,integer.MAX_VALUE 表示(　　)。

A. 浮点型数据的最大值　　　　　　B. 整型数据的最大值

C. 长整型数据的最大值　　　　　　D. 以上说法均错

2. 在以下标识符中,错误的是(　　)。

A. _sys_varl                                    B. change

C. User_name                                    D. 1_file

3. 在以下声明和赋值语句中,错误的是(　　　)。

A. double w＝3.1415;                            B. string strl＝"bye";

C. int z＝6.74567;                              D. boolean true＝true;

4. 在 Java 语言的数值类型数据中,不可能出现的符号是(　　　)。

A. d              B. f              C. e                   D. /

5. 在以下选项中,不属于整型变量的类型是(　　　)。

A. byte          B. short         C. float               D. long

6. 关于变量的作用域,下列说法中错误的是(　　　)。

A. 异常处理参数作用域为整个类

B. 局部变量作用域声明该变量所在的代码段

C. 类变量作用域声明该变量的类

D. 方法参数作用域传递到方法内的代码段

7. 在以下选项中,可表示单引号的是(　　　)。

A. /'/            B. \\'           C.\\'\                 D.\'

8. 在以下选项中,不属于简单数据类型的是(　　　)。

A. 整数类型       B. 类            C. 浮点数类型           D. 逻辑类型

9. 在 Java 语言中,用于定义常量的关键字是(　　　)。

A. final         B. ♯define       C. float               D. const

10. 在以下选项中,属于 Java 关键字的是(　　　)。

A. TRUE          B. goto          C. float               D. NULL

11. 在以下关于整型变量的说法中,错误的是(　　　)。

A. 为防止机器高、低字节存储顺序不同一般用 byte 类型来表示数据可避免出错

B. short 类型数据存储时只占 16 位二进制

C. int 类型是最常用的整数类型,存储时只占 32 位二进制

D. 非常大整数的一般使用 long 类型来表示

12. 自定义类型转换是由按优先关系从低级数据转换为高级数据,优先次序为(　　　)。

A. char→int→long→float→double          B. int→long→float→double→char

C. long→float→int→double→char          D. 以上说法均错

13. 在以下数据类型转换中,必须进行强制类型转换的是(　　　)。

A. byte→int      B. short→long    C. float→double        D. int→char

14.下列程序片段的执行,说法正确的是(　　　)。

```
1   import java.io. * ;
2   public class TestExample {
3       public static void main(String args[]) {
4           byte b＝100;
5           int i＝b;
```

```
6          int a＝2000;
7          b＝a;
8          System.out.println(b);
9        }
10     }
```

A. b 的值为 100        B. b 的值为 2000     C. 第 5 行出错        D. 第 7 行出错

15. 执行以下程序段:

```
1   import java.io.＊;
2   public class TestExample {
3       public static void main(String args[]) {
4           int a＝100;
5           int b;
6           int ab:
7           if (a＞500) b＝99;
8           ab ＝ a＋b;
9           System.out.println(ab);
10       }
11   }
```

后,变量 ab 的最后结果是(    )。

A. 10                 B. 0                 C. 19                 D. 编译出错

16. 执行以列语句片段:

```
1   import java.io.＊;
2   public class TestExample {
3       public static void main(String args[]) {
4           int x＝0;
5           int y＝1;
6           int result ＝ (x＝＝1 ? x : y);
7           System.out.println(result);
8       }
9   }
```

后,变量 result 的输出结果是(    )。

A. C                 B. 0                 C. 10                 D. 1

17. 在 Java 语言中,类包装在类库中的是(    )。

A. 复合数据类型                    B. 简单数据类型
C. 简单和复合数据类型              D. 以上说法均错

18. 执行以下程序后,变量 result 的值为

```
1   import java.io.＊;
```

```
2   public class TestExample {
3       public static void main(String args[]) {
4           int d1=3;
5           char d2='1';
6           char result=(char)(d1+d2);
7           System.out.println(result);
8       }
9   }
```

A. 3          B. 1          C. 31          D. 4

19. 已知 i 为 int 类型变量,在以下关于++i 和 i++的说法中,正确的是(　　)。

A. ++i 运算或 i++运算将出错          B. 在任何情况下运行程序结果都一样

C. 在任何情况下运行程序结果都不一样    D. 在任何情况下变量 i 的值都增 1

20. 若 a=00110111,则表达式 a>>2 的运算结果是(　　)。

A. 00000000      B. 11111111      C. 00001101      D. 11011100

21. 在 Java 语言中,运算符 && 的功能是(　　)。

A. 逻辑或          B. 逻辑与          C. 逻辑非          D. 逻辑相等

22. 在以下选项中,属于条件运算符的是(　　)。

A. +          B. ?:          C. &&          D. >>

23. 在 Java 语言中,表达式 37.2 % 10 的运算结果是(　　)。

A. 7.2          B. 7          C. 3          D. 0.2

24. 在以下选项中,不属于扩展赋值运算符的是(　　)。

A. +=          B. \=          C. *=          D. <<<=

25. 在以下关于数组定义及赋值的描述中,错误的是(　　)。

A. int int Array[];                  B. int Array=new int [3];

                                         Int Array [1]=1;

                                         Int Array [2]=2;

                                         Int Array [3]=3;

C. int a[]={1,2,3,4,5};             D. int a[][]=new int[2][];

                                         a[0]=new int[3];

                                         a[1]=new int[3];

## 二、填空题

1. 在 Java 语言中,如数字后没有字母,机器将默认为_____类型。

2. 在 Java 语言中,boolean 型常量只有 true 和_____两个值。

3. 在 Java 语言中,八进制整型数据形式的开头符号是_____。

4. 在 Java 语言中,int 类型变量在内存中的位数为_____。

5. Java 语言中的简单数据类型是类包装在类库中,且基本类库是分_____的。

6. 在 Java 语言中,标记任何一条表达式语句时应该用_____。

7. 执行以下程序后,变量 tmp 的值为_____。

```
1    import java.io. * ;
2    public class TestExample {
3        public static void main(String args[]) {
4            boolean tmp；
5            tmp = 5 ! = 8；
6            System.out.println(tmp)；
7        }
8    }
```

三、简答题

1. Java 提供哪些基本数据类型,简述类型关键字、所用字节数和取值范围。

2. 什么是常量? 什么是变量? 字符常量和字符串常量的区别是什么?

3. 运算符的优先级和结合性作用是什么?

四、操作题

1. 编写 Java 程序,分别输出 int、long、float、double 类型数据的最大值和最小值。

2. 编写 Java 程序,已知三角形的三边长 a=4,b=5,c=6,求三角形面积。三角形的面积公式为:

$$area=\sqrt{s(s-a)(s-b)(s-c)}$$,其中 $s = (a+b+c)/2$。

3. 编写 Java 程序,已知圆半径为 2.5,求圆面积和周长。

4. 编写 Java 程序,已知华氏温度 F 为 100 度,求摄氏温度 $C=5 * (F-32)/9$。

5. 编写 Java 程序,在一维数组中存放 1、3、5、7、9,逆序输出 9、7、5、3、1。

# 第 4 章　Java 语言的基本语句和控制结构

本章主要内容包括：条件语句、循环语句、跳转控制语句、循环语句与分支语句的嵌套、方法定义与调用和递归程序设计。

## 4.1　条件语句

所谓"简单程序"是指程序严格按照语句的书写顺序逐条执行，没有任何分支选择或循环重复，然而，绝大多数的计算机处理过程并非如此简单，有时候需要根据不同的条件使用不同的选择。而计算机比其他计算工具的优越之处就在于具有逻辑判断能力，这也是计算机能够实现分支选择和循环重复的基础。Java 语言引入逻辑判断后，程序不仅可以严格按照语句的书写顺序逐条执行，还能任意地从一个语句跳到另一个语句，从一段程序跳到另一段程序。

Java 语言支持两种分支控制语句：if 控制语句和 switch 控制语句。如果程序员已经有一定的 C 语言编程经验，一定会发现 if 语句和 switch 语句的重要性，它们可以按照不同的情况分别运行相应的程序模块，下面分别进行介绍。

### 4.1.1　if 语句

1. 简单判断语句

if 语句的格式如下：

　　　if (⟨condition⟩) ⟨statement⟩;

功能：如果条件表达式的值为真时，就执行语句序列中的全部语句，然后再执行其后续的语句，否则就直接执行其后续的语句。

说明：

(1) ⟨condition⟩：由若干数据的组合构成，但数据类型一定是关系型或逻辑型。

(2) ⟨statement⟩：用于指定一个分支上的语句序列。

【例 4-1】　用简单判断语句构成的程序。

```
1    import java.io. * ;
2    public class SelectOne {
3        public static void main(String args[]) {
4            int score＝80;
5            if (score＞＝60) System.out.println("考试成绩为及格");
6        }
7    }
```

程序的输出结果是：考虑成绩为及格。

说明：程序中的第 1 行将 java.io 包引入到程序中，从而让程序能够引用包中提供的类；第

2 行用 class 保留字声明一个类,类名为 SelectOne;第 3 行定义一个主方法 main(),并用三个保留字 public、static 和 void 说明方法的类型;第 4 行声明变量 score 并进行初始化;第 5 行使用一条简单判断语句,由于条件"score>=60"成立,所以程序输出结果是:考试成绩为及格。第 6、7 行使用"}"以便结束前面对应的定义。

【例 4-2】 随机产生两个数,按代数值由小到大的顺序显示这两个数。

```
1    import java.io. * ;
2    public class TwoNumberSort {
3        public static void main(String args[]) {
4            float a,b,t;
5            a=(int)(Math.random() * 100);
6            b=(int)(Math.random() * 100);
7            if (a>b) {t=a; a=b; b=t;}
8            System.out.println("a="+a+",b="+b);
9        }
10   }
```

说明:程序中的第 5、6 行调用随机数生成方法 Math.random(),用于产生一个绝对值小于 1 的随机数,其后通过扩大 100 倍再取整将得到数据范围在 0～100 之间的随机数。第 7 行使用一条简单判断语句,在条件"a>b"成立时将变量 a 和 b 中的内容进行交换,由于本题使用随机数,所以程序多次运行后的输出结果是不同的,如图 4-1 所示。

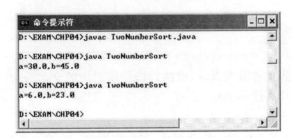

**图 4-1  按代数值由小到大的顺序显示两个数**

2. 选择判断语句

选择判断语句的调用格式如下:

```
if (〈condition〉)
    〈statement1〉;
else
    〈statement2〉;
```

说明:

(1)〈condition〉:用于指定一个逻辑型的值或表达式。

(2)〈statement1〉和〈statement2〉:用于指定两个不同分支上的语句序列。

功能:如果逻辑型表达式〈condition〉的值为 true 时,则执行〈statement1〉的语句,然后结束该 if 语句；如果逻辑型表达式〈condition〉的值为 false 时，则执行〈statement2〉中的语句，然后结束该 if 语句。

**【例 4-3】**　用选择判断语句构成的程序。

```
1    import java.io. * ;
2    public class SelectTwo {
3        public static void main(String args[]) {
4            int score＝52；
5            if (score＞＝60)
6                System.out.println("考试成绩为及格");
7            else
8                System.out.println("考试成绩为不及格");
9        }
10   }
```

程序输出结果是：考试成绩为不及格。

说明：程序中的第 5～8 行使用一条选择判断语句，由于条件"score＞＝60"不成立。

**3. 多重 if 语句**

多重 if 语句又称为 if 嵌套，它的引用格式如下：

```
if (〈condition〉)
{
    〈statement1〉;
    ……
}
[else
{
    〈statement2〉;
    ……
}]
    〈statement3〉;
    ……
```

说明：

(1)〈condition〉：用于指定一个逻辑型的值或表达式。

(2)〈statement1〉、〈statement2〉、〈statement3〉等：用于指定不同分支上的语句序列。

(3) 方括号中的 else 模块可有可无，程序员应该根据情况进行选择。

功能：如果逻辑型表达式〈condition〉的值为 true 时，则执行〈statement1〉的语句，然后跳转到〈statement3〉语句处接着执行；如果〈condition〉的值为 false 时，则执行〈statement2〉等语句，然后跳转到〈statement3〉语句处接着执行。

如果程序模块只有一条语句，则可以省略大括号，例如：

```
if (〈condition〉)
    〈statement1〉;
[else
    〈statement2〉;]
```

Java 语言允许 if 语句的嵌套,换句话说,在 if 语句的分支模块中,还可以包含其他的 if 语句。但是,要注意的是,else 语句总是和同一个模块中的前面最近一个 if 语句相匹配,这就是所谓的"邻近匹配原则"。如果 if 语句的嵌套次数太多,则最好使用程序代码缩进书写的办法,这样既可以提高程序的可读性,又有利于程序的纠错。

【例 4-4】 有如下的分段函数:

$$y=-1 \quad (x<0)$$
$$y=0 \quad (x=0)$$
$$y=1 \quad (x>0)$$

编写一个程序,随机产生 x 的值,再计算并输出 y 的值。

```
1    import java.io. * ;
2    public class SelectNested {
3        public static void main(String args[]){
4            int x,y;
5            x=(int)(Math.random() * 100);
6            If (x<0)
7                y=-1;
8            else if (x>0)
9                y=1;
10           else
11               y=0;
12           System.out.print("x="+x+",y="+y);
13       }
14   }
```

说明:程序中的第 5 行调用随机数生成方法 Math.random(),通过扩大 100 倍再取整将得到数据范围在 0～100 之间的随机数。第 6～11 行使用一条多重 if 语句,由于本题使用随机数,所以程序多次运行后的输出结果是不同的,如图 4-2 所示。

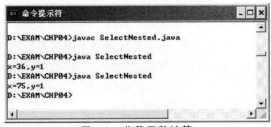

图 4-2　分段函数计算

### 4.1.2　switch 语句

Java 语言中还有一种实现多分支的语句,就是 switch 语句,又称为开关语句。它可以根据条件表达式的值选择多个不同的分支执行路径,它比 if－else if 的梯形层次结构具有更好的表达形式。下面给出 switch 语句的格式:

```
switch (〈expression〉)
{
    case 〈value1〉:  〈statement1〉;  ……  [break;]
    case 〈value2〉:  〈statement2〉;  ……  [break;]
    case 〈value3〉:  〈statement3〉;  ……  [break;]
    //这里可以添加任意多个 case 语句。
    [default:  〈statementDefault〉;
    ……]
}
```

说明:

(1) 表达式〈expression〉返回一个简单数据类型的值,该值要与全部 case 语句指定的〈value〉值的数据类型保持兼容。

(2) 每个 case 语句中指定的〈value〉值只能是唯一的值,即必须是常量或代表唯一值的变量,而不能有重复的 case 值。

(3) break 语句的功能是使执行流程跳出 switch 语句。如果没有 break 语句,则程序继续执行它后面的 case 语句,这样就可能执行多个 case 语句。

功能:switch 语句的执行流程是将表达式〈expression〉的值和每个 case 语句中指定的〈value〉值进行比较,如果有相匹配的值,则执行相应的程序模块;如果没有匹配的值,则执行 default 程序模块;如果没有 default 程序模块,则该 switch 语句什么也不执行。

在 switch 语句中,允许多个 case 执行相同的程序模块。

【例 4-5】　用 switch 语句构成的程序。

```
1    import java.io. * ;
2    public class ExamSwitch {
3        public static void main(String args[]) {
4            int score=80;
5            switch (score/10) {
6                case 10:;
7                case 9:System.out.println("考试成绩为优秀"); break;
8                case 8:System.out.println("考试成绩为良好"); break;
9                case 7:System.out.println("考试成绩为中等"); break;
10               case 6:System.out.println("考试成绩为及格"); break;
11               default:System.out.println("考试成绩为不及格");
12           }
```

```
13        }
14    }
```

程序输出结果是:考试成绩为良好。

说明:程序中的第 5~12 行使用一条 switch 语句,由于表达式"score/10"的值为 8,所以程序输出结果是:考试成绩为良好。

**注意**:switch 语句也是允许嵌套的,即使外层 switch 语句和内层的 switch 语句包含相同的情况值,它们也是不会发生冲突的。

### 4.1.3 多分支程序

多分支程序是指解决计算任务时要进行多个条件判断,从多个分支中选择一个分支。在进行多分支程序设计时,对应每一个分支都要设计一段处理程序,执行时只能在多个分支中选择一个分支进行执行。Java 程序实现多分支选择可使用如下两种方式:嵌套 if 语句和嵌套 switch 语句。

说明:

(1) 内层分支必须完全嵌套在外层分支的语句行序列之中。

(2) 分支语句的嵌套层次一般要使用左缩进书写。

(3) 语句序列分隔符号"{"和"}"必须是配对出现的。

【例 4-6】 用多重 if 语句构成的程序。

```
1    import java.io. * ;
2    public class MultiIf {
3        public static void main(String args[]) {
4            int score=78;
5            if (score>=90)
6                System.out.println("考试成绩为优秀");
7            else if (score>=80)
8                System.out.println("考试成绩为良好");
9            else if (score>=70)
10                System.out.println("考试成绩为中等");
11            else if (score>=60)
12                System.out.println("考试成绩为及格");
13            else
14                System.out.println("考试成绩为不及格");
15        }
16    }
```

程序输出结果是:考试成绩为中等。

说明:程序中的第 5~14 行使用一条多重 if 语句,由于条件"score>=70"成立,所以程序输出结果是:考试成绩为中等。

# 4.2　循 环 语 句

在前面编写的程序,无论是简单程序还是分支程序,程序中的语句或者是只执行一次或者是完全不执行。这两类程序的共同特点,就是程序中的任一条语句在一次运行时至多只执行一次。然而,在处理许多实际问题时,必须使用循环控制方式。

Java 语言支持三种循环控制语句:for、while 和 do…while,利用这三种循环语句,可在指定条件下重复执行某个程序模块,从而就可以完成所有的循环处理要求。实际上,任何复杂的计算任务都是可以由这三种循环控制语句来处理的。

### 4.2.1　for 循环

1. for 循环语句

for 循环语句允许指定一个程序模块的重复执行次数。它的格式如下:

```
for ([⟨initialization⟩]; [⟨condition⟩]; [⟨iteration⟩])
{
    ……循环体
}
```

说明:

(1) ⟨initialization⟩用于表示初始化循环控制变量的内容。在 for 循环过程中,该表达式只在循环开始时执行一次,然后就不再执行了。

(2) ⟨condition⟩必须是一个关系型或逻辑型表达式,用来将循环控制变量和一个数值进行比较,以便控制 for 循环的循环次数。

(3) ⟨iteration⟩通常它是改变循环控制变量内容的迭代语句,如循环控制变量加 1、循环控制变量减 1 等。

(4) for 循环语句的三个参数可以包含多个语句,只要在各个语句中间使用逗号分隔开来即可。

**注意**:如果省略 for 循环中的全部参数,则将构成一个死循环程序。

2. for 循环的执行过程

当 for 循环开始执行时,首先要执行初始化循环控制变量表达式⟨initialization⟩,然后计算逻辑型表达式⟨condition⟩,如果该表达式的值为 true,则执行⟨iteration⟩语句和循环体,否则终止循环,程序跳转到 for 循环语句后继续执行。

**【例 4-7】**　计算 n! 的程序。

```
1    import java.io. * ;
2    public class FactOne {
3        public static void main(String args[]) {
4            int fact=1,n=5;
5            for (int i=1; i<=n;i++) fact=fact * i;
6            System.out.println("5! ="+fact);
```

```
7        }
8    }
```

程序的输出结果是:5! =120。

说明:程序中的第 5 行使用一条 for 循环语句,通过"累乘"计算得到 5!,所以程序输出结果是:5! =120。

**【例 4-8】** 编写一个 Java 程序,判断一个随机数是否是素数。

算法:如果 n 能被 2~(n-1)之间的任何一个整数整除,则提前结束循环,此时 k 赋值为 9999,表示不是素数;如果 m 不能被 2~(n-1)之间的任何一个整数整除,则在完成最后一条循环体语句后,i 还要加 1,所以,只有 k=n 时才终止循环。在循环语句结束后判别 k 的值是否小于 9999,如果条件成立则表明未曾被 2~(n-1)之间的任何一个整数整除过,因此输出"是素数"。否则输出"不是素数"。

```java
1    import java.io. * ;
2    public class PrimeNumber {
3        public static void main(String args[]) {
4            int n, k;
5            n=(int)(Math.random() * 1000)+19;
6            for (k=2; k<=n-1; k++)
7                if (n % k == 0) k=9999;
8            if (k<9999)
9                System.out.print(n+"是素数");
10           else
11               System.out.print(n+"不是素数");
12       }
13   }
```

说明:程序中的第 5 行使用随机数生成方法 Math.random()让 n 获得值(小于 1019),第 6、7 行使用 for 循环语句"穷举"可能的因子,第 8~11 行根据条件"k<9999"来输出信息。由于本题使用随机数,所以程序多次运行的结果是不同的,如图 4-3 所示。

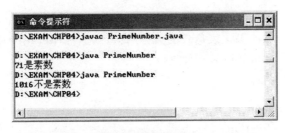

图 4-3  素数判断

### 4.2.2　while 循环

1. while 循环

while 循环的格式如下：

```
while (〈condition〉)
{
    ……循环体
}
```

说明：〈condition〉必须是关系或逻辑类型的表达式或变量。

功能：当条件表达式〈condition〉的值为真时，反复执行循环体，当条件表达式为假时，则退出循环去执行后续的语句。

2. while 循环的执行过程

while 循环的执行过程如下：

（1）当程序执行到 while 时，计算条件表达式〈condition〉的值。

（2）当条件表达式的值为假时，则退出循环，执行"}"后面的语句。

（3）当条件表达式的值为真时，则重复执行循环体。

（4）遇到"}"时，返回到 while 位置并重复这一循环过程。

注意：如果第一次计算条件表达式〈condition〉就是 false，则循环体一次也不会执行。

【例 4-9】　有一张厚一毫米的布，面积足够大，将它数次对折，对折多少次，其厚度可以达到珠穆朗玛峰的高度。

```
1   import java.io. * ;
2   public class PaperHeight {
3       public static void main(String args[]) {
4           int n=0, h=1;
5           while (h<8848000){
6               n=n+1;
7               h=h+h;
8           }
9           System.out.println("对折次数为"+n);
10      }
11  }
```

程序输出结果是：对折次数为 24。

说明：程序中的第 5～8 行使用一条 while 循环语句，通过"累和"得到结果，所以程序输出结果是：对折次数为 24。

### 4.2.3　do…while 循环

如果 while 循环的条件表达式的值一开始就是 false，则循环体一次也不会执行。如果需

63

要循环体不管怎样都要执行一次,则可以使用 do…while 循环语句。由于循环条件判断放到循环体的后面,这样循环体不管循环条件如何都至少执行一次。

do…while 循环的格式如下:

```
do
{
    循环体部分
}    while (〈condition〉)
```

说明:

(1) 〈condition〉:关系表达式或逻辑表达式或变量。

(2) 花括号部分用于表示循环体。

do…while 循环的执行过程:

(1) 执行 do 后面循环体中的语句。

(2) 执行条件表达式〈condition〉,若结果为 true 则转去执行上一步,若结果为 false 则转去执行下一步。

(3) 退出 do…while 循环。

【例 4-10】 求 1～100 之间所有自然数的总和。

```
1    import java.io. * ;
2    public class Sum {
3        public static void main(String args[]) {
4            int n=1, sum=0;
5            do {
6                sum=sum+n;
7                n=n+1;
8            }    while (n<=100);
9            System.out.println(sum);
10        }
11    }
```

程序输出结果是:5050。

说明:程序中的第 5～8 行使用一条 do…while 循环语句,通过"累和"计算得到结果,所以程序输出结果是:5050。

【例 4-11】 编写一个 Java 程序,求 50 个随机整数中的最大值。

```
1    import java.io. * ;
2    public class MaxNumber {
3        public static void main(String args[]) {
4            int n, max=-999, count=0;
5            do   {
6                n=(int)(Math.random() * 100);
```

```
7              System.out.print(n+"\t");
8              if (n>max) max=n;
9              count=count+1;
10        }    while (count<50);
11        System.out.println ("最大值="+max);
12    }
13 }
```

说明：程序中的第 4 行进行声明变量与初始化操作（如 max=−999 为不可能的最大值，count=0 表示计数初值），第 5～10 行时使用 do…while 循环语句实现求 50 个随机整数的最大值，第 8 行可求 50 个随机数的最大值，具体程序运行结果如图 4-4 所示。

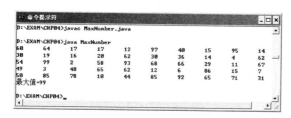

图 4-4　求最大值

### 4.2.4　多重循环

for 循环同样支持嵌套，即在一个 for 循环中可以还有其他的任意多个 for 循环。但是，不同循环体中的循环控制变量必须是不同的，这样不但可以提高程序的可读性，也可以避免许多不必要的错误。多重循环是指在一个循环程序的循环体内又包含着另一个循环，也就是循环的嵌套。Java 语言对循环嵌套的次数，并没有任何限制。但是，内层循环必须完全嵌套在外层循环中，即不允许交叉和重叠。

【例 4-12】　编写百鸡问题的计算程序。如果公鸡五元一只，母鸡三元一只，小鸡一元三只，要求用 100 元购得 100 只鸡。

```
1  import java.io. * ;
2  public class TwoHnud {
3    public static void main(String args[]) {
4        int cock,hen,chick;
5        int cost,count;
6        for (cock=1;cock<20;cock++)
7          for (hen=1;hen<33;hen++)
8            for (chick=3;chick<100;chick+=3) {
9              cost=5 * cock+3 * hen+chick/3;
10             count=cock+hen+chick;
11             if (cost==100 && count==100)
```

```
12              System.out.println("cock="+cock+"\then="+hen+"\tchick
                    ="+chick);
13          }
14      }
15  }
```

说明:程序中的第 6~13 行使用三重循环程序,外层循环控制变量 cock 的取值为 1~19,中层循环控制变量 hen 的取值为 1~32,内层循环控制变量 chick 的取值为 3~99,所以总的循环次数应该是 19 * 32 * 33。第 9 行计算总钱数,第 10 行计算总鸡数,第 11、12 行判断"百鸡问题"是否成立。程序的输出结果如图 4-5 所示。

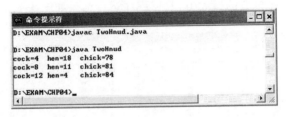

图 4-5　百鸡问题程序

【例 4-13】　编写一个 Java 程序,显示水仙花数。所谓"水仙花数"是指一个三位数,其各位数字的立方和等于该数本身。例如:$153=1^3+5^3+3^3$,所以 153 是水仙花数。

```
1   import java.io.*;
2   public class LotusNumber {
3       public static void main(String args[]) {
4           int a, b, c, m, n;
5           for (a=1; a<10; a++)
6               for (b=0; b<10; b++)
7                   for (c=0; c<10; c++) {
8                       m=100*a+10*b+c;
9                       n=a*a*a+b*b*b+c*c*c;
10                      if (m==n) System.out.println("水仙花数为"+m);
11                  }
12          }
13  }
```

说明:程序中的第 5~15 行使用三重循环程序,外层循环控制变量 a 的取值为 1~9,中层循环控制变量 b 的取值为 0~9,内层循环控制变量 c 的取值为 0~9,从而可以穷尽全部数 m。第 8 行合成三位数 m,第 9 行计算各位数字的立方和,第 10 行判断"水仙花数"是否成立。运行该程序后,得到的输出结果如图 4-6 所示。

图 4-6　水仙花数程序

### 4.2.5　循环程序的组成

通过上述说明可以看到循环程序由四部分组成,如表 4-1 所示。

表 4-1　循环程序的组成

| 组成部分 | 说明 |
| --- | --- |
| 循环初始化 | 用于保证循环程序能够正常执行的语句,书写在循环程序的开头部分 |
| 循环控制 | 表示控制循环的条件,以便保证正常地进行循环工作 |
| 循环工作 | 即循环体,用于完成循环程序中重复的部分 |
| 循环修改 | 用于保证在整个循环过程中,有关变量能按一定的规律发生变化 |

**注意**:在一个具体循环程序中,上述四部分有时很难明显分开,其相互的位置关系可前可后,或相互包含。但是,循环的初始部分,一定是在循环程序的开头。

### 4.2.6　跳转控制语句

在 Java 程序设计语言中,还可以通过三个跳转控制语句来控制程序的执行流程,它们分别是:break 语句、continue 语句和 return 语句。

1. break 语句

break 语句又称为间断语句,它可以用在如下两条语句中。

(1) 在 case 语句之后的语句中附加 break 跳转控制语句,表示执行到 break 语句时要跳出整个 switch 语句的语句体部分;

(2) 在循环结构中,使用 break 语句使程序流程跳出当前循环体,从而结束当前正在进行的循环过程。

【例 4-14】　用 break 语句构成的程序。

```
1    import java.io. * ;
2    public class BreakDemo {
3        public static void main(String args[]) {
4            int r;
5            double area;
6            for (r=1; r<=10; r++) {
```

```
7              area＝3.1415926＊r＊r;
8              if（area＞100）break;
9              System.out.println("r＝"＋r＋" \tarea＝"＋area);
10           }
11       }
12  }
```

说明：程序中的第 6～10 行使用一条 for 循环，共循环 10 次。但第 8 行中的条件"area＞100"将在 10 次循环完成前通过 break 间断语句强行结束。运行该程序后，得到的输出结果如图 4-7 所示。

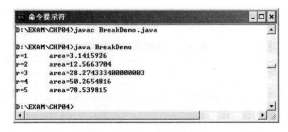

**图 4-7　break 语句示例**

**2. continue 语句**

continue 语句又称为继续语句，它的功能是结束本次循环，即跳过本次循环中余下的全部语句，接着再一次进入循环过程，执行 continue 语句并不终止整个循环。continue 语句使程序流程从当前语句跳转至当前循环的开始处，或跳转至指定标号的语句处，continue 语句通常用于跳过循环范围内可以被忽略的元素。

**【例 4-15】** 输出 100～200 之间不能被 3 整除的全部数据，要求每行输出 16 个素数。

```
1   import java.io. * ;
2   public class PrimeNum {
3       public static void main(String args[]) {
4           int n;
5           for (n＝100; n＜＝200; n＋＋) {
6               if (n%3 ＝＝ 0) continue;
7               System.out.print("  "＋n);
8           }
9       }
10  }
```

说明：程序中的第 5 行使用一条 for 循环可穷尽 100～200 之间的全部数据，第 6 行使用一条 continue 继续语句让能被 3 整除的全部数据不进行输出。运行该程序后，得到的输出结果如图 4-8 所示。

**【例 4-16】** 输出九九乘法表。

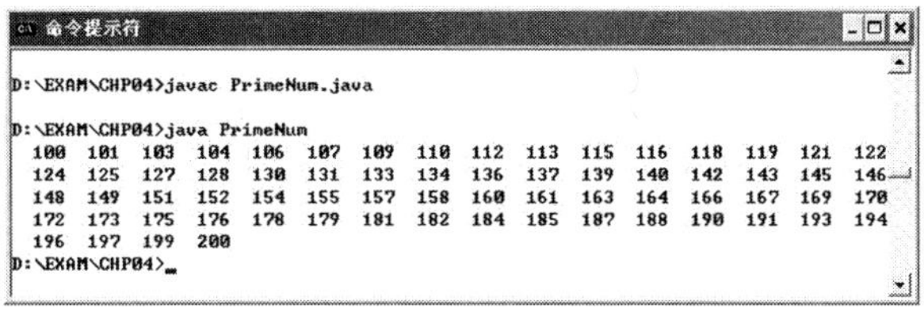

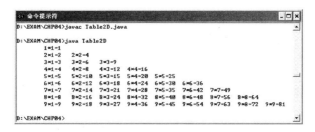

图 4-8　continue 语句示例

```java
1    import java.io. * ;
2    public class Table2D {
3        public static void main(String args[]){
4            int i,j;
5            for (i=1;i<=9;i++) {
6                for (j=1;j<=9;j++)    {
7                    if (j>i) continue;
8                    System.out.print("\t"+i+" * "+j+"="+i*j);
9                }
10               System.out.println();
11           }
12       }
13   }
```

说明:运行该程序,在条件表达式"j>i"成立时跳过内层循环。系统的输出结果如图 4-9 所示。

![图 4-9 输出九九乘法表]

图 4-9　输出九九乘法表

**注意**:continue 语句只在循环语句 while、do…while 和 for 中才有意义。

3. return 语句

return 语句又称为返回语句,它的功能是直接跳出当前的方法,将程序的流程控制返回到方法的调用者。return 语句终止一个方法的执行并返回到调用者,具体使用情况请参见 4.3.1 节中的介绍。

### 4.2.7 循环语句与分支语句的嵌套

一个循环体内又可包含另一个完整的循环语句,构成多重循环语句。循环语句与分支语句可相互嵌套,以实现复杂算法。分支语句的任意一个分支中都可以嵌套一个完整的循环语句,同样循环体中也可以包含完整的分支语句。

【例 4-17】 编写一个 Java 程序,显示 100~500 之间的全部素数,要求每行输出 10 个素数。

```
1   import java.io. * ;
2   public class PrimesNum {
3       public static void main(String args[]) {
4           int n, k, count=0;
5           for (n=100; n<=500; n++) {
6               for (k=2; k<n; k++) if (n % k==0) k=1000;
7               if (k<1000) {
8                   System.out.print(n+"\t");
9                   count++;
10              }
11          }
12      }
13  }
```

说明:程序中的第 5 行使用一条 for 循环可穷尽 100~500 之间的全部数据,第 6 行使用一条 for 循环进行素数判断,第 7 行是 if 语句嵌套。运行该程序后,得到的输出结果如图 4-10 所示。

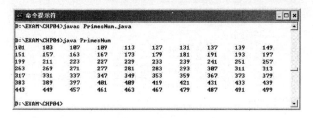

图 4-10　素数判断

【例 4-18】 阅读以下程序并分析运行结果。

```
1   import java.io. * ;
2   public class ExamComp {
3       public static void main(String args[]){
4           int a,b;
5           for (a=1,b=1;a<=100;a++) {
6               if (b>=20) break;
```

```
7           if (b %3 ==1) {b=b+3; continue; }
8           b=b-5;
9        }
10       System.out.print("a="+a+",b="+b);
11    }
12 }
```

说明:执行循环结构中的 break 语句使程序流程跳出当前循环体,结束循环过程。下面用踪迹法分析上述程序的执行情况,如表 4-2 所示。从表中可以发现,当 b 增到 22 时将执行 break 语句终止循环,这时程序输出 a 的值为 8,输出 b 的值为 22。

表 4-2　例【4-18】程序执行情况

| 循环次数 | a 的值 | b 的旧值 | b%3 | b 的新值 |
|---|---|---|---|---|
| 第 1 次 | 1 | 1 | true | 4 |
| 第 2 次 | 2 | 4 | true | 7 |
| 第 3 次 | 3 | 7 | true | 10 |
| 第 4 次 | 4 | 10 | true | 13 |
| 第 5 次 | 5 | 13 | true | 16 |
| 第 6 次 | 6 | 16 | true | 19 |
| 第 7 次 | 7 | 19 | true | 22 |
| 第 8 次 | 8 | 22 | true | 22 |

【例 4-19】　使用 if 语句构成的程序示例。

```
1  import java.io. * ;
2  public class ExComp {
3     public static void main(String args[]){
4        int i;
5        for (i=1;i<=5;i++) {
6           if (i % 2 == 1)
7              System.out.print(" * ");
8           else
9              continue;
10          System.out.print(" # ");
11       }
12       System.out.print(" $ ");
13    }
14 }
```

说明:continue 语句的功能是结束本次循环,即跳过本次循环体中余下的未执行语句,接着再一次进行循环的条件判定。下面用踪迹法分析上述程序的执行情况,如表 4-3 所示。

表 4-3　例【4-19】程序执行情况

| 循环次数 | i | 循环条件 i%2 | 输出 |
|---|---|---|---|
| 第 1 次 | 1 | true | ＊＃ |
| 第 2 次 | 2 | false | |
| 第 3 次 | 3 | true | ＊＃＊＃ |
| 第 4 次 | 4 | false | |
| 第 5 次 | 5 | true | ＊＃＊＃＊＃ |

# 4.3　方法定义与调用

在程序设计过程中,程序员常会遇到这样的情况,即有些操作经常重复出现,有时是在一个应用程序中多次重复出现,有时是在不同应用程序中多次重复出现。这些重复操作的程序段是相同的,只不过是每次都以不同的参数进行重复罢了。如果在一个程序中,相同的程序段多次重复出现,势必会使程序行数变得很大。这样,就会多占用存储空间,又浪费人力和时间。对于大家都要使用的计算方法程序和常见问题的程序,情况也是如此。如果每个需要这些程序的人,都自己单独设计,这将大大地降低程序设计人员的工作效率。解决这一问题的有效办法,是将上述各种情况都使用共同的程序,设计成可供其他程序使用的独立程序段,这种程序段又称为方法。对于数值计算、数据库管理、网页设计等方面的问题,也可以使用相应的方法。例如:已知正整数 m 和 n,计算 $C_n^m = m! / n! / (m-n)!$,在这个应用程序中,要三次使用计算阶乘程序,每次只是对不同的数据进行计算,而每次的程序结构则是一样的。

### 4.3.1　返回语句

Java 语言除了提供大量丰富的内部方法之外,还允许用户自定义方法,这为编写程序提供了一种有效的方法编程手段。创建方法与编写其他应用程序是完全相同的,其差别仅仅是在一个方法中可以有一条返回语句,返回语句的格式为:

　　　　return (〈表达式〉)

说明:

(1)〈表达式〉用于表示方法的返回值。

(2) return 语句的功能是结束本次方法的执行过程,使之返回到调用它的程序或最高级的主方法中。

(3) 定义方法一般以"return (〈表达式〉)"语句结尾。

(4) 若有可选项"(〈表达式〉)",则方法返回该表达式的值;若无可选项"(〈表达式〉)"则系统自动返回逻辑真的值。

(5) 在编写程序时,方法名称必须是唯一的。

### 4.3.2　调用方法

凡是以 return 语句结束的程序文件就是一个方法,方法可以被其他的程序文件调用。调用方法语句的格式为：

　　　〈方法名称〉(〈参数表〉)

说明：

(1)〈方法名称〉必须符合 Java 语言的标记符定义。

(2)〈参数表〉用于指定方法调用时的全部参数。

将该语句放在某一个程序文件中,执行该语句可以运行由方法名指定的程序文件,这就是方法调用。方法中的 return 语句,在执行该语句后就返回到调用程序,继续执行方法调用后面的语句,方法调用过程如图 4-11 所示。

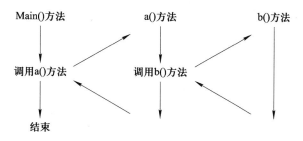

图 4-11　方法调用的示意图

【例 4-20】　已知两个整型常数 m 和 n,编写程序计算组合值 $C_n^m = m! / n! / (m-n)!$。

我们将阶乘计算功能编写成一个方法,主程序中三次调用阶乘计算方法后可求出组合值,假设方法名称为 comp,程序清单如下：

```
1   import java.io. * ;
2   public class CompPRG {
3       public static double comp(int n) {
4           int fact＝1, i;
5           fact＝1;
6           for (i=1;i＜=n; i＋＋) fact＝fact * i;
7           return (fact);
8       }
9       public static void main(String args[]) {
10          int m=6, n=2;
11          double c;
12          c＝comp(m)/comp(n)/comp(m－n);
13          System.out.print("组合值为"＋c);
14      }
15  }
```

说明：程序中的第 3～8 行是对方法 comp()的定义,功能是阶乘计算。第 9～14 行是对主方法 main()的定义,功能是通过三次调用阶乘计算方法来求组合值。运行该程序后,输出结果是：组合值为 15.0。

### 4.3.3 方法调用中的参数传递

Java 的方法与其他高级语言一样,主程序把一些参数传递给方法,在方法对这些参数进行运算和处理后,再把结果返回给主程序。参数传递是通过主程序中的实在参数和方法中的形式参数相结合来完成的,换句话说,在主程序中要列出实在参数,而在调用方法中要设置一些形式参数。当进行方法调用时,使得形式参数和实在参数相结合,从而实现参数的传递。形式参数和实在参数相结合的具体情况如下:

(1) 实在参数和形式参数在个数上必须相等。

(2) 实在参数和形式参数中对应位置上的参数必须数据类型一致或兼容。

(3) 实在参数可以是常量、变量或表达式,而形式参数表中的参数只能是变量。

(4) 如果实在参数为常量,则将常量赋值给形式参数。

(5) 如果实在参数为表达式,则将表达式的值赋值给形式参数。

(6) 如果实在参数为已赋值变量,则将变量的值赋给形式参数。

【例 4-21】 将计算长方形面积的运算编写成方法 area,以便说明带参数的方法调用。

```
1    import java.io. * ;
2    public class TwoParameters {
3        public static double area(int x,int y) {
4            int p;
5            p=x * y;
6            return (p);
7        }
8        public static void main(String args[]) {
9            int a=5, b=10;
10           double s;
11           s=area(a,b);
12           System.out.print("长方形面积为"+s);
13       }
14   }
```

程序输出结果是:长方形面积为 50.0。

说明:程序中的第 3~7 行是对方法 area () 的定义,功能是计算长方形面积,其中使用两个形式参数 x 和 y。第 8~13 行是对主方法 main () 的定义,其中第 11 行通过实在参数 a 和 b 调用计算长方形面积的方法 area ()。从而得到程序的输出结果:长方形面积为 50.0。

### 4.3.4 方法的嵌套调用

在执行一个方法时,还可以调用另一个方法,在执行第二个方法时,又可以调用第三个方法,这样可以一个又一个地调用下去,这种调用称之为方法嵌套。下面用一个例子加以说明。

【例 4-22】 计算 sum=1+(1+2)+ (1+2+3)+……+( 1+2+3+4+……+10)

```
1    import java.io. * ;
```

```
2   public class NestedMethod {
3       public static int sum1(int n) {
4           int sum＝0,i;
5           for (i=1; i＜＝n; i＋＋) sum＝sum＋i;
6           return (sum);
7       }
8       public static int sum2(int n) {
9           int sum＝0,i;
10          for (i=1; i＜＝n; i＋＋) sum＝sum＋sum1(i);
11          return (sum);
12      }
13      public static void main(String args[]) {
14          int n＝10,x;
15          x＝sum2(n);
16          System.out.print("累加和为"＋x);
17      }
18  }
```

程序输出结果是:累加和为 220。

说明:程序中的第 3～7 行是对方法 sum1()的定义,功能是计算自然数 1～n 之间的和。第 8～12 行是对方法 sum2()的定义,功能是计算题目要求的 sum。第 13～17 行是对主方法 main()的定义,其中第 15 行通过实在参数 n 调用方法 sum2()。运行该程序后,输出结果为:累加和为 220。

# 4.4　递　　归

## 4.4.1　递归概念

在调用方法的过程中又出现直接或间接地调用该方法本身,这就是方法的递归调用,分别称为直接递归调用和间接递归调用。Java 语言中允许方法进行递归调用,换句话说,可以直接调用方法自己,也可以间接调用方法自己。

一个计算问题要采用递归调用时,必须符合以下三个条件:

(1) 必须有一个明确的结束递归调用过程的条件。

(2) 可以应用这一转化过程使问题得以简化并加以解决。

(3) 可以将要求解的计算问题转化为另一个简化的计算问题,而二者之间的解法是完全相同的,被处理的对象必须有规律地递增或递减。

执行递归方法时,首先逐级递归调用与展开。递归结构的优点是程序简洁,但递归调用会占用大量的内存,在递归调用层次较多时,运算速度也比循环结构程序慢。

### 4.4.2 递归程序示例

【例 4-23】 计算阶乘 n! 的递归程序,其中阶乘 f(n)的定义为:

f(0)=1

f(1)=1

f(n)=n * f(n-1)  (n>1)

```
1   import java.io. * ;
2   public class FactRec {
3       public static long f(int n) {
4           if (n==1)
5               return (1);
6           else
7               return (n * f(n-1));
8       }
9       public static void main(String args[]) {
10          int n=10;
11          System.out.println(n+"! ="+f(n));
12      }
13  }
```

程序输出结果是:10! =3628800。

说明:程序中的第 3~8 行是对递归方法 f()的定义,功能是计算 n!。第 9~12 行是对主方法 main ()的定义,其中第 15 行通过实在参数 n 调用方法 f()。运行该程序后,输出结果为:10! =3628800。

【例 4-24】 编写递归方法求 Fibonacci 数列中的第 20 个数。既 0,1,1,2,3,5,8,13,21,34,55 等,其中 Fibonacci 数列 fib(n)的递归定义为:

fib(0)=0

fib(1)=1

fib(n)=fib(n-1)+fib(n-2)  (n>1)

```
1   import java.io. * ;
2   public class FibonacciNum {
3       public static long fib(int n) {
4           if (n==0)
5               return 0;
6           else if (n==1)
7               return 1;
8           else
9               return fib(n-1)+fib(n-2);
10      }
```

```
11        public static void main(String args[]) {
12            int n＝20;
13            System.out.println ("第 20 个 Fibonacci 数是"＋fib(n));
14        }
15    }
```

程序输出结果是:第 20 个 Fibonacci 数是 6765。

说明:程序中的第 3~10 行是对递归方法 fib()的定义,功能是求 Fibonacci 数列中的第 20 个数。第 11~14 行是对主方法 main ()的定义,其中第 13 行通过实在参数 n 调用方法 fib()。运行该程序后,输出结果为:第 20 个 Fibonacci 数是 6765。

【例 4-25】　有 5 个人坐在一起,问第 5 个人多少岁? 他说比第 4 个人大 2 岁。问第 4 个人岁数,他说比第 3 个人大 2 岁。问第 3 个人,又说比第 2 个人大 2 岁。问第 2 个人,说比第 1 个人大 2 岁。最后问第 1 个人,他说是 10 岁。请问第 5 个人多大。用递归方法描述如下。

age(1)＝10

age(n)＝age(n－1)＋2　　(n>1)

```
1    import java.io. * ;
2    public class AgeComputation {
3        public static int age(int n) {
4            int a;
5            if  (n＝＝1)
6                a＝10;
7            else
8                a＝age(n－1)＋2;
9            return a;
10        }
11        public static void main(String args[]) {
12            int n＝5;
13            System.out.println ("第 5 个人的岁数是"＋age (n));
14        }
15    }
```

程序输出结果是:第 5 个人的岁数是 18。

说明:程序中的第 3~10 行是对递归方法 age ()的定义,功能是求第 5 个人的岁数。第 11~14 行是对主方法 main ()的定义,其中第 13 行通过实在参数 n 调用方法 age()。运行该程序后,输出结果为:第 5 个人的岁数是 18。

注意:以上三个程序中的初始数据必须是正整数,才能实现递归。

## 4.5　本章知识点

本章节具体介绍了条件语句、循环语句、跳转控制语句、循环语句与分支语句嵌套以及方法定义与调用和程序设计的格式,并用具体实例介绍了这些语句的应用。

（1）条件语句:if 语句(简单判断、选择判断、多重 if 语句),switch 语句和多分支程序。

（2）循环语句:for 循环语句与执行过程,多重循环,while 循环与执行过程,do…while 循环,循环程序的组成等。

（3）跳转控制语句:break 语句、continue 语句和 return 语句。

（4）循环语句与分支语句的嵌套。

（5）方法定义与调用,递归程序设计。

# 习　题　四

一、单项选择题

1. 在 Java 语言中,由一段代码构成复合语句时的界定符是(　　　)。

A. 圆括号　　　　B. 花括号　　　　C. 方括号　　　　D. 尖括号

2. 在以下选项中,不属于 Java 条件分支语句结构的是(　　　)。

A. if 结构　　　B. if-else 结构　　C. if-else if 结构　　D. if-else else 结构

3. 在 Java 的循环语句中,可实现部分 goto 语句功能的是(　　　)。

A. break 语句　　B. default 语句　　C. continue 语句　　D. return 语句

4. 在 Java 语言中,switch 语句中的表达式不可能返回的数据类型是

A. 整型　　　　B. 实型　　　　C. 接口型　　　　D. 字符型

5. 在 Java 语言中,不属于条件语句关键字的是(　　　)。

A. if　　　　B. else　　　　C. switch　　　　D. while

6. 在以下选项中,与条件运算符〈ex1〉？〈ex2〉:〈ex3〉等价的语句是(　　　)。

| A. if (〈ex1〉) | B. if (〈ex2〉) | C. if (〈ex1〉) | D. if (〈ex3〉) |
|---|---|---|---|
| 　〈ex2〉; | 　〈ex1〉; | 　〈ex3〉; | 　〈ex2〉; |
| else | else; | else | else |
| 　〈ex3〉 | 　〈ex3〉; | 　〈ex2〉; | 　〈ex1〉; |

7. 在 Java 语言中,一个循环一般应该包括(　　　)。

A. 初始化部分　　　　　　　　B. 循环体部分

C. 迭代部分和终止部分　　　　D. 以上说法均对

二、填空题

1. 在 Java 语言中,do…while 循环次数至少_____次。

2. 在 Java 语言中,全部控制语句可以分为:_____、循环控制语句和跳转控制语句。

3. 在 Java 语言中,只能用于循环控制的语句是_____。

4. Java 语言支持三种循环控制语句:for 循环、while 循环和_____循环。

5. Java 语言对循环嵌套的次数并没有任何限制,但内层循环必须完全_____在外层循环中,即不允许交叉和重叠。

6. 循环程序由四部分组成:循环初始化、循环控制、_____和循环修改。

7. 在 Java 语言中,方法定义时可以使用_____个参数。

8. 完成下列程序的 for 语句,使程序可以输出数组中的全部元素。

```
1  import java.io. * ;
2  public class TestExample   {
3      public static void main(String args[]) {
4          int i;
5          int a[]＝new int[5];
6          for (i＝0;i＜5;i++) a[i]＝i;
7          for (i＝____;i>＝0;i－－) System.out.println("a["+i+"]＝"+a[i]);
8      }
9  }
```

9. 执行以下程序后,输出结果是_____。

```
1  import java.io. * ;
2  public class TestExample {
3      public static void main(String args[]) {
4          int num＝10;
5          if (num＞20) System.out.println(num);
6          num＝30;
7          System.out.println(num);
8      }
9  }
```

10. 执行以下程序段后,输出结果是_____。

```
1  import java.io. * ;
2  public class TestExample {
3      public static void main(String args[]) {
4          int a＝0;
5          outer：
6          for (int i＝0;i＜2;i++)   {
7              for (int j＝0;j＜2;j++)
8                  {if (j＞i) continue outer; a++;}
9          }
10          System.out.println(a);
11      }
12  }
```

三、简答题

1. 简述循环程序是由哪四部分组成的?

2. 简述 if 语句和 switch 语句的功能和使用方面的不同。

3. 简述直接递归调用与间接递归调用?

四、编程题

1. 编写 Java 程序,将输入的两个整数中绝对值较大的一个显示出来。

2. 编写 Java 程序,产生两个随机整数值,判断第一个随机整数能否被第二个随机整数整除,并在终端上显示适当信息。

3. 编写 Java 程序,求出 10 个随机整数的平均值。

4. 编写 Java 程序,产生两个随机整数值,找它们的最大公约数。

5. 编写 Java 程序,计算 1！＋2！＋3！＋4！＋……＋20！。

6. 编写 Java 程序,显示 1000 以内的完数,如:6＝1＋2＋3,28＝1＋2＋4＋7＋14,即数的因子和等于数本身。

7. 编写 Java 程序,求分数序列的前 20 项之和:2/1,3/2,5/3,8,5,13/8,21/13,……。

8. 将数据 316 分为两数之和,其中第一个数为 13 的倍数,第二个数为 11 的倍数。

9. 编写 Java 程序,用递归法将一个正整数按位输出。

# 第 5 章 类、数组和字符串

本章主要内容包括：面向对象编程的基本概念和特征、各种对象编程技术、一维数组与二维数组、Character 类和字符串处理等。

## 5.1 面向对象编程的基本概念和特征

### 5.1.1 面向对象编程的基本概念

#### 1. 面向对象编程

在进行软件开发时，程序员关心的是"如何做（How to do）"，只有用户才会关心"做什么（What to do）"，使用 Java 语言中的面向对象程序设计技术是解决软件开发问题的最佳途径。它是通过增加软件的可扩充性和可重用性来提高程序员的编程能力，它的最大优点是软件具有可重用性，这种新型程序设计技术更接近人的思维活动。

#### 2. 对象

在现实世界中，对象就是我们认识世界的基本单元，它可以是人，也可以是物，还可以是一件事。整个现实世界就是由各种各样的"对象"构成的，对象既可以很简单，也可以很复杂，只不过复杂的对象可以由若干个简单对象构成。例如，一只苹果、一辆汽车、一个足球、一个学生、一次游行等都可以看成是一个对象。

#### 3. 类

在现实世界中，"类"就是对一组具有共同属性特征和行为特征的对象所进行的抽象，类和对象之间的关系是抽象和具体的关系。类是对多个对象进行综合抽象的结果，对象又是类的个体实现，或者说一个对象就是类的一个实例。例如，由若干个的苹果可以构成苹果类，而一只苹果只是苹果类的一个对象实例。

#### 4. 对象状态

所谓对象状态就是全部静态属性的集合。如果我们将对象看成是一个具有状态和行为的实体，那么属于同一个类中的对象应该具有完全相同的行为，但是却可以有各自独立的状态。在这里程序员将一个对象能独立存在的原因看成是它们各自的特征，这些特征就是对象的状态（status）。

在面向对象程序设计的方法中，对象是类的实例，类想要做的任何操作都必须通过对象建立，以及在对象上进行操作来实现。创建类中对象的过程也就是对象的实例化，从而使对象知道可以进行什么操作，以及如何修改、操作、维护定义在该对象上的数据。

对象具有六大特征：模块性、继承性、类比性、动态链接、易维护性和封装性。

（1）模块性。一个对象就是一个独立存在的实体，由数据结构和作用于数据结构上的操作组合而成。一个对象类似于一个黑箱，用户只有通过外部接口才能知道黑箱的功能，而内部的状态，以及如何实现这些功能的细节都是不可见的。模块化保证了程序的独立性和完整性，并实现了代码的可重用性。

（2）继承性。从一种对象类型派生为另一种对象类型的主要方法是继承（inheritance）。这样，子对象就可以继承父对象中所有已经定义好的属性和方法，而不必重新进行定义。如果子对象有自己独有的属性和方法，可以在继承后重新进行定义。通过重新定义子对象，可以使子对象既拥有一部分父对象的内容，又拥有自己特有的内容。对象在模拟客观世界的结构时也有层次，因此每个具体的对象在它所属的某一类对象的层次结构中占有一定的位置。从而它应具有上一层次对象的某些属性，这就是继承。

（3）类比性。当不同的对象具有某些相同的属性时，通常将它们归结为一类，这就是类比。继承性和类比性实现代码的可重用性，可以提高编程能力，减少软件维护的开销。

（4）动态链接。在客观世界中，各种不同的对象是相互作用和相互联系的，且处于不断的发展变化之中。我们将对象之间相互作用、相互传递信息的能力称为动态链接，动态链接保证了对象的灵活可变性。对象能接收其他对象的消息，也能向其他对象发送消息。通过这种相互作用和相互联系，若干对象可协同起来共同完成某一项任务。

（5）易维护性。任何一个对象都将属性及其功能实现的细节隐藏在对象的内部。因此无论是完善对象的功能，还是改变功能实现的细节，操作都被封装在对象的内部而不会影响其他对象，这大大增强了对象和系统的可维护性。

（6）封装性。对象将私有元素和实现操作的内部细节隐藏后，外部程序只能通过对象所表示的具体属性、方法和外部接口等来使用对象，通过向对象发送消息来激活对象的操作。

### 5.1.2　数据抽象、封装、继承和多态

在面向对象程序设计系统中，最突出的四大特性分别是数据抽象、封装性、继承性和多态性与重载。

#### 1. 数据抽象

在现实世界中广泛存在着抽象和封装的两个概念，尤其是在科学技术飞速发展的今天，被我们广泛使用的许多家用电器，都充分体现了抽象与封装的概念。此外，读者在使用 Java 的过程中，只要能够正确地操作 Java 系统，而没有必要关心 Java 系统的实现细节，那是软件公司的事情。

在面向对象程序设计技术中，程序员将数据结构和作用于数据结构上的操作组合成一个整体，数据结构的表示方式和对数据实施的操作细节都被隐藏起来，用户只能通过操作接口（interface）对数据进行操作。对于用户而言，他只要知道如何通过操作接口对该数据进行操作就行了，而用不着知道操作是如何实现的，也用不着知道数据是如何表示的，这就是数据封装的原理。

#### 2. 封装性

在面向对象程序设计系统中，重要的是先抽象后封装。封装是将数据抽象的外部接口与内部的实现细节清楚地分离开，即隐藏了抽象的内部实现细节。抽象和封装的关系是互补的，好的抽象有利于封装，封装的实现可以进一步维护抽象的完整性。

封装（encapsulation）是面向对象的程序设计技术的一个重要的设计原则，也就是把对象中的各种属性和方法组合起来，并提供给外部使用者进行访问，从而保证使用者不会因为错误操作而影响对象、甚至整个程序的操作过程。另外，如果设计者想要对某些对象加以修改，则

只要保证这些对象的外部使用方法和功能不发生改变,那么使用这些基本对象的程序功能也不会发生任何改变。

3. 继承性

(1) 继承的概念。在现实生活中,继承是一个很容易理解的概念。例如,每一个人都从父母身上继承了一些特性,例如种族、血型、性格、智力、身高等。

在面向对象程序设计技术中,继承所描述的是对象类之间相互的关系。这种关系使得某种类对象可以继承另外一个类对象的特性。在面向对象程序设计中,提供继承机制是基于如下两个理由:

① 通过增强继承机制来减少软件模块之间的接口描述和联系实现。

② 继承机制充分利用软件的可重用性,避免公用代码的重复开发。

另一方面,如果没有继承机制,每次软件开发都必须"从无到有"地进行。因为,程序员在构造各种类时,使类与类之间没有关联。但是,继承机制使程序不再是毫无联系的类组合,而是具有良好的关联。

(2) 继承的分类。从继承源上分类,继承可以分为单继承和多继承两种。

① 单继承是指每个子类只能直接继承一个父类的特征。

② 多继承是指由多个父类派生出一个子类的继承关系,多重继承后的子类直接继承了多个父类的特征。

**注意**:Java 语言只能实现单继承,不能直接实现多继承。

4. 多态性与重载

(1) 多态性。在使用基本对象类型以及各种继承的对象类型过程中,如何管理这些对象所拥有的各种方法是一个非常重要的问题。在传统的面向过程程序设计语言中,一般不允许使用同样的名字来表示不同的方法或计算,即使这些方法或计算的功能是相似甚至是相同的,因为这样 CPU 就不能辨认究竟程序要求的是哪个方法。例如,一个加法运算可以分为整数加法、单精度实数加法、双精度实数加法、复数加法等。

在面向对象的程序设计技术中,使用多态性就可以解决这个问题。由于各种方法所从属的对象本身就有一定的层次关系,对完成同样功能的方法或计算,就可以给予同样的名称。这样就大大简化了对象方法的调用过程,使用者只要记住一些基本的方法或计算,剩余的工作就可依靠计算机来自动选择合适的对象,并进行方法调用。

(2) 重载。重载包括如下两种:方法重载和运算符重载。方法重载是指一个标识符可重复用于多个方法的命名过程,而运算符重载是指一个运算符可重复用于多种运算。换言之,相同名称的方法或运算符可以在不同数据中实现不同的操作。

例如,考虑对整数和实数开平方根这一操作,如果不能使用重载,程序员必须为不同类的对象声明不同的操作名称,如 SqrtByte、SqrtInteger、SqrtLong、SqrtFloat 和 SqrtDouble。如果需要开平方根方法的对象非常多,程序员将需要记忆很多不同的方法名。在使用方法重载后,就像读者前面已经定义的类一样,读者只需记忆一个名称 Sqrt 就可以了。在发送消息时只要给出对象的数据类型信息,系统就能够确定并执行唯一正确的方法。

【例 5-1】 方法重载的程序示例。

```
1   import java.io. * ;
```

```
2    public class MethodOverload {
3        public int sum(int a,int b) { return (a+b); }
4        public int sum(int a,int b,int c) { return (a+b+c); }
5        public int sum(int a,int b,int c,int d) { return (a+b+c+d); }
6        public static void main(String args[]) {
7            MethodOverload obj=new MethodOverload();
8            int sum1,sum2,sum3;
9            sum1=obj.sum(10,20);
10           sum2=obj.sum(10,20,30);
11           sum3=obj.sum(10,20,30,40);
12           System.out.println("两个整型相加得"+sum1);
13           System.out.println("三个整型相加得"+sum2);
14           System.out.println("四个整型相加得"+sum3);
15       }
16   }
```

说明:程序中的第 3、4、5 行分别定义三个参数不同的同名方法 sum(),从而实现方法重载。第 6～15 行定义主函数 main(),第 7 行声明一个对象实例 obj。第 9～11 行使用 sum() 方法重载后,程序中可以使用不同参数让系统调用正确的方法,在发送消息时必须给出正确的参数个数和数据类型,运行该程序后将得到显示结果,如图 5-1 所示。

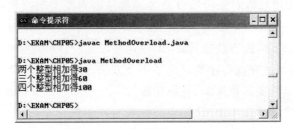

**图 5-1    方法重载的程序示例**

# 5.2  类的基本组成和使用

面向对象的思想是将客观事物都作为实体,而对象通过实体抽象得到。程序是通过定义一个类,对类进行实例化(也称为创建对象)来实现的。类(class)是由成员变量和成员方法两部分构成的一个集合体,可以进行嵌套定义,并且类还是 Java 程序中的基本结构单位。

### 5.2.1  类的组成

在使用 Java 语言编写程序时自然会用到对象类型机制,即自定义对象类型(即类)。类是程序的基本结构单位,由成员变量和成员方法两部分构成。实例化一个类,就能得到一个对象。类的成员变量可以是基本类型数据、数组、类的实例等。成员方法只在类中定义,用来处理该类的数据。类提供外界访问其成员方法的权限,通常,类成员数据都是私有的,而成员方法是公有的,外界只能访问类中的成员方法,不能访问类中的私有成员数据。

1. 类的声明

在 Java 中,类声明的格式如下:

〔〈访问修饰符〉〕class〈类名〉〔entends〈父类名〉〕〔implements〈接口名〉〕｛

　　　成员变量的声明;

　　　方法的声明;

　　｝

说明:

(1)〈访问修饰符〉:用于规定当前类与其他类之间的访问关系。

(2)〈类名〉、〈父类名〉和〈接口名〉:必须符合 Java 语言对标识符的规定,即它们必须是由字母、下划线、美元号开头的,其后可以是零个或若干个字母、数字、下划线、美元号等组成的字符串。

定义类主要包括两部分内容,如表 5-1 所示。

表 5-1　类的声明

| 名称 | 说明 |
| --- | --- |
| 类的声明 | 主要声明类的名称、父类名、接口情况以及访问权限等关于类的一般性信息 |
| 类　体 | 主要声明类的成员变量和类的成员方法,这是对类功能的具体描述 |

对于 Java 语言编译器而言,声明一个类就表示 Java 语言系统应该建立一个新的类。建立一个新类是通过关键字 class 来标识的,所声明的类名应该符合 Java 语言对标识符的规定。在 Java 语言中,只使用 class 和类名就可以完成一个类的声明。

【例 5-2】　使用 class 和类名完成类的声明。

```
class Rectangle {
    double l, w;
    double area() { double ar; ar=l * w; }
}
```

说明:上述声明建立一个新类 Rectangle,其中类的成员变量是矩形边长 l 和 w,类的成员方法是计算矩形面积 area()。

在类的声明中,一般还要给出其他一些信息来说明这个新类的特殊性质,这些信息分别是:

(1)〈父类名〉:父类名用来说明当前类是已经存在的哪一个类的子类,它必须放在 extends 关键字的后面。在声明一个具体的类时,如果没有明确说明这个类是由哪个类继承而来的,则 Java 语言就认为它就是 Object 类的直接子类。

(2)Object 类:该类是 Java 语言中仅有的一个没有父类的类,从数据构造的角度来看,Object 类可以看作是一个基本数据类型。在 Java 程序中,子类继承父类的全部属性和成员方法,这种继承机制可以大大地简化程序设计过程。

【例 5-3】 定义类的程序示例。

```
1   import java.io. * ;
2   public class ExCircle {
3       public void circumferrence(double r) {
4           double cir;
5           cir＝2 * 3.14 * r;
6           System.out.println("圆周长为"＋cir);
7       }
8       public void area(double r) {
9           double a;
10          a＝3.14 * r * r;
11          System.out.println("圆面积为"＋a);
12      }
13      public static void main(String args[]) {
14          System.out.println("计算圆周长和圆面积");
15          ExCircle cyl＝new ExCircle();
16          cyl.circumferrence(5.0);
17          cyl.area(5.0);
18      }
19  }
```

说明:在该程序中定义一个类 ExCircle。其中,程序中的第 3～7 行定义成员方法 circum-ferrence()计算圆周长,第 8～12 行定义成员方法 area()计算圆面积,第 13～19 行定义主方法 main()方法将调用这两个方法。运行该程序后将得到显示结果,如图 5-2 所示。

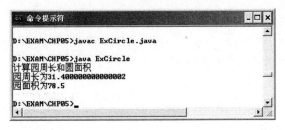

图 5-2　定义类的程序示例

【例 5-4】 声明 Rectangle 类是 graph 类的直接子类。

```
[〈修饰符〉] class Rectangle extends graph [implements 〈接口名〉]{
    double l, w;
    double area() {
        double ar; ar＝l * w;
```

```
        }
    }
```

说明：

(1)〈接口〉是 Java 程序间接多重继承的一种机制。

(2)〈接口名〉用来说明当前类实现的是哪个接口声明的功能和方法,它必须放在关键字 implements 的后面,通过声明接口可以增强类的处理功能。

(3)〈修饰符〉用来说明当前类的性质,Java 语言中的类修饰符分为如下三种:类的访问控制符、final 修饰符和 abstract 修饰符,它们都必须放在类声明的最前面。

【例 5-5】　继承机制的程序示例。

```
1  //定义主类 ExamExtend
2  import java.io.*;
3  public class ExamExtend {
4      public static void main(String args[]) {
5          ExampleB stdObj1=new ExampleB();
6          stdObj1.displayStr();
7          stdObj1.getSupername();
8          stdObj1.getName();
9          ExampleA stdObj2=new ExampleB();
10         stdObj2.getName();
11     }
12 }
13 //定义父类 ExampleA
14 class ExampleA {
15     String str1="计算机学院 2 班班长是";
16     String name="殷辰洞";
17     public void getName() {
18         System.out.println(str1+name);
19     }
20 }
21 //定义子类 ExampleB
22 class ExampleB extends ExampleA {
23     String name="陈卫星";
24     public void displayStr() {
25         System.out.println(str1+name);
26     }
27     public void getName() {
28         System.out.println(str1+name);
29     }
```

```
30        public void getSupername() {
31            System.out.println(str1＋super.name);
32        }
33  }
```

说明：在该程序中共定义三个类，其中子类 ExampleB 继承父类 ExampleA，从而继承父类 ExampleA 中的成员变量和成员方法，程序运行结果如图 5-3 所示。

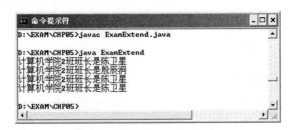

图 5-3  继承机制的程序示例

**注意**：上机操作时可以使用一个源程序文件 ExamExtend.java 进行编译，但系统将产生三个字节码文件 ExamExtend.class、ExampleA.class 和 ExampleB.class。

**2. 类的访问控制符**

类的访问控制符规定当前类与其他类之间的访问关系，下面介绍常用的三个修饰符：public、final 和 abstract。

（1）public 修饰符。在 Java 语言中类的访问控制符只有一个 public，即公有的。当一个类被声明为 public 时，这个类就称为公有类，该类能够被所有的其他类访问和引用。

说明：

① 当一个类被声明为 public 后，该类就具备被其他包中的类访问的可能，只要其他包中的类用 import 语句引入该 public 类，就可以在程序中访问和引用这个类。

② 一个类被声明为公有类，则说明该类能够被所有的其他类访问和引用，所谓访问和引用是指创建该类的对象、访问该类的内部成员变量、调用该类的方法等。

③ 如果一个类的声明中没有访问控制符，则它只能被与自身在同一个包中的类所访问和引用，而不能被其他包中的类访问和引用，这是 Java 语言规定的隐含访问控制权限。

**【例 5-6】** 定义不含方法调用的公有类。

```
1   import java.io. * ;
2   public class RectangleNew {
3       public static void main(String args[]) {
4           double l＝4.5；
5           double w＝6.0；
6           System.out.print("矩形面积为"＋(l * w))；
7       }
8   }
```

说明:在该程序中定义一个不含方法调用的公有类 RectangleNew,主方法 main()可计算矩形面积,该程序运行后将得到显示结果,如图 5-4 所示。

**图 5-4 定义不含方法调用的公有类**

【例 5-7】 定义包含方法调用的公有类。

```
1    import java.io. * ;
2    public class Rectangle {
3        double l, w;
4        double area(double l,double w) {
5            double ar;
6            ar=l * w;
7            return (ar);
8        }
9        public static void main(String args[]) {
10           Rectangle Obj=new Rectangle();
11           System.out.print("矩形面积为"+Obj.area(3.0,5.0));
12       }
13   }
```

说明:程序中定义一个含方法调用的公有类 Rectangle。其中,第 4~8 行定义计算矩形面积的方法 area(),第 9~12 行定义主方法 main ()将通过参数 3.0 和 5.0 调用方法 area()。运行该程序后将得到显示结果,如图 5-5 所示。

**图 5-5 定义包含方法调用的公有类**

(2) final 修饰符。当一个类被声明为 final 时,这个类就称为终结类。如果一个类被 final 修饰符所修饰,则说明这个类不可能再有什么子类。换句话说,读者不能扩充这个类来创建新类。

【例 5-8】 将 Rectangle 类声明为终结类。

final class Rectangle {

```
        double l, w;
        double area(double l,double w) {
              double ar;
              ar=l * w;
        }
    }
```

说明：

① 被定义成 final 的类通常有特殊的作用，一般用于完成某种固定的功能。将一个类定义为 final 类，可以将该类中的全部属性和功能固定下来，从而保证访问和引用这个类最终是正确无误的。

② 如果我们将类的继承关系看成是树型层次结构，则其中的 Object 类就是树根，每个子类是树根下面的一个子树，而声明为 final 的类只能是这个树型层次结构中的叶子结点，即它下面不可能再有什么子类。

**注意**：叶结点不一定必须声明为 final 的一个类。

（3）abstract 修饰符。当一个类被声明为 abstract 时，这个类就称为抽象类。所谓抽象类就是没有具体实例对象的类，这种类本身也不具备实际功能，它只用于派生出其他的子类。要定义抽象类的方法，也必须在子类中完成。下面我们将 graph 类声明为一个抽象类。

```
    public abstract class graph {
        double l, w;
        double area(double l,double w) {
              double ar;
              ar=l * w;
        }
    }
```

修饰符 public、final 和 abstract 可以单独使用，也可以组合使用。但 abstract 修饰符和 final 修饰符是不能同时使用的，这是因为二者的功能完全相反。例如：声明 graph 类为共有抽象类，使 graph 类可以被任何类访问和引用。

**【例 5-9】** 声明 Rectangle 类是公有终结类，它继承自 graph 类，但其他类不能再继承该类，即其他类不能访问和引用 graph 类。

```
    final public class Rectangle extends graph {
        double l, w;
        double area(double l,double w) {
              double ar;
              ar=l * w;
        }
    }
```

**注意**：在整个软件系统的树型层次结构中，声明为 final 的类只能是树型层次结构中的叶子结点,而声明为 abstract 的类可以是树型层次结构中的中间结点或叶子结点。

【例 5-10】　抽象类的程序示例。

```
1    import java.io. * ;
2    abstract class Pay {
3        public abstract void getPay(double aver);
4    }
5    class Prof extends Pay {
6        public void getPay(double aver) {
7            double sal;
8            sal=aver * 1.5;
9            System.out.println("教授工资为:"+sal);
10       }
11   }
12   class Lect extends Pay {
13       public void getPay(double aver) {
14           double sal;
15           sal=aver * 1.35;
16           System.out.println("讲师工资为:"+sal);
17       }
18   }
19   class Worker extends Pay {
20       public void getPay(double aver) {
21           double sal;
22           sal=aver * 1.30;
23           System.out.println("工人工资为:"+sal);
24       }
25   }
26   public class Salary {
27       public static void main(String args[]) {
28           Prof a=new Prof();
29           Lect b=new Lect();
30           Worker c=new Worker();
31           a.getPay(2800);
32           b.getPay(2600);
33           c.getPay(2400);
34       }
35   }
```

说明:程序中的第 2～4 行定义一个抽象类 Pay。第 5～25 行分别定义 Pay 抽象类的子类

Prof、Lect 和 Worker,用于输出对应的工资情况。第 26～34 行定义一个公共类 Salary,其中将声明对象实例 a、b 和 c,进而调用 getPay()方法来显示对应的工资。运行该程序后将得到显示结果,如图 5-6 所示。

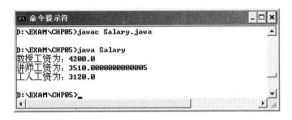

**图 5-6　抽象类的程序示例**

**3. 成员变量的声明**

已经知道定义类是由类的声明和类体两部分组成的,类体又是由成员变量的声明和成员方法的声明两部分组成的,这里只介绍成员变量的声明。

(1)成员变量的声明。一个成员变量的声明描述了所在类的许多信息,这些信息属于类的静态属性。Java 语言中声明成员变量的格式如下:

〔〈修饰符〉〕〈变量类型〉〈变量名〉〔＝〈变量初值〉〕

说明:

①〈修饰符〉用于限定成员变量的各种属性。

②〈变量类型〉既可以是简单数据类型,如 int、float、double、char、boolean 等,也可以是类,即一个类的内部可以包含另一个类的对象。

③〈变量名〉应遵循 Java 语言有关对标识符的规定。

成员变量的声明过程还可以用修饰符来限定成员变量的属性,Java 语言中成员变量的修饰符分为两种:访问控制符和其他修饰符。

(2)访问控制符。成员变量的访问控制符用来限制变量的访问权限和作用范围。Java 成员变量的访问控制符共有如下五种:public、friendly、protected、private、private protected,具体内容如表 5-2 所示。

**表 5-2　访 问 控 制 符**

| 控制符 | 说明 |
|---|---|
| public | 如果 public 修饰的成员变量是属于一个 public 类的,则它可以被所有其他类访问和引用。由于 public 修饰符会造成数据不安全和封装性差,所以一般应尽量不要使用 public 来修饰成员变量 |
| friendly | friendly 就是隐含的访问控制符,它所修饰的成员变量在当前包中是可使用的,而在其他包中由该类派生出的子类也是可使用的 |
| protected | 用 protected 修饰的成员变量可以被三种类引用:该类本身、与它在同一个包中的其他类、其他包中的该类的子类。使用 protected 修饰符的主要作用是允许其他包中的子类可以访问父类中的成员变量 |

| 控制符 | 说明 |
| --- | --- |
| private | 用 private 修饰的成员变量就是私有成员变量,只能被该类自身访问和引用,不能被任何其他类(包括该类的子类)直接访问和引用,其他类只有间接通过该类的公有方法才能访问私有成员变量。很明显,private 修饰符提供的数据保护级别是最高的 |
| private protected | 用 private protected 修饰的成员变量可以被两种类访问和引用,即该类本身和该类的全部子类。相对于 protected 修饰符而言,private protected 修饰符使同一个包内的非子类没有访问和引用的权限 |

为数据安全而言,而又使 Rectangle 类的子类能访问它的第一条边 l 和第二条边 w,可以定义如下:

```
public class Rectangle {
    protected double l, w;
    ……
}
```

说明:

① 用访问控制符修饰的成员变量又称为实例变量。对于一个类中的任何一个实例,实例变量会在生成这个实例变量的同时在内存储器中申请一块内存储空间,不同的实例变量会各自分配到一块不同的内存储空间,各个实例之间同名的实例变量互不影响,只是为自己所在的那个实例变量使用。

② 实例变量的生命周期是从该实例变量形成开始,直到该实例变量被访问和引用结束并被丢弃,由无用单元自动回收机制处理时为止。

可以显式地定义一个实例变量的初始值,如"int m＝1000;"。如果实例变量没有定义初始值,则各种类型的数据就会使用隐含值。在 Java 语言中,一个实例变量可以隐含被初始化如下:

a. 数字型的实例变量被隐含初始化为 0。

b. 字符型的实例变量被隐含初始化为字符'\0'。

c. 逻辑型的实例变量被隐含初始化为 false。

d. 对象型的实例变量被隐含初始化为 null。

【例 5-11】 private 变量和 protected 变量的程序示例。

```
1   import java.io. * ;
2   class TempClass {
3       private int a;
4       protected int b＝6;
5       int c＝10;
6       public void setDatum(int a) {
7           this.a＝a;
8       }
```

```
 9          public int getDatum() {
10              return (a);
11          }
12  }
13  public class CtrlSymbol {
14      public static void main(String args[]) {
15          TempClass Obj=new TempClass();
16          Obj.setDatum(10);
17          System.out.println(Obj.getDatum());
18          System.out.println(Obj.b);
19          System.out.println(Obj.c);
20      }
21  }
```

程序运行结果是:10,6,10。

说明:程序中的第2~12行定义 TempClass 类,其中使用了 private 型变量 a 和 protected 型变量 b,这种变量只能由类本身和子类所引用。第6~11行定义两个成员方法 setDatum() 和 getDatum()。主方法 main()首先声明对象实例,然后调用 TempClass 类中的 private 型变量。

(3) final 修饰符。final 是用来修饰成员常量的修饰符。如果一个类的成员变量被声明为 final,那么该成员变量的取值在整个程序执行过程中是不会改变的。不过,用 final 修饰符修饰成员常量时,应该注意如下两点:

① 正确说明成员常量的数据类型,同时指出常量的具体取值。

② 全部类对象的常量型成员,相应数值大小都是不会改变的。

注意:为了节省内存储空间,该常量型成员通常又被声明为 static。

(4) static 修饰符。static 修饰的成员变量称为静态变量或类变量,它们不属于任何一个类的具体对象,而为该类中的所有对象所共有。换句话说,对于该类的任何一个具体对象而言,static 型的类变量是一个公共的存储单元,任何一个类的对象访问它时,得到的都是同一个值;同样任何一个类的对象修改它时,也都是在操作同一个内存单元。static 型的类变量的生命期是从类被调入开始直到此类的最后一个实例结束为止。

【例 5-12】 静态变量的程序示例。

```
1  import java.io. * ;
2  public class ExamStatic {
3      static int n=0;
4      ExamStatic() {++n;}
5      public static void main(String args[]) {
6          System.out.println(ExamStatic.n);
7          ExamStatic stObj1=new ExamStatic();
8          ExamStatic stObj2=new ExamStatic();
```

```
9            System.out.println(ExamStatic.n);
10           stObj1.n=50;
11           ExamStatic.n=60;
12           System.out.print(stObj2.n);
13       }
14   }
```

程序运行结果是:0,2,60。

说明:程序中的第 2~13 行定义类 ExamStatic,其中使用了静态变量 n,这种变量要求任何对象修改它时都是在同一个内存单元中进行。第 6 行输出 n 的值为 0,第 7、8 行将通过构造方法 ExamStatic()使 n 的值为 2,第 11 行会使 n 的值为 60。所以,程序运行结果是 0,2,60。

【例 5-13】　静态变量的程序示例。

```
1    import java.io. * ;
2    public class ExamStatic{
3        static int n=100;
4        public ExamStatic() {
5            n++;
6        }
7        public static void main(String args[]) {
8            ExamStatic stObj1=new ExamStatic();
9            ExamStatic stObj2=new ExamStatic();
10           ExamStatic stObj3=new ExamStatic();
11           System.out.print(ExamStatic.n);
12       }
13   }
```

程序运行结果是:103。

说明:程序中的第 3 行定义静态变量 n 并初始化为 100,这种变量要求任何对象修改它时都是在同一个内存单元中进行。第 4~6 行定义构造方法将使 n 的值自增 1,第 8~10 行将通过构造方法 ExamStatic()使 n 的值为 3。

(5) volatile 修饰符。一般而言,volatile 修饰符可以用来修饰接受外部输入的成员变量。如果一个类的成员变量被 volatile 修饰符所修饰,则表示该成员变量可能同时被多个线程(thread)所控制和访问。换句话说,该成员变量不仅可以被当前程序所使用,在运行过程中可能存在其他程序的未知操作改变该成员变量的值。

注意:由于多线程控制机制具有动态修改数据的能力,所以在成员变量的声明中应该特别注意被 volatile 所修饰的成员变量,以免出现操作错误。

### 5.2.2　类的使用

类方法的声明分为方法的声明和方法体两部分,它的主要作用是完成对一定的功能和操作进行描述。方法的基本思想是由方法的定义部分规定方法所实现的操作,当程序需要使用此方法所定义的功能和操作时,就利用方法名来调用和执行这个方法来完成相应的功能。面向对象程序设计中的方法与面向过程程序设计中的过程或子程序是比较相似的,二者都是对一定的功能和操作进行描述。

在 Java 语言中,类的方法又称为成员方法,方法声明的格式如下:

〈修饰符〉〈返回值类型〉〈方法名〉(〈参数表〉)throws 异常 1,异常 2,……{
　　　　局部变量声明;
　　　　语句序列;
　　}

下面我们分别介绍方法的声明和方法体。

**1. 方法的声明**

方法的声明又称为方法头,用于规定该方法的名称、返回值和参数信息。方法声明的格式如下:

〈修饰符〉〈返回值类型〉〈方法名〉(〈参数表〉)throws 异常 1,异常 2,……

说明:

(1)〈修饰符〉:用来说明当前方法的使用范围和有关属性。

(2)〈返回值类型〉:应该指定方法返回值的数据类型。Java 语言的每一个方法均应该返回一个值,否则就应声明为 void 类型。如果方法用于完成某种计算,则返回计算结果。如果方法不是用于计算,则返回值可以表示某一操作是否成功。

(3)〈方法名〉定义方法名可以使该方法区别于其他的方法,其命名过程应该遵循 Java 语言对标识符的规定。

(4)〈参数表〉:用来规定该方法与调用它的程序段之间的具体交互方式,方法声明中的参数表可以容纳若干个参数,其格式如下:

〈类型〉〈参数 1〉,〈类型〉〈参数 2〉,……,〈类型〉〈参数 n〉

(5)异常:这是 Java 语言保证程序安全性的重要手段,每一个方法均应该声明异常处理功能。

这里的参数类型规定了其后面参数的数据类型,不同的参数之间用逗号分隔开。调用方法时,应该按照参数列表规定的顺序和类型向这个方法提供具体的参数值。

方法的修饰符用来限制当前方法的使用范围和它的有关属性,与类成员变量的修饰符相同,方法的修饰符也可以分为访问控制符和其他修饰符两大类。

(1)访问控制符。修饰类方法的访问控制符共有四个:public、friendly、protected、private,它的意义与修饰类成员变量的访问控制符相似,如表 5-3 所示。

表 5-3　访问控制符

| 控制符 | 说　明 |
| --- | --- |
| public | 它所修饰的方法可以被所有的类调用,不论该类是否与当前类在同一个包中 |
| friendly | 如果没有明确指出方法的访问控制符,则该方法就被设置成隐含的访问控制符 friendly。这样该类本身的其他方法,以及与该类在同一个包中的其他类方法都可以调用该类方法 |

续表

| 控制符 | 说　明 |
| --- | --- |
| protected | 用 protected 修饰的方法可以被三种类方法引用:该类本身的方法,与它在同一个包中的其他类方法和其他包中的类的子类方法。使用 protected 修饰符的主要作用是允许其他包中的子类方法可以访问父类中的方法 |
| private | 用 private 修饰的方法是私有方法,只能被该类自身访问和引用,不能被任何其他类方法(包括该类的子类方法)直接访问和引用,其他类方法只有间接通过该类的公有方法才能访问私有方法。private 修饰符提供最高的数据保护级别 |

（2）其他修饰符。下面介绍五个其他修饰符:final、static、native、abstract 和 synchronized,这些修饰符之间,除非特别指出,否则都可以组合起来修饰同一个方法。

① final 修饰符所修饰的方法是其功能不能被修改的终结方法,是不能被当前类的子类重载的方法。如果一个类的某个方法被 final 修饰符所限定,则该类的子类就不能再重载该方法了。这样就可以固定该方法所对应的具体功能,从而防止子类对父类进行的错误重载,保证程序的安全性和健壮性。例如,在 Java 语言系统提供的 Object 类中,notify()方法都被声明为 final。除非进行特别地声明,否则大多数程序设计语言中的成员方法是不能被重载的。在 Java 程序中,如果将方法声明为 final 方法,则该方法是不能被重载的,否则方法是可以重载的。Java 语言使用这样规定,主要是因为 Java 的"纯面向对象"程序设计特性,它将重载作为面向对象的重要特征之一。

在面向对象的程序设计中,重载包括方法重载和运算符重载两种。方法重载是指一个标识符可同时为多个方法命名,而运算符重载是指一个运算符可同时用于多种运算。换句话说,相同名字的方法或运算符可以在不同的场合表现出不同的行为。使用重载可以减少程序员记忆方法名的负担,以及更好地共享一个方法所具有的功能。

**注意**:在面向对象的程序设计中,子类可以将从父类继承来的某个方法重新进行定义,形成与父类方法同名,计算功能相似,但具体实现和功能却不是完全一致的新方法,这个过程就称为重载。

② static 修饰符。用 static 修饰的方法称为静态方法,它是属于整个类的类方法,没有用 static 修饰的方法是属于某个具体对象或实例的方法。调用静态方法时,应该使用类名,而不是某一个具体的对象名做前缀。静态方法是属于整个类的类方法,它在内存中的程序段将随着类的声明而被分配和装载,不会被任何一个对象所专用;而非静态方法是属于某个具体对象或实例的方法,该对象的方法拥有自己专用的程序段。由于 static 方法是属于整个类的方法,所以它不能直接访问和引用实例变量,而只能直接访问和引用类变量。

【例 5-14】　静态方法的程序示例。

```
1   import java.io. * ;
2   public class StaticMethod {
3       int j;
4       static int i=200;
```

```
5       static void setValue(int x) {
6           System.out.println("i="+i);
7           System.out.println("x="+x);
8       }
9       public static void main(String args[]) {
10          StaticMethod.setValue(500);
11      }
12  }
```

程序的运行结果是：i=200,x=500。

说明：程序中的第 4 行定义静态变量 i 并初始化为 200,第 5~8 行定义静态方法 setValue（）。主方法 main（）在调用 setValue（）后,得到的运行结果：i=200,x=500。

③ native 修饰符。一般用来声明用其他程序设计语言（包括 ANSI C、FORTRAN、PAS-CAL 等）编写的函数、子程序、过程等,这是若干程序设计语言间实现交叉引用的基础。由于 native 修饰的方法对应其他语言书写的模板是以非字节代码形式嵌入到 Java 中的,而这种二进制代码通常只能运行在编译生成它的那个操作系统平台上,所以,程序设计语言之间进行交叉引用将限制或破坏整个 Java 应用程序的操作系统平台无关性。如果能保证 native 修饰的方法引入的非字节代码也是与操作系统平台无关的,则使用 native 修饰的方法才能保证程序的可移植性。

注意：由于程序设计语言间交叉引用将限制或破坏整个 Java 程序的操作系统平台无关性,所以我们建议读者尽量不要使用 native 修饰的方法。

④ abstract 修饰符。使用 abstract 修饰符声明的方法是一个抽象方法,它仅有方法头,而没有具体的方法体和操作实现的内容。抽象方法只能在抽象类中进行声明,该抽象类中定义的是一组全部子类共有的公有属性,抽象方法则是这些公有属性中的一种,它是全部子类都要使用的相同操作。实际上,这是由当前类的不同子类在它们各自的类定义部分完成的。换句话说,各个子类在继承父类的抽象方法后,再分别用不同的语句和方法体来重载它,形成若干个名字相同、返回值相同、参数列表相同,但具体功能有一定差异的方法。

注意：abstract 不能与 final、native 一起共同修饰同一个方法。

⑤ synchronized 修饰符。主要用于多线程程序设计中的协调和同步,在该方法被执行之前,将给当前对象加锁。另外,synchronized 修饰符可以修饰静态方法和非静态方法。具体内容读者可参考第 7 章的相关章节。

2. 方法的异常处理

在 Java 语言中,异常（exception）是处理程序运行错误的一种错误处理机制,以保证程序的安全性和健壮性。在声明方法的同时,应该声明该方法可能产生的异常。其主要目的是为了通知调用该方法的程序,在使用该方法时可能产生何种运行错误,以便在程序中引入处理这些运行错误的措施,以保证程序的安全性。关于 Java 语言的错误处理机制,将在后续内容进行详细介绍。声明方法抛出的异常是使用关键字 throws,后面再附上可能产生异常的异常名,每种异常一般对应一种固定类型的错误。详细内容请参见第 6 章。

注意：异常处理是 Java 语言保证程序安全性和健壮性的又一重要手段。程序员通过使用 try/catch/finally 语句,可以将一组错误处理程序放在指定位置,这样便于简化错误处理工作。

3. 方法体

(1) 方法体是由局部变量声明和语句序列两部分组成的,方法体内部也可以声明变量。在 Java 语言中,将方法内部的局部变量同整个类的成员变量加以区分是非常重要的,这样才能区别不同变量的作用域和使用范围。

(2) 类的成员变量用来保存当前类的静态属性和信息,它在整个类的内部和所有能看到该变量的类的内部都是有效的,所谓能够看到该变量的类是指符合此变量访问控制符所划定范围的类。

(2) 类方法中的局部变量的有效范围仅限于该方法的内部,它是用来保证该方法完成内部操作所需的中间结果而声明的临时变量。与 C++语言一样,Java 方法中的参数传递方式使用值传递方式。

**注意**:在 C++语言中,函数内部只能修改参数的传递值,其原始值是无法修改的。下面举交换两个变量内容的 C++程序来进行说明。

**【例 5-15】** 交换两个变量内容的 C++程序段。

```
int a,b;
ExChange(a,b);
……
void ExChange (int a, int b) {
    float tmp;
    tmp=a;a=b;b=tmp;
}
```

实际上,这段程序什么功能都没有。因为它操作的只是两个原始数据的传递值,在退出方法 ExChange()后,变量 a 和 b 都将维持原值不变,这是由 C++语言中的参数传递方式使用"单向值传递"造成的。要交换两个变量的内容,C++程序必须通过指针才能得到正确结果。由于 Java 语言并不支持指针机制,所以要实现两个变量内容之间的交换,必须采用其他方式显式地进行。

4. 方法引用时的参数传递

Java 程序与其他高级语言程序一样,进行数据交换也是通过参数传递来实现的。在对参数进行运算和处理后,再把运算结果传递给调用者。参数传递是通过调用者中的实在参数和被调用者中的形式参数相结合来完成的,换句话说,在调用者中要列出实在参数,而在被调用者中要设置一些形式参数。当进行调用时,使得形式参数和实在参数相结合,从而实现参数之间的传递。

5. 方法重载

方法的重载是指多个方法可以享用相同的名字,但参数的数量或类型必须不完全相同,仅方法的实现代码有所不同,它实现了 Java 编译时的多态性(即静态多态性)。

6. 构造方法

构造方法是为对象初始化操作编写的方法,用它来定义对象的初始状态。在 Java 语言中的每个类都有构造方法,它也是由方法名、参数和方法体组成的。构造方法名必须与类名相同,它没有返回值,用户不能直接调用它,只能通过关键字 new 自动调用。构造方法有下列特点:

(1) 因为构造方法名与类名必须相同,所以方法名首字母小写规则对它不适用。

(2) 构造方法是给对象赋初值,没有返回值,但不用 void 来声明。

(3) 构造方法不能被其他程序调用,只能通过关键字 new 自动调用。

(4) 构造方法可由编程人员在类中定义,默认时由 Java 语言自动生成。

(5) 构造方法可以重载实现不同的初始化方法,调用时按参数决定调用哪个方法。

【例 5-16】 构造方法的程序示例。

```
1    import java.io. * ;
2    public class Cube {
3        int l, w, h;
4        Cube(int a, int b, int c) {
5            int volume;
6            l=a;   w=b;   h=c;
7            volume=l * w * h;
8            System.out.println("立方体的体积是"+volume);
9        }
10       public static void main(String args[]) {
11           Cube c1;
12           Cube c2;
13           c1=new Cube(1,3,5);
14           c2=new Cube(2,4,6);
15       }
16   }
```

说明:程序中的第 4~9 行定义没有返回值的构造方法 Cube(),但有三个参数 l、w、h 和输出语句。第 10~15 行定义主方法 main(),其中 13、14 行通过不同的参数调用构造方法 Cube()。在计算立方体的体积后,显示计算结果如图 5-7 所示。

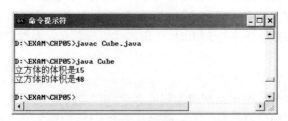

图 5-7　构造方法的程序示例

**【例 5-17】** 构造方法重载的程序示例。

```
1   import java.io. * ;
2   public class Student {
3       String id;
4       String name;
5       int age;
6       public Student() {
7           id="067654321";
8           name="陈源源";
9           age=20;
10      }
11      public Student(String str1, String str2,int m) {
12          id=str1;    name=str2;    age=m;
13      }
14      public void select() {
15          if (18<=age && age<19) System.out.println(name+"是一年级学生");
16          if (19<=age && age<20) System.out.println(name+"是二年级学生");
17          if (20<=age && age<21) System.out.println(name+"是三年级学生");
18          if (21<=age && age<22) System.out.println(name+"是四年级学生");
19      }
20      public static void main(String []args) {
21          Student Obj1=new Student();
22          Obj1.select();
23          System.out.println("对应学号:"+Obj1.id);
24          Student Obj2=new Student("087654321","马源源",18);
25          Obj2.select();
26          System.out.println("对应学号:"+Obj2.id);
27      }
28  }
```

说明:程序中的第 6~10 行定义没有参数的构造方法 Student(),但具有初始数据的三个局部变量。第 11~13 行定义有三个参数的构造方法 Student(),并通过三个参数为变量提供初始数据。第 14~19 行定义输出方法 select(),它将根据"age"的大小显示相应信息。第 21~23 行声明对象实例 Obj1 并调用没有参数的构造方法 Student(),第 24~26 行声明对象实例 Obj2 并调用有三个参数的构造方法 Student(),这些参数将获得相应的数据后显示计算结果,如图 5-8 所示。

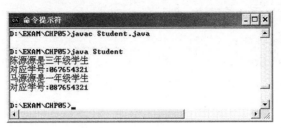

图 5-8　构造方法重载的程序示例

### 5.2.3　继承与关键字 super

**1. 实现继承**

继承性是使代码可重用,从而可降低程序复杂性。Java 语言中的所有的类都是通过直接或间接地继承 java.lang 包而得到的,不过 Java 并不支持其他语言中的多重继承。通过在类声明中加入 extends 子句就可以创建新的子类,它的格式如下:

```
class 〈SubClass〉 extends 〈SuperClass〉{
    ……
    }
```

说明:〈SubClass〉表示子类名,〈SuperClass〉表示父类名。

重写方法必须遵循两个原则:

(1) 使编译器能实现面向对象方法的多态性;

(2) 保证程序健壮性,避免程序执行时出现访问权限的冲突,并不会漏掉捕获异常。

**2. super 关健字**

super 关健字可用于如下三种情况:

(1) 用于访问被隐藏的父类成员变量,它的引用格式是 super.变量名。

(2) 用于调用被重写的父类方法,它的引用格式是 super.方法名。

(3) 用于调用父类的构造方法,它的引用格式是 super(参数列表)。

【例 5-18】　继承机制的程序示例。

```
1   import java.io. * ;
2   class Student {
3       String id="087654321";
4       String name="殷辰洞";
5       int age=20;
6       void display() {
7           System.out.println("显示父类 Student");
8           System.out.println("学号:"+id);
9           System.out.println("姓名:"+name);
10          System.out.println("年龄:"+age);
11      }
```

```
12 }
13 class Stud extends Student {
14     String id="081234567";
15     String name="陈卫星";
16     int age=18;
17     void show() {
18         System.out.println("显示子类 Stud");
19         System.out.println("学号:"+id);
20         System.out.println("姓名:"+name);
21         System.out.println("年龄:"+age);
22     }
23 }
24 public class ExamInherit {
25     ExamInherit() {}
26     public static void main(String[] args) {
27     Stud st=new Stud();
28     st.show();
29     st.display();
30     }
31 }
```

说明:程序中的第 2~12 行定义父类 Student,其中包含实现输出的成员方法 display()。第 13~23 行定义子类 Stud,它继承父类 Student,从而继承父类 Student 中的三个成员变量 (id,name,age),其中还包含一个自定义的成员方法 show()。第 24~31 行定义第 3 个类 ExamInherit,其中的主方法 main()声明对象实例并引用类中的两个成员方法 st.show()和 st. display()。程序运行结果如图 5-9 所示。

**图 5-9 继承机制的程序示例**

【例 5-19】 关键字 super 的程序示例。

```
1   import java.io. * ;
```

```
2   abstract class Graph {
3       protected double l;
4       protected double w;
5       Graph(final double m,final double n) {
6           l=m;   w=n;
7       }
8       abstract double area();
9   }
10  class Rectangle extends Graph {
11      Rectangle(final double m,final double n) {
12          super(m,n);
13      }
14      double area() {
15          double ar1;   ar1=l*w;   return (ar1);
16      }
17  }
18  class Triangle extends Graph {
19      Triangle(final double m,final double n) {
20          super(m,n);
21      }
22      double area() {
23          double ar2;   ar2=0.5*l*w;   return (ar2);
24      }
25  }
26  public class RectangleTriangle {
27      protected RectangleTriangle() {}
28      public static void main(final String[] arg) {
29          Graph grpObj;
30          Rectangle rectObj=new Rectangle(3,4);
31          Triangle triObj=new Triangle(6,8);
32          System.out.println("矩形面积为"+rectObj.area());
33          System.out.println("三角形面积为"+triObj.area());
34      }
35  }
```

说明:程序中的第 2~9 行定义父类 Graph,其中包含构造方法。第 10~17 行定义子类 Rectangle,它继承父类 Graph,并用关键字 super 继承父类中的的两个成员变量 n 和 m,并定义计算面积的成员方法 area ()。第 18~25 行定义子类 Triangle,它继承父类 Graph。第 26~35 行定义第 4 个类 RectangleTriangle,其中的主方法 main()声明对象实例并引用类中的两个成员方法。程序运行结果如图 5-10 所示。

**图 5-10 关键字 super 的程序示例**

# 5.3 对象的生成、使用和删除

对类实例化可以生成多个对象,通过对象间的消息传递进行交互可完成很复杂的功能。一个对象的生命周期分为三个阶段:生成阶段、使用阶段和清除阶段。

### 5.3.1 对象的生成阶段

对象是一组相关变量和相关方法的封装体,作为类的一个实例。对象的特征就是对象的行为、状态和属性。对象的生成包括声明、实例化和初始化三方面内容,它的格式如下:

〈type objectName〉=new type(参数);

说明:

(1)〈type objectName〉声明是定义对象的类型,它包括类和接口的复合类型。

(2)关键字 new 是实例化一个对象,给对象分配内存,它调用对象的构造方法,返回该对象的引用(存储对象所在地址和有关信息,并非内存直接地址)。关键字 new 可以实例化类的多个不同的对象,分配不同的内存。

### 5.3.2 对象的使用阶段

1. 对象的使用

对象的使用原则是先定义后使用。

(1)用"·"运算符可访问成员变量和调用方法,如:对象名.方法名或对象名.变量名。

(2)将一个对象声明为类的成员时要注意在使用前必须对该对象分配内存,要保证数据的安全可以用 private 修饰符。

【例 5-20】 对象使用的程序示例一。

```
1   import java.io. * ;
2   public class ReferenceObj {
3       int m;
4       ReferenceObj(int i) { m=i; }
5       public void display() {
6           System.out.println("m="+m);
7       }
```

```
8        public static void main(String[] args) {
9            ReferenceObj Obj1＝new ReferenceObj(10);
10           ReferenceObj Obj2＝new ReferenceObj(12);
11           Obj1.display();
12           Obj2.display();
13           Obj1＝Obj2；
14           Obj1.display();
15       }
16   }
```

说明：程序中定义类 ReferenceObj，包含成员变量 m、构造方法 ReferenceObj()、成员方法 display()和主方法 main()。第9～12行声明对象实例并调用这些成员变量和成员方法，第13行直接使用对象赋值。程序运行结果如图 5-11 所示。

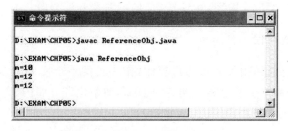

**图 5-11　对象使用的程序示例一**

【例 5-21】　对象使用的程序示例二。

```
1    import java.io.*;
2    public class StudTwo {
3        String id;
4        String name;
5        int birth;
6        public StudTwo(String id,String name,int birth) {
7            this.id＝id；
8            this.name＝name；
9            this.birth＝birth；
10       }
11       public void disp() {
12           System.out.println("学号"＋id＋"的"＋name＋"同学生于"＋birth＋"年");
13       }
14       public void seeCinema() {System.out.println("喜欢看电影");}
15       public void playSoccer() {System.out.println("喜欢踢足球");}
16       public void listenLecture() {System.out.println("喜欢听讲座");}
17       public static void main(String args[]) {
```

```
18              StudTwo stud＝new StudTwo("087654321","殷辰洞",1990);
19              stud.disp();
20              stud.seeCinema();
21              stud.playSoccer();
22              stud.listenLecture();
23          }
24  }
```

说明:在该程序中定义了类 Stud,其中有三个成员变量(id、name、birth)和四个成员方法(disp()、seeCinema()、playSoccer()、listenLecture())。main()方法在调用这些成员变量和成员方法后,运行结果如图 5-12 所示。

**图 5-12　对象使用的程序示例二**

【例 5-22】　对象使用的程序示例三。

```
1  import java.io. * ;
2  class PersonOne {
3       String id;
4       int age;
5       public PersonOne(String id,int age) {
6              this.id＝id;
7              this.age＝age;
8       }
9       public void display() {
10             System.out.println("学号为"＋id＋"的同学"＋age＋"岁");
11      }
12 }
13 class PersonTwo {
14      String id;
15      int age;
16      public PersonTwo(String id,int age) {
17             this.id＝id;
18             this.age＝age;
19      }
```

```
20        public void display() {
21            System.out.println("学号为"+id+"的同学"+age+"岁");
22        }
23 }
24 public class Person{
25        public static void main(String args[]) {
26            PersonOne studOne=new PersonOne("087654321",20);
27            PersonTwo studTwo=new PersonTwo("081234567",18);
28            studOne.display();
29            studTwo.display();
30        }
31 }
```

说明：在该程序中首先定义两个类 PersonOne 和 PersonTwo，然后在 main()方法中声明对象实例并引用成员方法 display()，程序运行结果如图 5-13 所示。

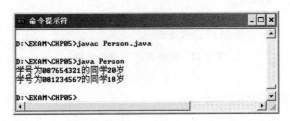

**图 5-13  对象使用的程序示例三**

**2. 关键字 this**

【例 5-23】  关键字 this 的程序示例一。

```
1   public class TwoPoint {
2       int x,y;
3       TwoPoint() {
4           x=0;
5           y=0;
6       }
7       TwoPoint(int x,int y) {
8           this.x=x;
9           this.y=y;
10      }
11      public static void main(String args[]) {
12          TwoPoint pt1=new TwoPoint();
13          TwoPoint pt2=new TwoPoint(6,8);
14          System.out.println("第 1 个点坐标是("+pt1.x+","+pt1.y+")");
```

```
15              System.out.println("第 2 个点坐标是("+pt2.x+","+pt2.y+")");
16      }
17 }
```

说明:程序中定义类 TwoPoint,其中有两个成员变量 x 和 y,并重载构造方法。第 3～6
行定义没有参数的构造方法,第 7～10 行定义有参数的构造方法。main()方法中声明对象实
例并引用这两个构造方法。程序运行结果如图 5-14 所示。

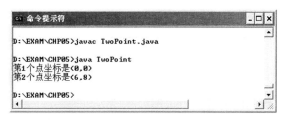

**图 5-14　关键字 this 的程序示例一**

【**例 5-24**】　关键字 this 的程序示例二。

```
1   import java.io. * ;
2   public class Coordinate {
3       int x,y;
4       void init(int x,int y) {
5           this.x=x;
6           this.y=y;
7       }
8       public static void main (String args[]) {
9           Coordinate crd=new Coordinate();
10          crd.init(3,5);
11          System.out.println("x="+crd.x);
12          System.out.println("y="+crd.y);
13      }
14 }
```

说明:程序中定义类 Coordinate,包含两个成员变量 x 与 y、有参成员方法 init()。方法
main()中声明对象实例,并引用成员方法 init()和成员变量后,得到运行结果如图 5-15 所示。

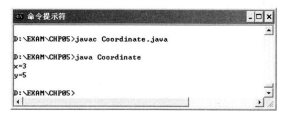

**图 5-15　关键字 this 的程序示例二**

### 5.3.3 对象的清除阶段

对象的清除将释放对象所占用的内存,方式分为如下两种途径:

(1)依靠 Java 的垃圾回收机制回收内存。

(2)调用 System.gc()表示请求垃圾回收处理。

(3)Java 系统开始运行时,自动调用 java.lang.Object.finalize()释放内存。

在程序中调用重写的 finalize()释放系统资源,它的格式如下:

```
protected void finalize() throws throwable {
    ⋮
    super.finalize();
    ⋮
}
```

## 5.4 接口与包

接口是对许多方法进行声明,它只具有方法的特征而没有方法实现的代码。所以,这些方法可以在不同地方被不同的类实现。包允许将类组合成较小的单元,以避免命名冲突。在使用许多类时,类名和方法名很难重新指定,有时需要使用同名的类。

### 5.4.1 Java 中的接口

**1. 抽象类**

接口是只含有抽象方法或常量的一种特殊的抽象类。在 Java 语言中,用 abstract 修饰符定义的类称为抽象类,其中的方法称为抽象方法。abstract 类的格式如下:

```
abstract class abstractClass {
    ……
    ……
}
```

【例 5-25】 抽象类的程序示例。

```
1   import java.io. * ;
2   abstract class Apple {
3       String name="";
4       abstract void display();
5   }
6   class Machine extends Apple {
7       public void display() {
8           Name="Apple";
9           System.out.print(name+"是一种计算机,不是水果");
```

```
10        }
11  }
12  public class Fruit {
13        public static void main(String args[]) {
14              Machine pc=new Machine();
15              pc.display();
16        }
17  }
```

说明：程序中的第 2～5 行定义抽象类 Apple，其中有成员变量 name 和成员方法 display（）。第 6～11 行定义子类 Machine，它继承父类 Apple。main（）方法中声明对象实例并引用成员方法 display（）后，得到运行结果如图 5-16 所示。

**图 5-16　抽象类的程序示例**

2. 接口

接口是不包含成员变量和方法实现的抽象类，它只包含常量和方法的定义。接口的主要功能是：

（1）不管类的层次，可实现互不相关的类具有相同的行为。

（2）通过接口说明多个类所需实现的方法。

（3）通过接口只需了解对象的交互界面，无需了解对象所对应的类。

接口定义由接口声明和接口体组成，请看如下程序。

**【例 5-26】** 接口的程序示例一。

（1）定义接口 MyInterface。

```
1  public interface MyInterface {
2        int value=20;
3        public void add(int m,int n)
4  }
```

说明：首先将接口以 MyInterface.java 文件名保存，然后用 javac MyInterface.java 命令翻译得到字节码文件 MyInterface.class。

（2）定义类 ExamInterface。

```
1  import java.io. * ;
2  public class ExamInterface implements MyInterface {
3        public void add(int m,int n){
```

```
4          int sum=0;
5          sum=m+n;
6          System.out.println("两数之和:sum="+sum);
7      }
8      public void display() {
9          System.out.println("接口数据:value="+value);
10     }
11     public static void main(String args[]) {
12         ExamInterface Obj=new ExamInterface();
13         Obj.add(3,5);
14         Obj.display();
15     }
16 }
```

说明:程序中的第 2 行定义类 MyInterface,它将继承接口 MyInterface 中的成员变量 value 和成员方法 add()。main()方法中的第 13 行将调用有参方法 add(3,5),第 14 行将调用无参方法 display(),而 display()方法将会引用接口 MyInterface 的成员变量 value。程序运行结果如图 5-17 所示。

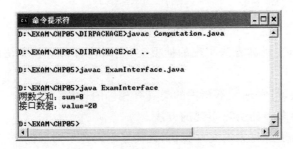

图 5-17    接口的程序示例一

【例 5-27】  接口的程序示例二。

(1) 定义接口 In2。

```
1  interface In1 {
2      int a=100;
3      public void getValue();
4  }
5  interface In2 extends In1 {
6      public void display();
7  }
```

说明:

① 程序中的第 1~4 行定义父接口 In1,包含成员变量 a 和成员方法 getValue();第 5~7

行定义子接口 In2,它继承自父接口 In1,包含自定义成员方法 display()。

　　② 操作时首先要将接口以 In1.java 文件名保存,然后用 javac In1.java 命令翻译得到字节码文件 In1.class。

　　(2) 定义类 ExInner。

```
1    import java.io. * ;
2    public class ExInner implements In2 {
3        public void getValue() {
4            System.out.println("这是父接口中的方法 getValue()");
5        }
6        public void display() {
7            System.out.println("这是子接口中的方法 display()"); }
8        public static void main(String args[]) {
9            ExInner Obj＝new ExInner();
10           Obj.getValue();
11           Obj.display();
12       }
13   }
```

　　说明:程序中的第 2 行定义类 ExInner,它将继承接口 In2 中的成员变量 a 和两个成员方法 getValue()与 display()。main()方法中的第 10 行将调用方法 getValue(),第 11 行将调用方法 display()。程序运行结果如图 5-18 所示。

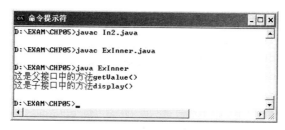

**图 5-18　接口的程序示例二**

### 5.4.2　Java 中的包

　　为解决同名类会发生冲突这一问题,Java 采用包来管理类名空间,定义一个包要用 package 关键字。用 package 语句说明一个包时,该包的层次结构必须与文件目录的层次相同。否则,在编译时可能出现查找不到的问题。

　　使用一个包中的类时,首先要用关键字 import 导入这些类所在的包。Java 语言的 java. lang 包是编译器自动导入的。因此,编程时使用该包中的类,可省略 import 导入,但使用其他包中的类,必须用 import 导入。

　　**【例 5-28】**　包的程序示例。

　　(1) 定义包 dirpackage。

```
1   package dirpackage;
2   public class Computation {
3       public int sum1(int a,int b) {
4           return (a+b);
5       }
6       public int sum1(int a,int b,int c) {
7           return (a+b+c);
8       }
9       public int sum1(int a,int b,int c,int d) {
10          return (a+b+c+d);
11      }
12  }
```

说明：

① 程序中定义类 Computation，包含三个参数不同的重载方法 sum1()。

② 首先建立文件夹 dirpackage，然后将包以 Computation.java 文件名保存到文件夹中，最后用 javac Computation.java 命令翻译得到字节码文件 Computation .class。

（2）定义类 ExamPackage。

```
1   import java.io. * ;
2   import dirpackage.Computation;
3   public class ExamPackage {
4       public static void main(String args[]) {
5           int s1,s2,s3;
6           Computation obj=new Computation();
7           s1=obj.sum1(10,20);
8           s2=obj.sum1(10,20,30);
9           s3=obj.sum1(10,20,30,40);
10          System.out.println("两个整型相加得"+s1);
11          System.out.println("三个整型相加得"+s2);
12          System.out.println("四个整型相加得"+s3);
13      }
14  }
```

说明：程序中的第 2 行引入包 dirpackage，从而可以调用其中的成员方法 sum1()。主类中的 main() 方法在调用包 dirpackage 中的成员方法 sum1() 后，得到运行结果如图 5-19 所示。

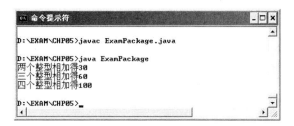

**图 5-19 包的程序示例**

## 5.5 内部类和 Java 类库的常用类

### 5.5.1 内部类

在一个类的内部嵌套定义的类称为内部类(inner class),主要特点如下:

(1) 内部类的类名只能在定义它的类或程序段中或在表达式内部匿名使用,外部使用它时必须给出类的全名。

(2) 内部类可以使用它所在类的静态成员变量和实例成员变量,也可使用它所在类的方法中的局部变量。

(3) 内部类可用 abstract 修饰定义为抽象类,也可用 private 或 protected 进行定义。

(4) 内部类可作为其他类的成员,而且可访问它所在类的成员。

(5) 除用 static 修饰的内部类外,不能在类中声明 static 成员。

**【例 5-29】** 内部类的程序示例。

```
1    import java.io. * ;
2    public class ExamInner {
3        int n=100;
4        public void getValue() {
5            System.out.println("n="+n);
6            Inn inn=new Inn();
7            System.out.println("n="+inn.n);
8        }
9        public void dispValue() {
10           Inn inn=new Inn();
11           inn.demoValue();
12           inn.display();
13       }
14       private class Inn{
15           int n=20;
16           public void demoValue() {
```

```
17              System.out.println("n="+n);
18          }
19          public void display() {
20              getValue();
21          }
22      }
23      public static void main(String args[]) {
24          ExamInner innObj=new ExamInner();
25          innObj.getValue();
26          innObj.dispValue();
27      }
28  }
```

说明:程序中定义主类 ExamInner,包含三个成员方法 getValue()、dispValue()、主方法 main()和内部类 Inn。程序中的第 11～22 行定义 Inn 类为 ExInner 类的内部类,其中有成员方法 demoValue()和 display()。main()方法在调用内部类中的成员变量和成员方法后,运行结果如图 5-20 所示。

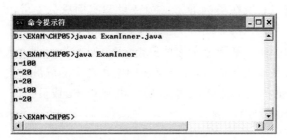

**图 5-20　内部类的程序示例**

### 5.5.2　类库

类库以包的形式组织,就是包的集合体。JDK1.3 中的类库有 76 个包,目前已发展到 JDK 8.0 类库的包已超过百个。

### 5.5.3　java.lang 包

该包中所有类都在运行时,由 java 解释器自动引入,程序不用 import 语句就可使用其中任何一个类。该包由接口、类、异常等组成,它是 Java 语言中最底层的类。

1. Object 类

Object 类是 Java 所有类的根类,其他类都由它派生而来,如表 5-4 所示。

表 5-4　Object 类的方法

| 方法 | 说明 |
| --- | --- |
| preorected Object clone ( ) throws Clone Not Supported Exception | 生成当前对象的副本,并返回该副本对象。凡调用该方法的类都应该实现 cloneable 接口,否则运行时会抛出异常 |
| Class getClass( ) | 返回一个当前对象运行时的 Class 类对象 |
| int hashCode( ) | 返回一个哈希(hash)值 |
| boolean equals(Object 〈obj〉) | 比较当前对象与形参对象相同否,相同返回 true,否则返回 false |
| String toString( ) | 返回一个当前对象的对应字符串 |
| void notify( ) | 唤醒一个等待线程 |
| void notifyAll( ) | 唤醒所有等待线程 |
| void wait (long 〈timeout〉) throws InterruptedException | 让当前线程进入等待队列 |
| void wait(long 〈timeout〉,int 〈nanos〉) throws InterruptedException | 让线程等待时间是两个形参之和的值 |
| void wait ( ) throws InterruptedException | 等同于方法 wait(0),表示让当前线程进入等待队列 |
| void finalize( )throws Throwable | 该方法把对象从内存中清除 |

说明:〈obj〉表示对象实例,〈timeout〉表示等待时间,〈nanos〉表示等待的纳秒数。

2. Class 类与 ClassLoader 类

Class 类是用于类操作规程的类,Class 对象由 Java 编译器自动生成,隐藏在.class 文件中,它在运行时为用户提供信息,还有提供运行时动态装入环境的操作类 ClassLoader。这两个类的常用方法如表 5-5 所示。

表 5-5　Class 类的方法

| 方法 | 说明 |
| --- | --- |
| Class forname(String 〈className〉) | 返回指定类的对象 |
| String getName( ) | 获得 Class 对象的类名 |
| ClassLoader gerClassLoader( ) | 返回 ClassLoader 对象 |
| bool isInterface( ) | 返回判断是否是接口的布尔值 |
| Class getSuperclass( ) | 返回当前对象父类的 Class 对象 |
| String toString( ) | 返回当前类或接口的名字 |
| Class loadClass (String 〈name〉, Boolean resolve) | 把类名分解成对象,分解成功则返回 Class 对象,否则返回 null |
| Class defineClass (String name byte data [],int 〈length〉) | 把一个字节数组转换成一个类的对象,对象以 data 数组的 offset 为起点,length 为字节长度构成 |
| void resolveClass(Class c) | 分解一个类 |
| Class findSystemClass(String name) | 用于查找和装入系统类 |

说明:〈className〉和〈name〉指定类名。

3. System 类

System 类属于 final 类,即不能被实例化的类,它主要提供标准输入、标准输出和系统环境信息。它有三个成员变量:in、out 和 err,分别表示标准输入流对象、标准输出流对象和出错流对象。该类的常用方法如表 5-6 所示。

表 5-6　System 类的方法

| 方法 | 说明 |
| --- | --- |
| lLong currentTimeMillis() | 返回系统时间,以毫秒为单位 |
| String getProperties() | 获得系统环境信息 |
| String getProperties(String key,String def) | 获得系统变量值的值 |
| void setPtoperties(Properties p) | 设置系统特征 |
| void gc() | 运行垃圾回收软件 |
| void loadLibrary(String libname) | 装入一个动态链接库 |

4. Thread 类

Thread 类是提供线程操作和管理的类,可参看第 6 章。

### 5.5.4　实用工具 Java.uitl 包

实用工具 Java.uitl 包中主要包含常用功能的类和接口。

1. GrggorianCalendar 类

主要提供以阳历表示的日期和时间,该类的常用方法如表 5-7 所示。

表 5-7　GrggorianCalendar 日历类的方法

| 方法 | 说明 |
| --- | --- |
| int get(int field) | 获得一个特定字段值 |
| void set(int year,int month,int date) | 设置日期字段值 |
| void set(int year,int mouth,int date,int hour,int minute,int second) | 设置日期、时间字段值 |
| void add(int field,int amount) | 在字段上添加指定值 |

这里的参数 field 是其父类 Calendar 中定义的许多参数之一,如 Calendar.YEAR、Calendar.MONTH、Calendar.DATE 等。

2. Vector 类

主要实现动态分配对象表,适用于可变对象数组的类,它的内存容量可按照实际需要自动增加。该类的常用方法如表 5-8 所示。

表 5-8　Vector 类的方法

| 方法 | 说明 |
| --- | --- |
| ensureCapacity() | 保证指定元素的最小容量 |
| trimToSize() | 将当前元素容量设置为最小 |
| addElement() | 用于增加新的元素 |
| get() | 用于获得 Vector 类中的元素 |
| set() | 用于修改 Vector 类中的元素 |
| remove() | 用于删除 Vector 类中的元素 |
| elemnetAt() | 用于直接访问元素 |
| indexOf() | 用于确定元素的位置 |
| size() | 返回 Vector 类的容量大小 |

3.Stack 类

Stack 类是 Vector 类的子类,主要用于实现先进后出的对象栈(object stack),它不能直接被访问,只能从栈顶进行压入或弹出操作。该类的常用方法如表 5-9 所示。

表 5-9　Stack 类的方法

| 方法 | 说明 |
| --- | --- |
| empty() | 判断栈是否为空,为空则返回 true 否则返回 false |
| peak() | 返回栈顶对象 |
| pop() | 弹出栈顶的一个元素 |
| push(Object) | 从栈顶压入一个元素 |
| search(Object) | 查找栈内一个元素 |

4. Dictionary 类

Dictionary 类属于抽象类,不能实例化去创建一个对象,它只是关键字和值的数据存储。该类的常用方法如表 5-10 所示。

表 5-10　Dictionary 类的方法

| 方法 | 说明 |
| --- | --- |
| elements() | 返回一个枚举元素 |
| get(Object) | 返回关键字所对应的值 |
| isEmpty() | 判断字典是否为空,为空则返回 true 否则返回 false |
| keys() | 返回关键字的一个枚举元素 |
| put(Object,object) | 存入一对关键字和值到字典中 |
| remove(Object) | 按照关键字从字典中删去一个元素 |
| size() | 返回存储元素的数量 |

# 5.6 数　　组

在程序设计过程中,经常为方便处理各种计算问题,会将具有相同数据类型的若干变量顺序组织起来,这些有序排列的同类数据元素集合就是数组。关于数组声明和如何访问数据元素读者可看 4.5 节,我们下面主要说明一维数组和二维数组的编程方法。

### 5.6.1　一维数组

【例 5-30】　编写 Java 程序,在一维数组 score 内放 10 个学生成绩并求平均成绩。

```
1    import java.io. * ;
2    public class AverGrade {
3        public static void main(String args[]) {
4            int i;
5            float aver=0;
6            float a[]={80,68,84,46,79,94,75,86,83,63};
7            for (i=0;i<a.length;i++) aver=aver+a[i];
8            aver=aver/a.length;
9            System.out.print ("平均成绩="+aver);
10       }
11   }
```

程序的输出结果是:平均成绩=75.8。

说明:程序中的第 6 行在声明一维数组 a[]时进行初始化,第 7 行使用 for 循环计算数组 a[]中的数据总和,第 8 行计算平均成绩。

注意:属性 a.length 用于得到数组 a[]的长度,即数据元素的个数。

【例 5-31】　已有一个排好序的数组,将另一个数按原来排序的规律插入到数组中。

```
1    import java.io. * ;
2    public class InsertSort {
3        public static void main(String[] args) {
4            int a[]={2,4,6,8,10,12,14,16,18,20,0,0};
5            int b=7,n=10,k;
6            System.out.println("排序前:");
7            for (k=0;k<n;k++) System.out.print(a[k]+"    ");
8            for(k=n-1; k>=0; k--) {
9                if (b<a[k])
10                   a[k+1]=a[k];
11               else
12                   {a[k+1]=b;  break;}
13           }
```

```
14              System.out.println();
15              System.out.println("排序后:");
16              for(k=0;k<=n;k++) System.out.print(a[k]+"    ");
17          }
18  }
```

说明:程序中的第 4 行在声明一维数组 a[]时进行初始化,第 8～13 行使用 for 循环实现
"插入排序"。程序输出结果如图 5-21 所示。

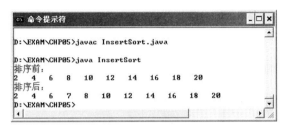

图 5-21　插入排序程序

【例 5-32】　编写 Java 程序,用选择法对数组中的 10 个整数按由小到大排序。
算法:所谓选择法就是先将 10 个数中最小数与 a[0]对换;再将 a[1]到 a[9]中最小的数与
a[1]对换……每比较一轮,找出一个未经排序的数中最小数并交换,共比较 9 轮。

```
1   import java.io. * ;
2   public class SelectSort {
3       public static void main(String args[]) {
4           int i,j,k,t;
5           int s[]={80,68,84,46,98,94,75,86,83,63};
6           System.out.println("排序前:");
7           for (i=0;i<10;i++) System.out.print ("    "+s[i]);
8           System.out.println();
9           for (i=0;i<10;i++) {
10              k=i;
11              for (j=i+1;j<10;j++) if (s[j]<s[k]) k=j;
12              t=s[k];
13              s[k]=s[i];
14              s[i]=t;
15          }
16          System.out.println("排序后:");
17          for (i=0;i<10;i++) System.out.print ("    "+s[i]);
18      }
19  }
20
```

说明：程序中的第 9～15 行实现选择排序,其中第 10、11 行计算出最小数据元素的下标,第 12～14 行用于将指定位置元素与最小元素进行交换。程序输出结果如图 5-22 所示。

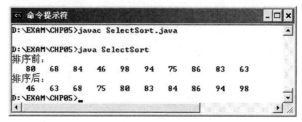

**图 5-22　选择排序程序输出结果**

### 5.6.2　二维数组

**【例 5-33】**　输出乘法九九表。

```
1    import java.io. * ;
2    public class MultiplyTable {
3        public static void main(String args[]) {
4            int i,j;
5            int a[][]=new int[9][9];
6            for (i=0;i<9;i++)
7                for (j=0;j<=i;j++) a[i][j]=(i+1) * (j+1);
8            System.out.println("输出乘法九九表");
9            for (i=1;i<10;i++) {
10               for (j=1;j<=i;j++) System.out.print(i+" * "+j+"="+a[i-1][j-1]+"\t");
11               System.out.println();
12           }
13       }
14   }
```

说明:程序中的第 5 行声明二维数组 arr[][],第 6、7 行计算乘法九九表中的数据并存放到二维数组 arr[][]中,第 9～12 行输出乘法九九表。显示结果如图 5-23 所示。

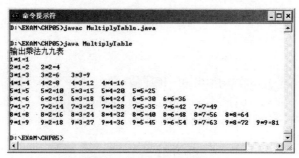

**图 5-23　输出乘法九九表**

注意：在输出二维数组时，应该在每行结束后进行换行。

【例 5-34】　生成如下的二维数组，并计算全部边界元素的和。

$$
\begin{array}{cccccc}
1 & 2 & 3 & 4 & 5 & 6 \\
7 & 8 & 9 & 10 & 11 & 12 \\
13 & 14 & 15 & 16 & 17 & 18 \\
19 & 20 & 21 & 22 & 23 & 24 \\
25 & 26 & 27 & 28 & 29 & 30 \\
31 & 32 & 33 & 34 & 35 & 36
\end{array}
$$

```
1   import java.io. * ;
2   public class ArrayCalculate {
3       public static void main(String args[]) {
4           int i,j,k,s;
5           int arr[][]=new int[6][6];
6           for (i=0;i<6;i++)
7               for (j=0;j<6;j++) arr[i][j]=i * 6+j+1;
8           System.out.println("显示二维数组");
9           for (i=0;i<6;i++) {
10              for (j=0;j<6;j++) System.out.print(arr[i][j]+"\t");
11              System.out.println();
12          }
13          s=-arr[0][0]+arr[5][5];
14          for (k=0;k<6;k++)
15              s=s+arr[0][k]+arr[5][k]+arr[k][0]+arr[k][5];
16          System.out.print("边界元素的和="+s);
17      }
18  }
```

程序的输出结果是：边界元素的和=479。

说明：程序中的第 5 行声明二维数组 arr[][]，第 6、7 行生成二维数组 arr[][]中的 36 个数据，第 8～12 行显示这 36 个数据，第 13～15 行计算全部边界元素的和。

【例 5-35】　编写 Java 程序，输出如下的杨辉三角形（10 行×10 列）。

```
1
1   1
1   2   1
1   3   3   1
1   4   6   4   1
```

```
1   import java.io. * ;
2   public class SpecialArray {
3       public static void main(String args[]) {
4           int i,j,k;
5           int y[][]=new int[10][10];
6           for (i=0;i<=9;i++)   {
7               y[i][0]=1;
8               y[i][i]=1;
9           }
10          for (i=2;i<=9;i++)
11              for (j=1;j<i;j++) y[i][j]=y[i-1][j-1]+y[i-1][j];
12          System.out.println("输出杨辉三角形");
13          for (i=0;i<=9;i++) {
14              for (j=0;j<=i;j++) System.out.print (y[i][j]+"\t");
15              System.out.println();
16          }
17      }
18  }
```

说明:程序中的第6~9行将二维数组中的第0列和对角线元素初始化为全1,第10、11行使用双重 for 循环计算杨辉三角形所需的其他数据。运行结果如图 5-24 所示。

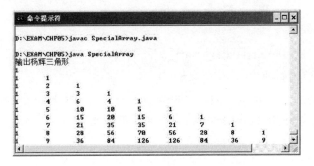

**图 5-24　输出杨辉三角形(10 行×10 列)**

# 5.7　字　符　串

## 5.7.1　处理字符串的常用方法

处理字符串的方法属于 Character 类,常用方法如表 5-11 所示。

表 5-11　**Character 类中的常用方法**

| 方法 | 说明 |
| --- | --- |
| charValue() | 计算 Character 对象的值 |
| isDefined(char ch) | 判断指定字符是否为 Unicode 字符 |
| isDigit(char ch) | 判断指定字符是否为数字 |
| isLetter(int value) | 判断指定字符是否为字母 |
| isLetterOrDigit(int value) | 判断指定字符是否为字母或数字 |
| isLowercase(char ch) | 判断指定字符是否为小写字母 |
| isWhitespace(char ch) | 判断指定字符是否为空格 |
| toLowercase(char ch) | 将字母以小写形式返回 |
| toUppercase(char ch) | 将字母以大写形式返回 |

### 5.7.2　字符串处理程序示例

【例 5-36】　字符串处理程序示例。

```
1   import java.io. * ;
2   public class CompareChar {
3       public static void main(String[] args) {
4           int k;
5           char ch[]={'#','0','o',' ','O'};
6           for(k=0;k<ch.length;k++) {
7               if (Character.isDigit(ch[k]))
8                   System.out.println("符号"+ch[k]+"是一个数字");
9               if (Character.isWhitespace(ch[k]))
10                  System.out.println("符号"+ch[k]+"是一个空格");
11              if (Character.isUpperCase(ch[k]))
12                  System.out.println("符号"+ch[k]+"是大写字母");
13              if (Character.isLowerCase(ch[k]))
14                  System.out.println("符号"+ch[k]+"是小写字母");
15          }
16      }
17  }
```

说明:程序中的第 5 行将字符数组 ch 初始化为 5 个指定字符,第 6~15 行使用 for 循环分别显示字符判断情况。运行结果如图 5-25 所示。

【例 5-37】　统计字符串"Java Programming"中的字母个数。

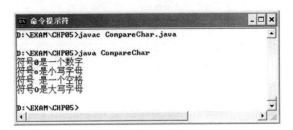

图 5-25　字符串处理程序示例

```
1    import java.io. * ;
2    public static class NameAccess {
3        public static void main(String[] args) {
4            int k,n=0;
5            char ch[]={'J','a','v','a',' ','P','r','o','g','r','a','m','m','i','n','g'};
6            for(k=0;k<ch.length;k++) {
7                if (Character.isUpperCase(ch[k])) n=n+1;
8                if (Character.isLowerCase(ch[k])) n=n+1;
9            }
10           System.out.print("字母共出现"+n+"次");
11       }
12   }
```

说明:程序中的第 5 行将字符数组 ch 初始化为 16 个指定字符,第 6~9 行使用 for 循环统计字母个数。运行程序后的输出结果是:字母共出现 15 次。

# 5.8　本章知识点

(1) 面向对象编程的基本概念包括:面向对象编程、对象、类、对象状态等。对象具有六大特征:模块性、封装性、继承性、类比性、易维护性和动态链接。面向对象编程具有四大特征:数据抽象、封装性、继承性和多态性。

(2) 类的组成:包括类的声明、类的访问控制符、成员变量的声明等。类的使用包括:方法的声明、方法的修饰符、方法的异常处理、方法体、方法引用时的参数传递、方法重载、构造方法等。实现继承与关键字 super 的三种使用。

(3) 对象的生成、使用和删除。

(4) 接口:由接口声明和接口体两部分组成。

(5) 包:Java 语言采用包来管理类名空间,定义一个包要用 package 关键字。使用一个包中的类时,先要用关键字 import 导入这些类所在的包。

(6) 内部类和 Java 类库中的常用类:包括内部类及其特点、类库、java.lang 包(如 Object 类、ClassLoader 类、Class 类、System 类、Thread 类)、实用工具 Java.uitl 包、Java 类库中的常用接口。

（7）数组：一维数组和二维数组的处理程序。

（8）字符串：Character 类和字符串处理程序。

# 习　题　五

一、单项选择题

1. 在以下选项中，不属于面向对象编程的三个特征的是（　　）。

A. 封装性　　　　　B. 指针操作　　　　　C. 多态性　　　　　D. 继承性

2. 在以下关于类定义的描述中，错误的是（　　）。

A. public class TestExample extends Object　〔　……　〕

B. final class Operators　〔　……　〕

C. class Ponit　〔　……　〕

D. void class Ponit　〔　……　〕

3. 在以下关于构造方法的说法中，错误的是（　　）。

A. 构造方法不可以进行方法重写

B. 构造方法用来初始化类中的新对象

C. 构造方法具有与类名称相同的名称

D. 构造方法不会返回数据

4. 下面程序定义一个类：abstract class TestExample　〔　……　〕，关于该类说法中正确的是（　　）。

A. 该类能调用 new TestExample 方法实例化一个对象

B. 该类是不能被继承的

C. 该类中的方法是不能被重载的

D. 以上说法均错

5. 在以下关于对象删除的说法中，正确的是（　　）。

A. 只能由程序员完成对象清除

B. Java 把没有引用对象作为垃圾收集后并释放

C. 当程序调用 System.gc()方法时进行垃圾收集

D. Java 语言中的对象都很小，一般不进行删除

6. 在 Java 语言中，关键字 super 的作用是（　　）。

A. 用来访问父类被隐藏的成员变量

B. 用来调用父类中被重载的方法

C. 用来调用父类的构造方法

D. 以上说法均对

7. 在以下关于类所实现的接口与修饰符中，不可以是（　　）。

A. public　　　　　B. abstract　　　　　C. final　　　　　D. void

8. 在以下说法中，正确的是（　　）。

A. 包的主要作用是实现跨平台功能

B. package 语句只能放在 import 语句后

127

C. 包是由一组类和界面组成的

D. 可用♯include 来标明来自其他包中的类

9. 在 Java 语言中,完成字符串定义的是 java.lang.String 类和( )。

A. java.lang.StringChar 类

B. java.lang.StringBuffer 类

C. java.io.StringChar 类

D. java.io.StringBuffer 类

二、填空题

1. 类是对一组具有共同属性特征和_____的对象所进行的抽象。

2. 方法声明分为两部分:方法的声明和_____。

3. Java 程序在使用一个包中的类时,要先用关键字_____导入这些类所在的包。

4. 在一个类的内部嵌套定义的类称为_____。

三、阅读题

1. 阅读如下程序,写出运行结果。

```
1   import java.io. * ;
2   public class ExamOverload {
3       void display() {System.out.println("没有参数"); }
4       void display(int m) {System.out.println("有一个整型参数:"+m);}
5       void display(int m,int n) {System.out.println("有两个整型参数:"+m+","+n); }
6       double display(double m) {System.out.println("有一个双精度型参数:"+m);}
7       void display(double m,double n) {
8           System.out.println("有两个双精度型参数:"+m+","+n);
9       }
10      public static void main(String args[]) {
11          ExamOverload Interobj=new O ExamOverload();
12          double result;
13          Interobj.display();
14          Interobj.display(12);
15          Interobj.display(12,16);
16          Interobj.display(18.00);
17          Interobj.display(24.00,28.00);
18      }
19  }
```

2. 阅读如下程序,写出运行结果。

```
1   import java.io. * ;
2   public class ArrayCalculate {
3       public static void main(String[] args) {
4       int a[5][5],i,j,s=0;
5           for (i=0;i<5;i++)
6               for (j=0;j<5;j++) arr[i][j]=(i+1)*5+j+1;
```

```
7              for (i=0;i<5;i++)
8                  for (j=0;j<5;j++)if(i==j) s+=a[i][j];
9              for (i=0;i<5;i++) {
10                 for (j=0;j<5;j++) System.out.print(" "+a[i][j]);
11                 System.out.println();
12             }
13             System.out.print("The sum is "+s);
14         }
15  }
```

3. 阅读如下程序,写出运行结果。

```
1   import java.io. * ;
2   public class FindData {
3       public static void main(String[] args) {
4           int i,n=0,m;
5           int a[]={2,3,4,5,7,12,14,15,16,19,23,26};
6           m=a.length;
7           for(i=0;i<m;i++) if (a[i]%4==0) n++;
8           System.out.print("Numbers is "+n);
9       }
10  }
```

四、编程题

1. 编写 Java 程序,输出如下的图案(7 行×7 列)。

```
            *
          * * *
        * * * * *
      * * * * * * *
    * * * * * * * * *
  * * * * * * * * * * *
* * * * * * * * * * * * *
```

2. 若一个字符串正读和反读都一样,如 level、madam 等,我们就称之为回文。编写一个程序,验证指定字符串是否是回文。

3. 编写 Java 程序,找出两个数中的较大数。要求使用方法重载,能够分别实现 long 类型和 double 类型的数据处理。

# 第6章　异常处理

任何程序在执行过程中,都可能会产生错误。系统如何处理这些错误,用什么方式来处理错误,Java 系统采用"异常方式"来处理和解决这些错误,本章我们将详细说明 Java 语言的异常处理机制。

## 6.1　异 常 概 念

### 6.1.1　一般程序设计语言的错误处理

1. 一般程序设计语言的错误类型

在一般程序设计语言编程过程中,可能会出现的四种基本错误。

(1) 语法错误。语法错误很可能是由程序员自身输入数据和程序时造成的错误,比如拼错了的关键字、数组名、变量名、接口名或常量,或者没有指定必须的分隔符号。语法错误通常发生在程序员编写源程序的过程中,一般程序设计语言可以在编译过程中检查语法错误,有许多语法错误都会出现在编译时的错误信息中。

(2) 编译错误。编译错误是指一般程序设计语言的编译器不能正常翻译的错误。通常出现在程序员要编译的某一段程序中,而编译器又不能正确编译其中的某条语句时。有编译错误的任何程序是不可能被机器执行的。

【例 6-1】　含语法错误的程序示例。

```
1    import java.io. * ;
2    public class GrammarErr {
3        public static void main(String[] args) {
4            int n=10, k;
5            k=100/(n-10)
6            System.out.println("k="+k);
7        }
8    }
```

说明:程序中的第 5 行没有语句结束标记";",这属于语法错误。将该程序翻译后,得到如图 6-1 所示的显示信息。

(3) 运行错误。运行错误是指一般程序设计语言出现了不能执行的表达式或语句,这种错误是编译程序本身不能发现的。例如无效操作、无效成员方法、无效参数以及无效的数学运算等,都是运行错误。运行错误发生在程序代码的运行过程中,典型的运行错误包括:表达式运算发生下溢或上溢(overflow)、负数开平方根、堆栈容量不够、表达式类型不匹配、试图打开一个不存在的文件、数组下标超界、用零除以一个数等。

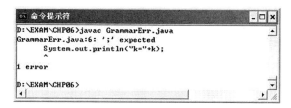

图 6-1 含语法错误的程序示例

【例 6-2】 含运行错误的程序示例。

```
1   import java.io. * ;
2   public class RunErr {
3       public static void main(String[] args)  {
4           int n=10, k;
5           k=100/(n-10);
6           System.out.println("k="+k);
7       }
8   }
```

说明：将该程序中的第 5 行运行后出现用零除以一个数的错误，唯有运行过程才能知道分母（n-10）为 0，这时系统将抛出算术异常（arithmetic exception），同时也就不会运行第 6 行的输出语句。翻译过程不可能检查这种错误，如图 6-2 所示。

图 6-2 含运行错误的程序示例

（4）逻辑错误。逻辑错误是由程序员自身推理错误造成的，如将表达式"100/（n-10）"写成"100 * （n-10）"。与运行错误一样，编译程序并不能检查这种错误。有时候，逻辑错误也会导致运行错误。常见的逻辑错误有如下五种情况：

① 程序设计的解题步骤与计算方法不正确。

② 由程序员定义的方法可能产生一个不正确的运算结果。

③ 某个成员方法执行的是一个错误的计算任务。

④ 不正确或不完全地执行了某一个计算任务。

⑤ 程序设计的逻辑结构本身是不正确的。

2. 一般程序设计语言的运行错误处理方法

一般程序设计语言的运行错误处理方法有两种：终止程序运行和错误代码检测。

（1）终止程序运行方法。在执行应用程序中出现一般程序设计语言的错误时，可以终止

正在运行的程序,然后进行仔细检查。这种错误处理方法具有以下的优缺点:

① 优点:错误处理方法简单灵活,不增加计算机系统的任何负担。

② 缺点:给程序员增加许多负担,甚至可能无法重新运行程序,并对整个错误情况失去控制,最终使程序调试工作不能继续进行。

(2) 错误代码检测方法。在执行应用程序中出现一般程序设计语言的错误时,可以终止正在运行的程序,然后引入错误代码检测机制。即在程序中利用“错误代码检测”机制对错误返回一个特定的预定义值,程序员可以根据不同的返回值进行识别以找出错误,并最终纠正错误。错误代码检测方法具有以下的优缺点:

① 优点:错误处理方法非常直接,容易查找到程序中的各种错误。

② 缺点:一方面,这种错误处理方法要增加计算机系统的负担;另一方面,错误检测的代码和正确程序的代码是混合在一起的,这样使得错误处理过程非常复杂,从而大大降低程序的可读性和可维护性。

### 6.1.2　异常事件

所谓“异常”就是计算机程序执行过程中出现不正确指令的事件。不严重时,这些异常事件只是产生一个错误的运算结果;严重时,这些异常事件将导致整个计算机系统的崩溃。严重的异常事件主要包括如下五种:

(1) 在进行数学运算如开平方根时出现负数的异常事件。

(2) 在进行数学中的除运算时出现除数为零的异常事件。

(3) 在程序处理大量数据过程中出现内存空间不够的异常事件。

(4) 在对数据文件进行写盘操作时出现磁盘空间不够的异常事件。

(5) 在对数据文件进行读操作时出现磁盘文件没有打开的异常事件。

## 6.2　Java 语言的异常处理

在标准包 java.lang、java.util、java.io 和 java.net 中都定义了许多标准的异常类。

### 6.2.1　异常处理

错误检测代码和正确程序代码是混合在一起的,这样使得错误处理过程非常复杂。Java 语言的异常处理机制可以很好地解决异常处理问题。在 Java 中,当计算机程序执行过程出现不正确操作时,可以由当前的成员方法产生一个异常对象。Java 系统通过对该异常对象的处理,从而得出相应的处理结果。有些异常是可以通过 Java 系统环境自动进行捕捉和处理的,而有些异常则只能由程序员自己编写代码进行捕捉和处理。

Java 中的全部异常对象通常都包括对异常的详细描述,如异常类型、异常含义、出现异常时计算机程序的状态等。每个异常对象通常都是标准异常类 Throwable 类或其子类的实例变量。所以,程序代码中由两部分组成:正常处理代码和异常处理代码。

(1) 正常处理代码部分:程序只需要执行 try 后面的语句序列,其功能就是计算正确转换数字后的两数相除结果,如【例 6-2】中的第 4～6 行。

(2) 异常处理代码部分:根据不同的异常情况分别执行相应的异常处理代码,在【例 6-2】

中没有定义异常处理代码。

【例 6-3】　含异常处理的程序示例。

```
1    import java.io. * ;
2    public class DrideByZero {
3        static void examException() {
4            try {
5                int n＝10，k;
6                k＝100/(n－10);
7            }
8            catch (ArithmeticException e) {
9                System.out.println("运行时将出现用零除以一个数的错误");
10               System.out.println("异常是:"＋e);
11           }
12       }
13       public static void main(String[] args) {
14           DrideByZero.examException();
15           System.out.println("程序中已经进行异常处理了");
16       }
17   }
```

说明：程序中的第 4～7 行属于正常处理代码，第 8～11 行属于异常处理代码，第 8 行在捕捉到异常后将输出提示信息和异常类型。将该程序运行后，得到如图 6-3 所示的显示信息。

图 6-3　含异常处理的程序示例

### 6.2.2　声明异常

在 Java 异常处理机制中，当程序执行过程出现异常时，可以由成员方法产生一个异常对象。一个异常对象通常包括对错误的详细描述，如错误类型、错误含义、出现错误时程序的状态等。

Java 的异常处理机制是在程序执行过程出现错误时自动产生一个对象，该对象通过类的调用层次关系，逐层向上传递，直到异常处理机制能够捕捉到这个异常时为止。在声明一个方法时，可以使用 throw 语句来声明一个或多个异常，也可以使用 throw 语句来抛出异常。

1. 概念

在一个方法的声明中,可以使用 throw 语句,该语句用于声明方法中可能出现的一个或多个异常。这种含异常的方法可以告诉 Java 解释器它将可能产生什么异常,从而让方法能够处理这些异常,如 unchecked exception 异常和 checked exception 异常。

(1) unchecked exception 异常:用于表示不可捕捉异常,该异常是从 Error 类中派生出的异常和从 RuntimeException 类中派生出的异常,这种异常是不需要在方法中进行声明的。不可捕捉异常一般表示无法人为控制的异常(如 Error 类产生的异常),或完全可以回避的异常(如数组或字符串的下标超界异常)。

(2) checked exception 异常:用于表示可捕捉异常,该异常是指应用程序应该直接处理的异常。

从上面的描述中可以看到,并不是所有可能发生的异常都需要在方法中进行声明,但方法的声明中必须指定所有可能发生的异常检查。

**注意**:当子类中的方法重载父类中的方法时,子类方法中的 throw 语句声明的异常不能超过父类方法中的异常,否则将产生编译错误。换言之,如果父类方法中没有 throw 语句声明的异常,则子类方法中重载父类的方法也不能使用 throw 语句声明异常。当子类中的接口重载父类中的接口时,相应的情况与方法重载是完全一致的。

2. 声明异常

由于 Java 的异常处理机制是系统固有的,所以在方法的声明中可以直接为方法指定可能产生的异常。

### 6.2.3 抛出异常

Java 的异常处理机制抛出的异常有两种方式:直接抛出异常和间接抛出异常。

1. 直接抛出异常

直接抛出异常是指在方法声明中直接使用 throw 语句将异常抛出,它的格式如下:

throw〈异常对象〉;

说明:

(1) 关键字 throw:用于表示定义一个直接抛出异常,该关键字用在 try 语句中。如果应用程序发生异常,则使用 throw 将抛出异常。

(2) throw 语句:可以安排在 try 语句的外面,但要求该异常在程序的其他部分进行处理。

(3)〈异常对象〉:用于表示一个异常对象实例,它继承自 Throwable 类,用于表示发生的是何种异常。

(4) Java 系统执行到 throw 语句时,将不再执行它后面的语句。执行流程自动寻找 catch 语句并进行匹配检查,如果找到所要匹配的实例,则系统将切换到 catch 语句中并执行预定义的异常处理代码。

2. 间接抛出异常

间接抛出异常是指在方法声明中直接使用 throw 语句将异常抛出,它的格式如下:

type〈方法名〉(〈参数表〉) throw〈异常表〉;

说明:

(1) 关键字 throw:用于表示定义一个间接抛出异常。

(2)〈异常表〉:用于表示一个异常对象列表。

如果一个方法可能导致一个异常,但是该方法本身却没有声明处理代码,则应该指定异常,并由该方法的调用者来处理这个异常。使用关键字 throw,可以说明方法中可能发生的全部异常。

**【例 6-4】** 含数组下标越界的异常处理。

```
1    import java.io. * ;
2    public class SubScript {
3        public static void main(String[] args) {
4            try {
5                int k, arr[]={0,1,2,3,4,5,6,7,8,9};
6                System.out.println("显示数组");
7                for (k=1; k<=10; k++) System.out.print(arr[k]+"   ");
8            }
9            catch (ArrayIndexOutOfBoundsException e) {
10               System.out.println();
11               System.out.println("运行时将出现数组下标越界的错误");
12               System.out.println("异常是:"+e);
13           }
14       }
15   }
```

说明:程序中的第 5 行声明一个含 10 个元素的一维数组 arr[],由于 Java 语言中的数组下标是从 0 开始的。所以,第 7 行 for 循环中的数组元素 arr[10]是不存在的,这时系统将捕捉"数组下标越界"异常。运行程序后将得到如图 6-4 所示的显示信息。

**图 6-4　含数组下标越界的异常处理**

## 6.3　自定义异常类

### 6.3.1　自定义异常类概念

程序员除可以抛出 Java 系统类库中固有的异常外,还可以自行定义所需的异常类,并且抛出自定义异常。程序员自定义异常类的过程是很简单的,首先程序员可以直接继承

Exception 类中的全部异常,然后对自定义异常类增加一个合理的构造方法即可。自定义异常类必须严格符合以下三个条件:

(1) 保证是从完全正确的类中派生出来的新异常。

(2) 保证与建立和调用标准类一致的使用规则来建立和调用异常类。

(3) 在应用程序建立的异常中,绝大多数异常是从类 Exception 中派生出来的,仅有极少数异常是从类 Error 中或类 RunTime 派生出来的。

### 6.3.2 自定义异常类

定义异常类的格式如下:

```
class〈异常类名〉extends Exception {
    〈异常类名〉(String〈消息〉) {
        〈异常处理代码〉(〈消息〉);
    }
}
```

说明:

(1)〈异常类名〉:自定义异常类名,可以直接继承 Exception 类中的全部异常。

(2)〈异常类名〉:用于表示该自定义异常类的构造方法。

(3)〈异常处理代码〉:用于表示自定义异常类的异常处理代码。

(4)〈消息〉:用于表示自定义异常类的消息。

【例 6-5】 自定义异常类的程序示例。

(1) 自定义异常类 NegativeIndexException。

```
1    public class NegativeIndexException extends Exception {
2        public NegativeIndexException() {
3            super("属于自定义异常类");
4            System.out.println("这是属于自定义异常类");
5        }
6        public NegativeIndexException(String message) {
7            super(message);
8        }
9    }
```

说明:

① 程序中定义子类 NegativeIndexException,它继承自 Exception 类,进而通过使用关键字 super 引用 Exception 类中的属性和成员方法。

② 操作时首先将子类以 NegativeIndexException.java 文件名保存,最后用 javac NegativeIndexException.java 命令翻译得到字节码文件。

(2) 调用自定义异常类 NegativeIndexException。

```
1    import java.io. * ;
```

```
2   public class CallExceptionClass {
3       public static void main(String[] args) {
4           int k=−1, arr[]={0,1,2,3,4,5,6,7,8,9};
5           try {
6               if (k==−1) throw new NegativeIndexException();
7           }
8           catch (NegativeIndexException e) {
9               System.out.println("运行时将出现数组下标为负数的错误");
10              System.out.println("异常是:"+e);
11          }
12      }
13  }
```

说明:程序中的第 4 行声明一个含有 10 个元素的数组 arr[],由于 Java 语言中的数组下标是从 0 开始的正整数。所以,arr[−1]是不存在的。运行程序后将得到如图 6-5 所示的显示信息。

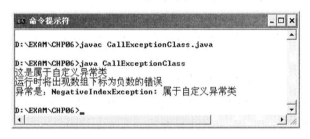

**图 6-5  自定义异常类的程序示例**

### 6.3.3  异常处理的语句模式

在 Java 程序中,有些异常是由类抛出的,有些异常是由运行环境抛出的,前者称为非运行异常,后者称为运行异常,所以 Exception 类有两个子类:运行异常类和非运行异常类,二者的异常处理机制是完全不同的。

(1)运行异常类。这是由程序员编写代码不正确导致的异常,为了保证程序能够正确运行就必须捕捉和处理这种异常。

(2)非运行异常类。这是由非程序运行错误导致的异常,这种异常涉及整个计算机系统,处理起来非常困难,所幸的是出现这种异常的概率是很低的。

异常处理的语句模式如下:

```
try   {
    |                   //正常代码
}
catch (异常 1〈异常实例 1〉)  {
```

```
    |                      //异常 1 的处理代码
}
catch（异常 2〈异常实例 2〉）｛
    |                      //异常 2 的处理代码
}
catch（异常 3〈异常实例 3〉）｛
    |                      //异常 3 的处理代码
}
    |                      //其他代码
finally  ｛
    |                      //成员方法中的全部后续处理代码
}
```

说明：

(1) 异常 1、异常 2、异常 3：必须是标准异常类型或自定义异常类型。

(2)〈异常实例〉：用于表示一个异常类对象的实例。

# 6.4  捕捉异常与 try－catch 语句

前面介绍如何抛出异常，但在一个异常被抛出后，应该有对应此异常的处理代码，否则异常不被处理并导致系统终止运行该应用程序。所以，在抛出异常后，应用程序必须捕捉异常。实际上，捕捉异常和处理的代码比抛出异常的代码要复杂得多。

### 6.4.1  捕捉单个异常

Java 系统的具体执行情况是：执行到 throw 语句时，将不再执行它后面的语句。执行流程自动寻找 catch 语句并进行异常匹配检查，如果找到所要匹配的异常实例，则系统将切换到 catch 语句中并执行预定义的异常处理代码。要捕捉单个异常可使用 try－catch 语句，该语句的格式如下：

```
try {
//    正常处理代码部分
    |
}
catch（〈异常类型〉〈异常实例〉){
//    异常处理代码部分
    |
}
```

说明：

(1)〈异常类型〉：可以是系统提供的标准异常类型或用户自定义的异常类型。

138

（2）在建立 try—catch 语句块（block）后，如果在 try 语句块中抛出 catch 语句内指定的异常类型，则 Java 解释器将停止执行 try 语句块中的其他代码，而将执行流程自动切换到 catch 语句中并执行预定义的异常处理代码。

（3）如果在一个方法的 try 语句块中抛出的异常没有与 catch 语句内指定的异常类型相匹配，则 Java 系统将立即退出该方法。由于该方法的声明中已经指定方法可能出现的异常，所以在该方法的调用者代码中已经包含处理这一异常的代码，这时，该异常在该方法的调用者代码中就进行捕捉并处理。

（4）一个方法中的异常可以由该方法的调用者代码进行处理，也可以由更高一级的方法的调用者代码进行处理，即异常处理可以嵌套。

（5）如果一个方法中的异常没有任何代码进行捕捉并处理，则系统将终止程序。

（6）try—catch 语句块允许嵌套。当有方法抛出异常时，Java 将自动检查异常抛出点的 try—catch 语句块。如果该异常可以被 catch 语句捕捉，则进行异常处理，否则由外层的 try—catch 语句块继续处理。

### 6.4.2　捕捉多个异常

在 Java 程序中允许方法抛出一个或多个异常，try—catch 语句块可以捕捉多个异常。该语句的格式如下：

```
try {
//    正常处理代码,可以产生多个异常
      |
}
catch (〈异常类型 1〉〈异常实例 1〉){
//    异常类型 1 的处理代码
      |
}
catch (〈异常类型 2〉〈异常实例 2〉){
//    异常类型 2 的处理代码
      |
}
|  //其他代码
catch (〈异常类型 N〉〈异常实例 N〉){
//    异常类型 N 的处理代码
      |
}
```

说明：

（1）〈异常实例 1〉、〈异常实例 2〉……〈异常实例 N〉：这是指系统提供的标准异常类型或用户自定义的异常类型。

（2）一个方法是立即捕捉并处理异常呢，还是将异常向上传递后由该方法的调用者捕捉

并处理呢？这完全取决于该方法本身是否知道如何处理这个异常。如果该方法知道如何处理这个异常，则将该异常进行"现场处理"，否则将异常向上传递后由该方法的调用者捕捉并处理。这时，该方法中应该用 throw 语句重新抛出该异常。

（3）异常可以直接由方法内部的代码进行捕捉并处理，例如要释放某个系统资源、关闭一个输入输出文件等，同时让该方法的调用者也能够捕捉并处理这个异常。这时，可以首先由方法内部进行异常处理，然后使用 throw 语句重新抛出异常交由方法调用者捕捉并处理。

（4）如果类中的方法覆盖其父类中的方法，但父类中的方法没有指定子类中的方法中产生的异常类型，则该异常必须在方法内部进行捕捉并处理，而不能由该方法的调用者捕捉并处理。

（5）在捕捉一个异常后又可以重新抛出一个异常，具体而言，一个方法在捕捉一个异常后又使用 throw 语句重新抛出一个异常，这个新异常由该方法的调用者捕捉并处理。

（6）如果一个方法中的异常没有任何代码进行捕捉并处理，则系统将终止该应用程序。

（7）捕捉多个异常的 try—catch 语句块也允许嵌套。

【例 6-6】 两个异常处理并列的程序示例。

```
1    import java.io. * ;
2    public class TwoException {
3        public static void main(String[] args) {
4            try {
5                int i=args.length;
6                System.out.println(args[0]);
7                int n=10, k;
8                k=100/(n-10);
9            }
10           catch (ArrayIndexOutOfBoundsException e) {
11               System.out.println("运行时将出现数组下标越界的错误");
12               System.out.println("异常是:"+e);
13           }
14           catch (ArithmeticException e) {
15               System.out.println("运行时将出现用零除以一个数的错误");
16               System.out.println("异常是:"+e);
17           }
18       }
19   }
```

说明：程序中的第 6 行可能出现"数组下标越界"错误，第 8 行可能出现"零除以一个数"错误。第 10～13 行可以捕捉"数组下标越界"异常，第 14～17 行可以捕捉"零除以一个数"异常，但只有第 1 个匹配的 catch 语句块会被执行，所以我们将该程序运行两次，使两个 catch 语句块都可以被执行。具体运行情况如图 6-6 所示。

图 6-6　两个异常处理并列的程序示例

【例 6-7】　两个异常处理嵌套的程序示例。

```
1    import java.io. * ;
2    public class NestedException {
3        public static void main(String[] args) {
4            try {
5                int l=args.length;
6                System.out.println(args[0]);
7                try {
8                    int n=10, k;
9                    k=100/(n-10);
10               }
11               catch (ArithmeticException e) {
12                   System.out.println("运行时将出现一个数除以零的错误");
13                   System.out.println("异常是:"+e);
14               }
15           }
16           catch (ArrayIndexOutOfBoundsException e) {
17               System.out.println("运行时将出现空指针的错误");
18               System.out.println("异常是:"+e);
19           }
20       }
21   }
```

说明:

(1) 程序中的第 4～19 行定义对 ArrayIndexOutOfBoundsException 异常的处理,其中的第 7～14 行内嵌 ArithmeticException 异常的定义。

(2) Java 程序允许方法捕捉多个异常的 try-catch 语句块进行嵌套,当外层 try-catch 语句块没有抛出异常时,才能使内层的 try-catch 语句块被执行,所以我们将该程序运行两次,使两个 catch 语句块都可以被执行。具体运行情况如图 6-7 所示,读者要注意这个程序与上一个程序的区别。

图 6-7　两个异常处理嵌套的程序示例

# 6.5　finally 语句

### 6.5.1　引言

在一个方法抛出异常后,它将立即停止运行该方法后面的代码,而将执行流程自动切换到 catch 语句中并执行预定义的异常处理代码。如果 catch 语句中并没有所需的异常处理代码,则系统将终止执行该应用程序。很明显,这种方式是非常不实际的,例如,方法中已经分配了系统资源、打开一个输入输出文件等,在产生异常后可能不会释放系统资源或关闭输入输出文件。一个折衷的解决办法是先由方法内部捕捉异常,并释放系统资源或关闭输入输出文件,然后使用 throw 语句重新抛出异常。但是,这种解决办法存在如下三个不足:

（1）将正常处理代码与异常处理代码混合书写在同一个方法中。

（2）将同一个异常处理代码书写在两个完全不同的代码段中。

（3）应用程序代码存在大量冗余,且程序结构混乱不清。

### 6.5.2　finally 语句

要解决这一问题,Java 提供了一个极佳的解决办法,即使用 finally 语句。该语句的格式如下:

```
try {
//    正常处理代码,可以产生多个异常
    |
}
catch (〈异常类型 1〉〈异常实例 1〉){
//    异常类型 1 的处理代码
    |
}
catch (〈异常类型 2〉〈异常实例 2〉){
```

```
//   异常类型 2 的处理代码
      |
   }
      | //其他代码
catch (〈异常类型 N〉〈异常实例 N〉){
//   异常类型 N 的处理代码
      |
   }
finally {
//   执行 finally 处理代码的语句
      |
   }
```

说明:

(1) 〈异常实例 1〉、〈异常实例 2〉……〈异常实例 N〉,是指系统提供的标准异常类型或用户自定义的异常类型。

(2) 将方法中的全部异常处理工作集中在一起,这样可以增强应用程序的可读性、可维护性和可移植性。

(3) finally 语句的功能主要是进行程序流程控制,即从 try—catch 语句转移到另一代码前进行必要的处理工作,如释放系统资源或关闭输入输出文件等。

(4) finally 语句是无条件执行的转移语句块,不管是出现什么异常,或者在 try—catch 语句中包括 break、continue、return、throw 语句,应用程序都将无条件地执行 finally 语句。

实际上,finally 语句是无条件执行的转移语句块,不管是出现什么异常,也不管异常是否能够被捕捉,应用程序都将无条件地执行 finally 语句。具体而言,应用程序无条件执行 finally 语句的五种情况如下:

① 在 try 语句块中没有异常的情况下,Java 程序首先执行 try 语句块中的全部代码,然后执行 finally 语句块中的全部代码,最后执行 try—catch—finally 语句块后面的全部代码。

② 在 try 语句块中产生异常并被当前方法捕捉的情况下,Java 程序首先执行 try 语句块中的代码直到异常处,然后跳过 try 语句块中的其他代码,执行捕捉该异常的 catch 语句块中的全部代码,最后执行 finally 语句块中的全部代码和 try—catch—finally 语句块后面的全部代码。

③ 在 catch 语句重新抛出异常的情况下,Java 程序将执行 try—catch—finally 语句块后面的全部代码。

④ 在 catch 语句没有重新抛出异常的情况下,Java 将该异常抛出给该方法的调用者。

⑤ 在 try 语句块中产生异常但没有被当前方法捕捉的情况下,Java 程序首先执行 try 语句块中的代码直到异常处,然后跳过 try 语句块中的其他代码,并执行 finally 语句块中的全部代码,最后将异常抛出给该方法的调用者。

# 6.6　异常类和错误类

Java语言是一种"纯的"面向对象程序设计语言,这主要体现在错误和异常情况的处理机制上。在Java语言中,将错误和异常作为一种特殊的类进行处理,该类封装了全部用以识别和分析这些错误和异常的数据结构与成员方法。Java中的全部异常类都是由Throwable类派生出来的,它的两个直接子类分别是Exception(异常)类和Error(错误)类。

## 6.6.1　Exception(异常)类

Exception类及其子类主要用于描述一些一般应用程序可以从中恢复的全部标准异常的父类,大多数情况下程序员应该主要考虑这种程序错误,根据程序运行时异常发生的原因,Exception类又可以有两个子类:RuntimeException(运行异常)类和非RuntimeException(非运行异常)类。

1. RuntimeException 类

RuntimeException类是程序员编写代码不正确导致的运行异常。

2. 非 RuntimeException 类

非RuntimeException类是由非程序运行错误导致的异常。

(1) ArithmeticException(算术运算异常),发生算术运算异常时产生该异常。

(2) ArrayIndexOutOfBoundsException(数组下标超界异常),数组下标超界时产生该异常。

(3) ArrayStoreException(数组存储数据异常),数组存储错误类型数据时产生该异常。

(4) ClassCastException(类转换异常),类在进行强制转换时产生该异常。

(5) ClassNotFoundException(类没有找到异常),无法根据由参数指定的字符装载相应的类时产生该异常。

(6) CloneNotSupportedException(方法不支持异常),由Object类的clone()方法复制一个没有实现Cloneable接口的类实例时产生该异常。

(7) Exception(异常),Exception类是Throwable类的子类。

(8) IllegalAccessException(无法访问异常),当前正在执行的方法无法访问时产生该异常。

(9) IllegalArgumentException(不合理参数异常),一个方法执行时遇到了不合理或非法的参数时产生该异常。

(10) IllegalMonitorStateException(无法访问监视器异常),一个线程无法访问监视器(Monitor)时产生该异常。

(11) IllegalThreadStateException(无效线程状态异常),调用方法时没有处于合理线程状态时产生该异常。

(12) IndexOutOfBoundsException(非法下标异常),访问一个数组元素或字符串时指定的无效下标时产生该异常。

(13) InstantiationException(实例化异常),调用Class类中的newInstance()方法对接口或抽象类进行实例化时产生该异常。

（14）InterruptedException（中断异常），中断处于等待状态、休眠状态或停止运行状态的线程时产生该异常。

（15）NegativeArraySizeException（数组长度为负异常），试图生成一个长度为负数的数组时产生该异常。

（16）NoSuchMethodException（无效方法异常），访问一个类中没有的方法时产生该异常。

（17）NullPointerException（空指针异常），访问一个空数组或空对象中的元素时产生该异常。

（18）NumberFormatException（数字串格式异常），数字字符串格式错误时产生该异常。

（19）RuntimeException（运行异常），Java 系统解释器运行时引发的各种异常。

（20）SecurityException（安全异常），由 Java 的安全管理器抛出的异常。

（21）EmptyStackException（空栈异常），堆栈为空时产生该异常。

（22）NoSuchElementException（无枚举元素异常），枚举对象内没有更多的元素时产生该异常。

（23）MalformedURLException（URL 格式异常），URL 格式错误时产生该异常。

（24）ProtocolException（协议异常），通讯协议错误时产生该异常。

（25）SocketException（套接异常），使用 socket（套接字）过程中发生错误时产生该异常。

（26）UnknownHostException（未知主机异常），发现未知主机时产生该异常。

（27）UnKnownService（未知服务异常），发现未知服务时产生该异常。

（28）EOFException（文件结束异常），二进制格式文件中出现文件结束时产生该异常。

（29）FileNotFoundException（没有所需文件异常），应用程序找不到所需的文件时产生该异常。

（30）IOException（输入输出异常），应用程序发生输入输出错误时产生该异常。

（31）InterruptedIOException（输入输出中断异常），应用程序发生输入输出中断时产生该异常。

（32）UTFDataFormatException（UTF 格式串异常），读取一个非 UTF 格式的字符串时产生该异常。

（33）AWTException（抽象窗口工具箱异常），抽象窗口工具箱（AWT）错误时产生该异常。

### 6.6.2　Error 类

Error 类及其子类主要用于描述一些 Java 运行系统本身的内部错误或资源不足导致的错误，这种错误是非常严重的，所幸的是出现这种错误的概率是很低的。一般的应用程序既不能从这种错误中恢复，又不能抛出这种类型的错误。通常情况下，程序员可以不考虑这种错误。

（1）AbstractMethodError（抽象方法错误），一个应用程序试图调用抽象方法时产生该错误。

（2）ClassCircularityError（类循环调用错误），在初始化一个类时发现类的循环调用时产生该错误。

（3）ClassFormatError（类格式错误），定义类的格式不合法。

（4）Error（错误），Error 类是 throwable 类的子类。

（5）IllegalAccessError（非法访问错误），一个应用程序试图进行非法访问时产生该错误。

（6）IncompatibleClassChangeError（非兼容类转换错误），调用的类没有重新编译时产生该错误。

（7）InstantiationError（实例化错误），试图实例化一个接口或抽象类。

（8）InternalError（内部错误），发生系统内部错误。

（9）LinkageError（链接错误），链接过程中产生的错误。

（10）NoClassDefFoundError（找不到类声明错误），Java 运行环境找不到类的声明时产生该错误。

（11）NoSuchFieldError（无效成员变量错误），没有对象所指定的成员变量时产生该错误。

（12）NoSuchMethodError（无效方法错误），没有对象所指定的成员方法时产生该错误。

（13）OutOfMemoryError（内存不够错误），由于内存不够导致无法创建新的对象时产生该错误。

（14）StackOverflowError（堆栈溢出错误），发生堆栈溢出（stack overflow）时产生该错误。

（15）ThreadDeathError（线程结束错误），调用 Thread 类中的 stop()方法时产生该错误。

（16）UnknownError（无效确认错误），Java 运行环境发现无效确认时产生该错误。

（17）UnsatisfiedLinkError（不能连接错误），线程试图连接一个正在运行的本地方法时产生该错误。

（18）VerifyError（校验错误），Java 字节代码（ByteCode）校验时产生该错误。

（19）VirtualMachineError（虚拟机错误），虚拟机故障或资源不足时产生该错误。

## 6.7　本章知识点

异常概念、程序语言中的一般错误处理方法、Java 异常处理机制、声明异常、抛出异常、自定义异常类、异常处理语句模式、捕捉异常、try－catch 语句、finally 语句等。

# 习　题　六

一、单项选择题

1. 在以下选项中,属于异常内容的是(　　)。

A. 程序语法错误　　　　　　　　　　B. 程序编译错误

C. 程序中定义的异常事件　　　　　　D. 程序在编译或运行时发生的异常事件

2. 在 Java 语言中,自定义异常类是继承自(　　)。

A. Error 类　　　　　　　　　　　　B. AWTError 类

C. VirtualMachineError 类　　　　　D. Exception 类及其子类

3. 异常包含的内容是(　　)。

A. 程序中的语法错误　　　　　　　　B. 程序的编译错误

C. 程序执行时遇到事先没预料到的　　　D. 程序事先定义好的可能出现的意外

4. 在以下选项中,不正确的是(　　)。

A. 异常 IOException 必须被捕获或抛出

B. java 语言会自动初始化变量的值

C. java 语言不允许同时继承一个类并实现一个接口

D. java 语言会自动回收内存垃圾

5. 在异常处理中,要完成如释放资源、关闭文件、关闭数据库等的是(　　)。

A. try 子句　　　　　　B. catch 子句　　　　　　C. finally 子句　　　　　　D. throw 子句

6. 当方法遇到异常又不知如何处理时,正确说法是(　　)。

A. 捕获异常　　　　　　B. 抛出异常　　　　　　C. 声明异常　　　　　　D. 嵌套异常

二、填空题

1. 在一般程序设计语言编程过程中,可能会出现:语法错误、编译错误、_____和逻辑错误。

2. 在 Java 语言中,程序代码中由两部分组成:正常处理代码和_____。

3. 抛出异常的程序代码可以是_____,或者是 JDK 中的某个类。

4. 按异常处理不同可分为运行异常、捕获异常、声明异常和_____。

5. Java 的异常处理机制抛出的异常有两种方式:直接抛出和_____。

6. 在 Java 程序中,Exception 类有两个子类:运行异常类和_____。

三、上机题

1. 上机实现如下程序,记录运行结果。

```
1   import java.io. * ;
2   public class DrideZero {
3       static void examException() {
4           try {
5               int n=1, k;
6               k=10/(n-1);
7           }
8           catch (ArithmeticException e) {
9               System.out.println("异常是:"+e);
10          }
11      }
12      public static void main(String[] args) {
13          DrideZero.examException();
14      }
15  }
```

2. 上机实现如下程序,记录运行结果。

```
1   import java.io. * ;
2   public class SubScript {
```

```
3        public static void main(String[] args) {
4            try {
5                int k, arr[]={0,1,2,3,4,5,6,7,8,9};
6                for (k=1; k<=10; k++) System.out.print(arr[k]+"   ");
7            }
8            catch (ArrayIndexOutOfBoundsException e) {
9                System.out.println();
10               System.out.println("运行时将出现数组下标越界的错误");
11           }
12       }
13   }
```

3. 上机实现如下程序,记录运行结果。

```
1    import java.io. * ;
2    public class CallExceptionClass {
3        public static void main(String[] args) {
4            int k=-1, arr[]={0,1,2,3,4,5,6,7,8,9};
5            try {
6                if (k==-1) throw new NegativeIndexException();
7            }
8            catch (NegativeIndexException e) {
9                System.out.println("异常是:"+e);
10           }
11       }
12   }
```

# 第7章 线程与对象串行化

Java 属于多线程的程序设计语言,可以同时运行多个线程来处理多个任务。Java 系统提供的多线程机制,可以简化多线程应用程序的开发过程,而且使用 Thread 类可以非常方便地完成多线程应用程序的设计。

## 7.1 线程概念和使用

### 7.1.1 线程概念

在计算机系统中,程序的顺序执行具有三大特点:顺序性、封闭性和可再现性。而程序的并发执行就与这三大特点完全不同,如控制与执行并发程序比顺序程序更复杂,程序代码与计算过程不再一一对应,不同计算过程之间存在相互制约关系等。

在多任务操作系统中,一般是通过运行多个进程来并发执行多个任务(如 UNIX 系统)。上世纪的八十年代末期,线程概念被引入到计算机中,在提高系统效率等方面有显著作用,尤其是在高性能的操作系统中,如 Windows 就是支持线程的操作系统,如图 7-1 所示。

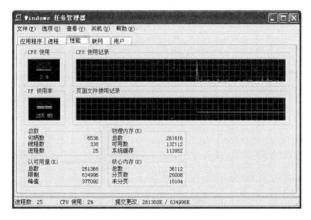

图 7-1 Windows 中的线程

在操作系统引入线程的概念后,由于每个线程都是一个能独立执行自身指令的不同控制流,因此一个包含多线程的进程也能够实现多任务并发执行。例如,一个进程中可以包含三个线程,它们分别运行用户图形接口 GUI、执行输入输出操作和处理执行后台计算工作。在单处理机系统中,微观上多个线程并不能并行执行。但是,由于计算机系统处理速度极快,宏观上给用户的印象是多个线程在并行执行。

线程与进程(process)不同,它是由表示程序运行状态的各种寄存器组成的,线程不包含进程地址空间中的代码和数据,线程是计算过程在某一时刻的状态。系统在产生一个线程或在各个线程之间切换时,负担要比进程小得多,所以线程又称为轻型(lightweight)进程。线程属于用户级的概念,线程结构驻留在用户空间中,能够由用户级方法直接访问。

Java 语言的一个重要的特性是在语言级上支持多线程的程序设计。线程可以定义为一个程序中的单个执行流,多线程是指一个程序中包含多个数据流,多线程是实现程序并发执行的一种有效手段,多线程程序设计指的是可以将程序任务分成几个并行的子任务,特别是在网络编程过程中,有很多功能可以并发执行。

**注意**:浏览器 HotJava 就是一个多线程应用的实用系统。

### 7.1.2　线程模型

在 Java 语言中,线程作为程序的执行流,由运行程序所需的代码和数据构成。所以,Java 语言中的线程模型包含三部分:实现基础、程序代码和操作数据。

(1)实现基础:需要运行多线程功能的虚拟处理器。

(2)程序代码:由虚拟处理器执行所需的程序代码。

(3)操作数据:在执行程序代码时所需的操作数据。

### 7.1.3　创建线程

1. 引言

在 Java 语言中,线程模型是由 java.lang.Thread 类进行定义的。换言之,应用程序中的线程都将是 java.lang.Thread 类的对象实例,用户可以通过创建 Thread 类及其子类的对象实例来实现多线程程序设计。

Thread 类在 Java API 中的 java.lang 包中进行定义,线程体要通过一个对象传递给 java.lang.Thread 类构造方法,Thread 类构造方法的引用结构如下:

public Thread(ThreadGroup 〈group〉,Runnable 〈target〉,String 〈name〉);

说明:

(1)〈group〉用于指明线程所属的线程组。

(2)〈target〉用于提供线程体的对象,线程启动时该对象中的 run()方法将被调用。

(3)〈name〉用于表示线程名称,Java 中的每个线程都有自己的名称。如果 name 为空(即 null),则 Java 系统将自动给线程指定唯一的名称。

Thread 类的构造方法中的每个参数都可以为 null,但不同参数取值将组合出 Thread 类的各种构造方法,如表 7-1 所示。

表 7-1　**Thread 类的构造方法**

| 序号 | 构造方法 |
|---|---|
| 1 | public Thread() |
| 2 | public Thread(Runnable 〈target〉) |
| 3 | public Thread(ThreadGroup 〈group〉,Runnbale 〈target〉) |
| 4 | public Thread(String 〈name〉) |
| 5 | public Thread(ThreadGroup 〈group〉,String 〈name〉) |

续表

| 序号 | 构造方法 |
|------|----------|
| 6 | public Thread(Runnable 〈target〉,String 〈name〉) |
| 7 | public Thread(ThreadGroup 〈group〉,Runnable 〈target〉,String 〈name〉) |

Java 中的线程体是由线程类中的 run()方法进行定义的,其中主要定义线程的具体操作。线程开始执行时,也是从相应的 run()方法开始执行。提供线程体的特定对象是在创建线程时指定的,创建线程对象则是通过调用 Thread 类中的构造方法实现的。

任何实现 Runnable 接口的线程对象都可以作为 Thread 类构造方法的〈target〉参数,而 Thread 类本身也实现了 Runnable 接口。所以,使用 run()方法创建线程对象可以使用如下两种方式:

(1) 通过实现 Runnable 接口创建线程。

(2) 通过继承 Thread 类创建线程。

2. 通过实现 Runnable 接口创建线程

在 java.lang 中,Runnable 接口的格式如下:

```
public interface Runnable
{
    void run();
}
```

当实现 Runnable 接口的对象实例用来创建线程后,该线程的启动将使得对象的 run()方法被调用。通过这种方式创建线程的具体过程是,首先将 Runnable 接口的一个实例作为参数传递给 Thread 类的一个构造方法,然后该实例对象完成线程体的 run()方法。

所以,一个线程是 Thread 类的一个实例,并且线程是从一个传递给线程 Runnable 实例的 run()方法开始执行的,线程所操作的数据是来自于该 Runnable 类的实例,另外新建线程不会自动运行,必须调用线程的 start()方法才能执行。

【例 7-1】　通过实现 Runnable 接口创建线程。

```
1   //定义类 CreateThread01
2   import java.io. * ;
3   public class CreateThread01 {
4       public static void main(String[] args) {
5           Thread thr1＝new Thread(new Welcome());
6           Thread thr2＝new Thread(new Welcome());
7           thr1.start();
8           thr2.start();
9       }
10  }
11  //定义类 Welcome
```

```
12  class Welcome implements Runnable {
13      int n=1;
14      public void run() {
15          while (true) {
16              System.out.println("欢迎测试第"+n+"个线程");
17              n=n+1;
18              if (n>=4) break;
19          }
20      }
21  }
```

说明：程序中的第 1～10 行定义类 CreateThread01，其中声明两个线程对象实例并通过成员方法 start() 激活线程。第 11～21 行定义类 Welcome，其中的 while 循环只有在 n 为 1、2、3 时输出提示信息：欢迎测试第 n 个线程。程序运行结果如图 7-2 所示。

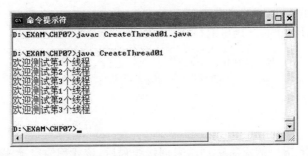

**图 7-2　通过实现 Runnable 接口创建线程**

**注意**：例中的两个类可以存放在一个文件中，文件名为 CreateThread01.java，但编译后将得到两个字节码文件：CreateThread01. class 和 Welcome.class。

3. 通过继承 Thread 类创建线程

Thread 类本身实现了 Runnable 接口，所以在 java.lang.Thread 类的定义中可以引用 run() 方法。因此，可以通过继承 Thread 类并重写其中的 run() 方法来定义线程体，然后创建该子类的对象来创建线程。

【例 7-2】　通过继承 Thread 类创建线程。

```
1   //定义类 CreateThread02
2   import java.io. * ;
3   public class CreateThread02 {
4       public static void main(String[] args) {
5           Welcome thr1=new Welcome();
6           Welcome thr2=new Welcome();
7           thr1.start();
8           thr2.start();
```

```
9      }
10 }
11 //定义类 Welcome
12 class Welcome extends Thread {
13     int n＝1;
14     public void run() {
15         while (true) {
16             System.out.println("欢迎测试第"＋n＋"个线程");
17             n＝n+1;
18             if (n>＝4) break;
19         }
20     }
21 }
```

说明:程序中的第 1～10 行定义类 CreateThread02,其中声明线程对象实现并通过成员方法 start()激活线程。第 11～21 行定义类 Welcome,其中的 while 循环只有在 n 为 1、2、3 时输出提示信息:欢迎测试第 n 个线程。程序运行结果如图 7-3 所示。

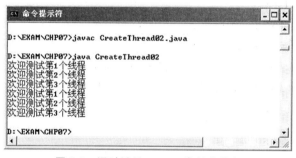

图 7-3　通过继承 Thread 类创建线程

读者要注意这个程序与上个程序的区别,主要是两个程序中的第 12 行。

以上线程创建的两种方法各有自己的特点:

(1) 继承 Thread 类方法中程序代码简单,并可以直接调用线程中的方法。

(2) 实现 Runnable 接口符合面向对象程序设计的思想,容易进行封装。

### 7.1.4　线程优先级与线程调度策略

Java 语言中的线程是有优先级别的,如 Thread 类中有三个与线程优先级别有关的静态常量,即 MIN_PRIORITY、MAX_PRIORITY 和 NORM_PRIORITY。线程的优先级是 MIN_PRIORITY 与 MAX_PRIORITY 之间的一个值,并且数值越大优先级别越高。

(1) 常量 MIN_PRIORITY 表示最小优先级,数值为 1。

(2) 常量 MAX_PRIORITY 表示最高优先级,数值为 10。

(3) 常量 NORM_PRIORITY 表示普通优先级,数值为 5。

新建线程将继承自创建它的父线程,一般情况下主线程具有普通优先级。这两个方法的格式如下：

```
public final int getPriority();
public final void setPriority(int newPriority);
```

由于现在的绝大多数计算机都是单处理器系统,所以任何时刻只能运行一个线程。在单处理器系统上以某种顺序运行多个线程,称为线程的调度。Java 语言的线程调度策略是一种基于优先级的抢占先式调度算法。

**注意**:抢占先式调度算法是选择优先级高的线程运行的,同时可强行改变。

【**例 7-3**】 基于优先级的线程调度策略。

```
1    //定义类 PriorityProg
2    import java.io. * ;
3    public class PriorityProg {
4        public static void main(String args[]) {
5            Thread t1＝new MyThread("这是第 1 个线程");
6            t1.setPriority(Thread.MIN_PRIORITY);
7            t1.start();
8            Thread t2＝new MyThread("这是第 2 个线程");
9            t2.setPriority(Thread.MAX_PRIORITY);
10           t2.start();
11           Thread t3＝new MyThread("这是第 3 个线程");
12           t3.setPriority(Thread.MAX_PRIORITY);
13           t3.start();
14       }
15   }
16   //定义类 MyThread
17   class MyThread extends Thread {
18       String str;
19       MyThread(String str) {
20           this.str＝str;
21       }
22       public void run() {
23           int k;
24           for(k＝1; k<3; k＋＋)
25               System.out.println(str＋",优先级是"＋getPriority());
26       }
27   }
```

说明:程序中的第 16～27 行定义类 PriorityProg,其中声明三个线程对象实例并设置优先级(t1 优先级为 1、t2 和 t3 优先级为 10)后激活。第 11～21 行定义类 MyThread,其中的 for

循环只有在 k 为 1、2 时输出提示信息。程序运行结果如图 7-4 所示。

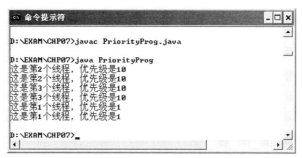

图 7-4　基于优先级的线程调度策略

### 7.1.5　Thread 类中的线程控制方法

1. 基本线程控制方法

Thread 类中的基本线程控制方法包括：sleep()方法、yield()方法和 join()方法。

(1) 让低优先级线程运行——sleep()方法。方法 sleep()将使一个线程暂停运行一段固定的时间，从而在休眠时间内线程将不会运行。有时高优先级的线程需要与低优先级的线程进行同步或需要完成一些较费时的操作，则高优先级线程将让出处理器，使优先级低的线程有机会运行。高优先级线程可以在它的 run()方法中调用 sleep()方法来使自己退出处理器并休眠一段时间，休眠时间的长短由 sleep()方法中的参数决定。

sleep()方法的引用格式如下：

   static void sleep(int 〈millsecond〉)

   static void sleep(int 〈millsecond〉,int 〈nanosecond〉)

说明：

① 〈millsecond〉表示休眠时间以毫秒为单位。

② 〈nanosecond〉表示休眠时间以纳秒为单位。

(2) 让优先级别相同线程运行——yield()方法。调用 yield()方法后，可以使具有与当前线程相同优先级的线程有运行的机会。如果有其他的线程与当前线程具有相同优先级并且是可运行的，则该方法将调用 yield()方法的线程放入可运行线程池中，并允许其他线程运行。如果没有同等优先级的线程是可运行状态，则 yield()方法将没有操作，即当前线程将继续运行。

(3) 让当前线程等待——join()方法。让当前线程等待的方法有三种调用格式，如表 7-2 所示。

表 7-2　join()方法的三种调用格式

| 方法 | 说明 |
| --- | --- |
| join() | 调用 t.join()方法将使当前线程处于等待状态，直到线程 t 结束为止，并使当前线程恢复到可运行状态 |
| join(long 〈millis〉) | 调用 t.join()方法将使当前线程处于等待状态，直到线程 t 结束或最多等待指定毫秒数时为止，并使当前线程恢复到可运行状态 |
| join（long 〈millis〉, int 〈nanos〉) | 调用线程 t.join()方法将使当前线程处于等待状态，直到线程 t 结束或指定毫秒数与纳秒数之和时为止，并使当前线程恢复到可运行状态 |

说明:〈millis〉表示当前线程等待的毫秒数,〈nanos〉表示当前线程等待的纳秒数。

2. 其他线程控制方法

Thread 类中的其他线程控制方法包括:interrupt()、currentThread()、isAlive()、stop()、suspend()和 resume()。

(1) 清除线程的中断状态——interrupt()方法。若线程 t 在调用 sleep()、join()、wait()等方法时被阻塞,则 t.interrupt 方法将清除线程 t 的中断状态,中断线程 t 的阻塞状态,线程 t 会接收 interruptException 异常。

(2) 返回当前线程——currentThread()方法。该方法将返回当前线程(即当前线程的引用),属于 Thread 类中的静态方法。

(3) 测试活动线程——isAlive()方法。测试线程是否活动,若该方法返回 true 则表示线程已经启动但没有运行结束。

(4) 强行终止线程——stop()方法。该方法将强行终止线程,这将导致安全问题,最好不用。

(5) 强行暂停线程——suspend()方法。该方法将强行挂起一个活动线程。

(6) 强行恢复线程——resume()方法。该方法将强行恢复已经暂停的一个线程。

3. 程序示例

【例 7-4】 使用 isAlive()和 join()方法实现两个线程的并发执行。

```
1    //定义类 AppMethod
2    import java.io. * ;
3    public class AppMethod {
4        public static void main(String[] args) throws Exception {
5            int n=0;
6            Welcome thr=new Welcome();
7            thr.start();
8            while (true) {
9                System.out.println("进行第"+n+"个线程测试过程");
10               n=n+1;
11               if (n==2 && thr.isAlive()) {
12                   System.out.println("准备进入线程测试");
13                   thr.join();
14               }
15               if (n>=4) break ;
16           }
17       }
18   }
19   //定义类 Welcome
20   Class Welcome extends Thread {
21       int n;
```

```
22        public void run() {
23            while（true）{
24                System.out.println("欢迎测试第"＋n＋"个线程");
25                n＝n＋1;
26                if（n＞＝4）break;
27            }
28        }
29    }
```

说明：

（1）程序中的第 3～18 行定义类 AppMethod，其中第 6、7 行声明线程 thr 并激活，第 8～17 行的 while 循环只能重复 3 次，分别对应 n 的值为 0、1、2 时，第 11 行调用成员方法 isAlive()并引用 join()方法。

（2）程序中的第 19～29 行定义子类 Welcome，它继承自父类 Thread，其中第 22～28 行重写成员方法 run()。读者可对照图 7-5 分析线程 thr 的动态运行过程。

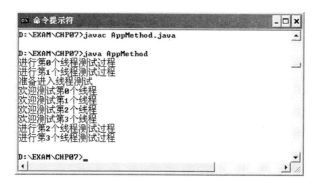

图 7-5　使用 isAlive( )和 join( )方法实现线程并发执行

【例 7-5】　使用优先级设置和 sleep()方法终止线程的执行过程。

```
1    //定义类 ApplyMerhod
2    import java.io.＊;
3    public class ApplyMethod {
4        public static void main(String[] args) throws Exception {
5            int n＝0;
6            Welcome t＝new Welcome();
7            Thread thr＝new Thread(t);
8            thr.setPriority(Thread.MAX_PRIORITY);
9            thr.start();
10           System.out.println("暂时不显示任何信息");
11           t.stopRunning();
12           while（n＜＝4）{
```

```
13              System.out.println("进行第"＋n＋"次线程测试过程");
14              n＝n+1;
15          }
16      }
17  }
18  //定义类 Welcome
19  class Welcome implements Runnable {
20      int n＝0;
21      private boolean timeout＝false;
22      public void run() {
23          while (！ timeout) {
24              System.out.println("欢迎测试第"＋n＋"次线程");
25              n＝n+1;
26              if (n＝＝3) timeout＝true;
27          }
28      }
29      public void stopRunning() {timeout＝true;}
30  }
```

说明:

（1）程序中的第 3～17 行定义类 ApplyMethod,其中第 6、7 行声明两个线程 thr 和 t 并以不同优先级数激活,第 12～15 行的 while 循环只能重复 5 次。

（2）程序中的第 19～30 行定义子类 Welcome,它继承自父类 Thread,其中第 22～28 行重写成员方法 run(),第 23～27 行共循环 3 次。读者可对照图 7-6 分析两个线程 thr 和 t 的动态运行过程。

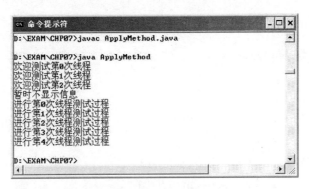

图 7-6　使用优先级设置和 sleep( )方法终止线程执行

# 7.2　多线程操作

### 7.2.1　多线程并发操作中存在的问题

Java 语言引入线程的主要原因是支持多线程程序设计,从而提高计算机系统的工作效率。在多线程的程序中,当多个线程并发执行时,虽然各个线程中语句的执行顺序是确定的(基于操作代码和数据环境),而线程的相对执行顺序是不确定的。但是,在多线程对共享数据操作时,这种线程运行顺序的不确定性将会产生执行结果的不确定性,使共享数据的一致性被破坏,所以在某些应用程序中必须对线程的并发操作进行合理控制。

### 7.2.2　对象的加锁及其操作

在 Java 语言中,对共享数据操作进行并发控制还是使用封锁技术。程序中单独的并发线程对同一个对象进行访问的代码段,称为临界区。Java 语言中的临界区可以是一个语句块或一个方法,并且使用关键字"synchronized"进行标识。Java 平台将每个由 synchronized 语句指定的对象设置对象锁或监视器(monitor)。对象锁是一种独占方式的排它锁,排它锁是指:当一个线程获得对象锁后,便拥有该对象的完整操作权,其他任何线程不能对该对象进行任何操作。

### 7.2.3　防治死锁

如果程序中多个线程互相等待对方持有的对象锁,而在得到对象锁之前都不会释放自己的锁,则将造成都想得到资源而又都得不到的情况,线程不能继续运行,这就是死锁(dead lock)。Java 语言完全由程序进行控制,从而防止死锁的发生。

### 7.2.4　线程交互与同步

1. 线程交互

有时,某个线程进入 synchronized 块后,共享数据的状态并不一定满足该线程的需要,它要等待其他线程将共享数据改变成它需要的状态后才能继续执行。但是,由于此时该线程占用了该对象的锁,其他线程将无法对共享数据进行操作。为实现线程间的交互,Java 系统提供三个方法:wait()、notify()和 notifyAll(),这三个方法都是 java.lang.object 类中的方法。

2. 线程同步

使用 wait()和 notify()可以实现线程的同步:当某线程需要在 synchronized 块中等待共享数据状态改变时调用 wait()方法,这样该线程等待并暂时释放共享数据对象的锁,其他线程可以获得该对象的锁,并进入 synchronized 块共享数据进行操作。当其操作完成后,只要调用 notify()方法就可以通知正在等待的线程重新占有锁。在线程交互与同步控制过程中,表 7-3 所示的三种方法容易导致不安全。

表 7-3　导致不安全的三种方法

| 方法 | 说明 |
|---|---|
| stop() | 强行终止线程,容易造成数据的不一致 |
| suspend() | 使一个进程可直接控制另一个进程的进入挂起状态,容易造成死锁 |
| resume() | 使一个进程可直接控制另一个进程的进入恢复状态,容易造成死锁 |

### 7.2.5　线程状态与生命周期

线程从创建、使用、直到最终撤消,构成线程的整个生命周期。在不同生命阶段中,线程将具有不同的状态。对线程调用各种控制方法,就可以使线程从一种状态转换为另一种状态。线程的生命周期主要有三种状态,即新建状态、可运行状态和运行状态。

(1) 新建状态(new):线程创建后的状态。

(2) 可运行状态(runnable):线程具有相应资源可以运行的状态。

(3) 运行状态(running):线程正在运行的状态。

由于线程是通过机器动态执行的,所以线程经常会从一种状态转换为另一种状态,具体状态转换情况如图 7-7 所示。

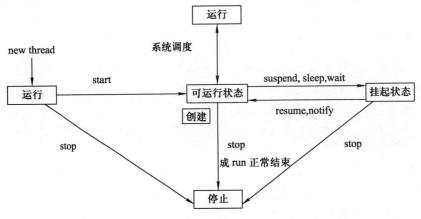

图 7-7　线程状态与生命周期

### 7.2.6　支持线程的类

Java 语言中支持线程的类包括:java.lang.Thread、java.lang.Runnable、java.lang.Object、java.lang.ThreadGroup 和 java.lang.ThreadDeath。

1. java.lang.Thread 类

在 Java 语言中,线程对象是由 java.lang 包中的 Thread 类导出的,即使用 Thread 类定义并实现 Java 中的线程。可通过派生出 Thread 类中的子类来定义用户自己的线程,也可以使用 Runnable 接口来定义用户线程。

2. java.lang.Runnable 类

可以定义 Runnable 接口,用于使任何类都可为线程提供线程体(即 run()方法)。

3. java.lang.Object 类

Object 定义线程同步与交互所用的三个方法:wait()、notify()和 notifyAll(),它是 Java 语言中的根类。

4. java.lang.ThreadGroup 类

ThreadGroup 类可实现线程组,并提供对线程组或组内的线程进行操作的方法。

**注意**:Java 应用程序中的所有线程都同属一个线程组,组内的线程一般是相关的。

5. java.lang.ThreadDeath 类

ThreadDeath 类一般用于杀死一个指定线程。

### 7.2.7　线程组

**1. 线程组的构造方法**

Java 语言中的每个线程都属于某个线程组。线程组使一组线程可以作为一个对象进行统一处理或维护。一个线程只能在创建时设置其所属的线程组,在线程创建后就不允许将线程从一个线程组移到另一个线程组。

ThreadGroup 类可实现线程组,并提供对线程组或组内线程进行操作的方法。在创建线程时可以显式地指定线程组,常用的线程构造方法如下:

(1) public Thread(ThreadGroup ⟨group⟩,Runnable ⟨target⟩)。

(2) public Thread(ThreadGroup ⟨group⟩,String ⟨name⟩)。

(3) public Thread(ThreadGroup ⟨group⟩,Runnable ⟨target⟩,String ⟨name⟩)。

说明:

(1) ⟨group⟩用于指明该线程所属的线程组。

(2) ⟨target⟩用于提供线程体的对象,线程启动时该对象中的 run()方法将被调用。

(3) ⟨name⟩用于表示线程名称,Java 中的每个线程都有自己的名称。

若在线程创建时并没有显式指定线程组,则新创建的线程自动属于父线程所在的线程组。在 Java 应用程序启动时,Java 运行系统为该应用程序创建了一个称为 main 的线程组。如果以后创建的线程没有指定线程组,则这些线程都将属于 main 线程组。

程序中可以利用 ThreadGroup 类显式地创建线程组,并将新创建的线程放入该线程组。通过 Thread 类中的 getThreadGroup 方法,可以获得指定线程所属的线程组。ThreadGroup 类对 Java 应用程序中的线程组进行管理,一个线程组内不仅可以包含线程,还可以包含其他线程组。在 Java 应用程序中,最顶层的线程组就是 main,在 main 中可以创建其他线程或线程组,并且可以在 main 的线程组中进一步创建线程组,从而形成以 main 为根的树型层次结构。

**2. Thread 类中的方法**

(1) setName()方法。该方法的功能是将线程名更改成⟨name⟩,引用格式如下:

　　public final void setName(String ⟨name⟩)。

(2) getName()方法。该方法的功能是返回当前的线程名,引用格式如下:

　　public final String getName()。

（3）activeCount()方法。该方法的功能是返回当前线程的线程组中活动线程的个数,引用格式如下：

public static int activeCount()。

（4）getThreadGroup()方法。该方法返回当前线程所属的线程组名,若线程终止则返回 null,引用格式如下：

public final ThreadGroup getThreadGroup()。

（5）setDaemon()方法。该方法的功能是设置当前线程为 Daemon 线程,必须在线程启动前调用,引用格式如下：

public final void setDaemon(boolean ⟨on⟩)。

**注意**:Daemon 线程可称为服务线程,通常以比较低的优先级别运行,它为同一个应用程序中的其他线程提供服务。

（6）isDaemon()方法。该方法的功能是测试线程是否为 Daemon 线程,若是则返回 true,否则返回 false,引用格式如下：

public final boolean isDaemon()。

（7）toString()方法。该方法的功能是返回线程的字符串信息,包括线程的名字、优先级别和线程组,一般引用格式如下：

public String toString()。

（8）enumerate()方法。该方法的功能是将当前线程的线程组中的活动线程复制到 tarray 线程数组（包括其子线程）中,引用格式如下：

public static int enumerate(Thread [tarray])。

（9）checkAccess()方法。该方法的功能是确定当前线程是否允许访问另一个线程,一般引用格式如下：

public final void checkAccess()。

用线程作为参数时,若该方法含有安全管理约束则抛出 SecurityException 异常。

**【例 7-7】** 线程组控制的程序示例。

```
1   import java.io. * ;
2   public class ExThreadGroup {
3       public static void main(String args[]) {
4           ThreadGroup grp＝new ThreadGroup("线程组的优先级将会设置为5");
5           Thread thr＝new Thread(grp,"线程的优先级将会设置为 10");
6           thr.setPriority(Thread.MAX_PRIORITY);
7           grp.setPriority(Thread.NORM_PRIORITY);
8           System.out.println("线程组的最大优先级是"＋grp.getMaxPriority());
9           System.out.println("线程组的优先级是"＋grp.getPriority());
10          System.out.println("线程的优先级是"＋thr.getPriority());
11      }
12  }
```

说明:程序中的第 4 行声明线程组 grp 并设置优先级为 5,第 5 行声明线程 thr 并设置优先级为 10。读者可对照图 7-8 分析线程组和线程的动态运行过程。

图 7-8　线程组控制的程序示例

# 7.3　对象串行化

### 7.3.1　对象串行化

Java 系统中共定义两种类型的字节流(ObjectInputStream 和 ObjectOutputStream)来支持对象的读和写,一般将这两种字节流又称为对象流,所以,对 Java 对象的读过程、写过程就被称为对象串行化(Object Serialization)。主要内容包括:

(1) 如何使用 ObjectInputStream 类和 ObjectOutputStream 类实现对象的串行化。

(2) 如何构造一个类使对象成为可串行化的。

对象串行化分为两种:远程方法调用 RMI 和对象永久化。

### 7.3.2　将对象写到对象输出流中

将一个对象写到输出流中是比较简单的,通过调用 ObjectOutputStream 类中的方法 writeObject()就可实现,该方法的引用格式如下:

public final void writeObject(Object ⟨obj⟩) throws IOException

由于对象输出流类 ObjectOutputStream 是一种过滤流类,所以对象流必须在其他流的基础上进行构造才行。另外,objectOutputStream 类中的 writeObject()方法是串行化指定的对象,并且遍历要串行化对象所引用的其他对象,将所有引用的对象在输出流中表示出来。在输出流中,要串行化的对象对某个对象的第一次引用会使该对象串行化到输出流中,并被赋予一个句柄(handler,表示处理程序),在对该对象的后续引用中将使用该句柄表示这个对象。这样,在对象串行化的过程中会完整保存对象之间的引用关系。ObjectOutputStream 类实现 java.io.DataOutput 接口,该接口中定义许多"写"基本数据类型的方法,如表 7-4 所示。

表 7-4　"写"基本数据类型的方法

| 方法 | 说明 |
| --- | --- |
| writeObject(Object ⟨obj⟩) | 写一个对象 |
| write(byte [] ⟨buf⟩) | 写一个字节数组 |
| write(byte [] ⟨buf⟩,int ⟨off⟩,int ⟨len⟩) | 写一个字节数组的一部分 |

续表

| 方法 | 说明 |
| --- | --- |
| write(int 〈val〉) | 写一个字节 |
| writeBoolean(Boolean 〈val〉) | 写一个布尔值 |
| writeByte(int 〈val〉) | 写一个 16 位字节数 |
| writeChar(int 〈val〉) | 写一个 16 位字符(Unicode 码) |
| writeChars(String 〈val〉) | 写一个 16 位字符串(Unicode 码) |
| writeDouble(double 〈val〉) | 写一个 64 位 double 型数值 |
| writeFloat(flaot 〈val〉) | 写一个 32 位 float 型数值 |
| writeInt(int 〈val〉) | 写一个 32 位 int 型数值 |
| writeLong(long 〈val〉) | 写一个 64 位 long 型数值 |
| writeShort(int 〈val〉) | 写一个 16 位 short 型数值 |
| writeUTF(String 〈str〉) | 使用 UTF 格式写一个字符串 |

说明:参数〈obj〉表示对象、〈buf〉表示缓冲区、〈off〉表示位移量、〈len〉表示数组长度、〈val〉表示数值。

注意:方法 writeObject()在指定对象不可串行化时,将抛出 NotSerializableException 类型的异常。

【例 7-8】 将对象写到对象输出流中。

```
1   import java.util. * ;
2   import java.io. * ;
3   public class SaveDate {
4       Date d;
5       SaveDate() {
6           d=new Date();
7           try  {
8               FileOutputStream f1=new FileOutputStream("date.DAT");
9               ObjectOutputStream f2=new ObjectOutputStream(f1);
10              f2.writeObject(d);
11              f1.close();
12          }
13          catch (IOException e) { e.printStackTrace(); }
14      }
15      public static void main(String[] args) {
16          SaveDate obj= new SaveDate();
17          System.out.println("暂存日期:"+obj.d.toString());
```

```
18        }
19    }
```

说明:程序中的第 5～14 行定义构造方法 SaveDate(),第 6 行声明日期对象实例 d 并初始化为当前时间,第 8 行声明 f1 为文件输出流并指定文件名称是 date.DAT,第 9 行声明 f2 为对象输出流,第 10 行实现"写"操作,第 13 行的异常不会抛出。所以,程序运行结果如图 7-9 所示。

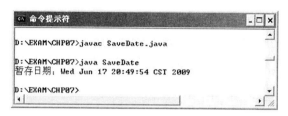

**图 7-9　将对象写到对象输出流中**

**注意**:CST 表示中文标准时间。另外,第 17 行中的"obj.d.toString()"分别对应对象实例、成员变量和方法引用。

### 7.3.3　从对象输入流中读取对象

当已经将对象或基本数据类型的数据写入一个对象流后,就可以在将来操作中将它们读进内存并进行对象重构。使用 ObjectInputStream 类中的 readObject()方法就可从对象流中读取对象,该方法的一般引用格式如下:

public final Object readObject() throws IOException,ClassNotFoundException。

对象输入流类 ObjectInputStream 中的 readObject()方法是从串行化的对象流中恢复对象的,并且通过递归调用方法遍历该对象对其他对象的引用,最终恢复对象所有的引用关系。ObjectInputStream 类实现 java.io.DataInput 接口,该接口中定义许多"读"基本数据类型的方法,如表 7-5 所示。

**表 7-5　"读"基本数据类型的方法**

| 方法 | 说明 |
| --- | --- |
| readObject(⟨obj⟩) | 读一个对象 |
| read() | 读当前对象 |
| read(byte [] ⟨buf⟩,int ⟨off⟩,int ⟨len⟩) | 读一个字节数组的一部分 |
| readBoolean() | 读一个布尔值 |
| readByte() | 读一个 8 位字节 |
| readChar() | 读一个 16 位字符(Unicode 码) |
| readDouble() | 读一个 64 位 double 型数值 |
| readFloat() | 读一个 32 位 float 型数值 |

续表

| 方法 | 说明 |
| --- | --- |
| readInt() | 读一个 32 位 int 型数值 |
| readLong() | 读一个 64 位 long 型数值 |
| readShort() | 读一个 16 位 short 型数值 |
| readUTF() | 使用 UTF 格式读一个字符串 |

**注意**：在使用 write()和 read()方法为操作对象进行串行化不成功时，系统将抛出 NetSerializableException 类型的异常。

**【例 7-9】** 从对象输入流中读取对象。

```
1    import java.util. * ;
2    import java.io. * ;
3    public class ReadDate {
4        Date d＝null;
5        ReadDate() {
6            try  {
7                FileInputStream f1＝new FileInputStream("date.DAT");
8                ObjectInputStream f2＝new ObjectInputStream(f1);
9                d＝(Date)f2.readObject();
10               f1.close();
11           }
12           catch (Exception e) { e.printStackTrace(); }
13       }
14       public static void main(String[] args) {
15           ReadDate obj＝ new ReadDate();
16           System.out.println("读出日期:"＋obj.d.toString());
17       }
18   }
```

说明：第 4 行声明日期对象实例 d 并初始化为空，程序中的第 5～13 行定义构造方法 SaveDate()，第 7 行声明 f1 为文件输入流并指定文件名称是 date.DAT，第 8 行声明 f2 为对象输入流，第 9 行实现"读"操作。程序运行结果如图 7-10 所示。

**图 7-10** 从对象输入流中读取对象

**注意**：本题获得的时间内容来源于上一个程序生成的数据文件 date.DAT。

## 7.4　本章知识点

1. 线程的概念和使用

（1）每个线程（thread）都是一个能独立执行自身指令的不同控制流。线程包括表示程序运行状态的寄存器，线程不包含进程地址空间中的代码和数据，线程是计算过程在某一时刻的状态。

（2）多线程是指一个程序中包含多个数据流，多线程是实现并发的一种有效手段。多线程程序设计指的是可以将程序任务分成几个并行的子任务。Java 中的线程模型包含三部分：实现基础、执行代码和操作数据。

（3）通过实现 Runnable 接口和通过继承 Thread 类都可以创建线程。线程的优先级是 MIN_PRIORITY 与 MAX_PRIORITY 之间的一个值，且数值越大优先级别越高。

（4）Thread 类的基本控制方法包括：sleep()方法、yield()方法和 join()方法，其他控制方法包括：interrupt()、currentThread()、isAlive()、stop()、suspend()和 resume()。

2. 线程同步与共享

（1）对共享数据操作的并发控制是采用传统的封锁技术，对象加锁及其操作，对象加锁的注意事项，防治死锁，线程交互方法：wait()、notify()和 NotifyAll()。

（2）线程从创建、使用直到最终撤消，构成线程的整个生命周期。生命周期主要有三个状态，即新建状态、可运行状态和运行状态。线程组使一组线程可以作为一个对象进行统一处理和维护。

3. 多线程操作

（1）两种字节流（ObjectInputStream 和 ObjectOutputStream）可支持对象的读和写，对 Java 对象的读过程、写过程就被称为对象串行化。

（2）对象串行化的使用范围，远程方法调用 RMI 和对象永久化。

（3）串行化方法，将对象写到对象输出流中，从对象输入流中读取对象。

# 习　题　七

一、单项选择题

1. 在 Java 语言中，线程将进入可运行状态的情况是（　　）。

A. 线程调用 sleep()方法后　　　　　　B. 线程调用 join()方法后

C. 线程调用 yield()方法后　　　　　　D. 以上说法均错

2. 若线程调用 sleep()方法，则该线程将进入的状态是（　　）。

A. 可运行状态　　　　B. 运行状态　　　　C. 阻塞状态　　　　D. 终止状态

3. 在以下关于线程与进程的说法中，错误的是（　　）。

A. 一个进程可分成一个或多个线程

B. 进程是内核级实体，线程是用户级实体

C. 进程结构的全部内容都在内核空间

D. 以上说法均错

4. 在 Java 系统中,线程模型包含(　　)。

A. 一个虚拟处理机　　　　　　　　　B. 处理机执行的代码

C. 代码操作的数据　　　　　　　　　D. 以上说法均对

5. 在以下关于 Java 线程的说法中,错误的是(　　)。

A. 线程是以处理机为主体的操作

B. Java 可以通过操作线程使整个系统成为异步

C. 创建线程的方法包括:实现 Runnable 接口和继承 Thread 类

D. 新线程一旦被创建,它将自动开始运行

6. 在线程控制方法中,yield()方法的功能是(　　)。

A. 返回当前线程的引用　　　　　　　B. 使比其低的优先级线程运行

C. 强行终止当前线程　　　　　　　　D. 只让给同优先级线程运行

7. 在 Java 系统中,线程优先级中有关的静态常量共有(　　)。

A. MIN.Priority　　　　　　　　　　B. MAX.Priority

C. NORM.Priority　　　　　　　　　D. 以上选项均对

8. 在以下关于 Thread 类提供的基本线程控制方法的叙述中,错误的是(　　)。

A. sleep()方法使一个线程暂停运行一段固定时间,在休眠时间内线程不会运行

B. yield()只让同优先级运行,调用后可使具有当前线程同优先级线程可以运行

C. t.suspend()将使线程 t 暂停执行,要恢复则须由其他线程调用 t.resume()方法

D. stop()方法表示当线程完成结束后将不会再运行

9. 在 Java 系统中,实现进程间异步执行的机制是使用(　　)。

A. 监视器　　　　　B. 虚拟机　　　　　C. 多处理机　　　　　D. 异步调用

10. Java 语言中的临界区可以是一个语句块或一个方法,所用的关键字标识是(　　)。

A. synchronized　　　　B. include　　　　C. import　　　　D. Thread

11. 线程同步中,对象的锁持有线程返还是(　　)。

A. 当 synchronized()语句块执行完后

B. 当在 synchronized()语句块执行中出现异常时

C. 当持有锁的线程调用该对象的 wait()方法时

D. 以上说法均对

12. 在 Java 系统中,对象串行化是指(　　)。

A. 对 Java 对象读或写过程　　　　　B. 对 Java 对象转换的过程

C. 对 Java 对象创建的过程　　　　　D. 对 Java 对象删除的过程

13. 在以下选项中,能够实现写一个字节的方法是(　　)。

A. readObject(Object ⟨obj⟩)

B. read(byte [] ⟨buf⟩)

C. read(byte [] ⟨buf⟩,int ⟨off⟩,int ⟨len⟩)

D. read(int ⟨val⟩)

14. 在以下关于对象串行化的说法中,错误的是(　　)。

A. 对象串行化是对 Java 对象的进行读或写的过程

B. 定制对象串行化可分为:部分串行化和完全串行化

C. 要进行对象串行化必须实现 Serializable 接口

D. 对象永久化是指将对象永久存放到内存中

二、填空题

1. 为实现线程间的交互,Java 系统提供三个方法:wait()、notify()和_____。

2. Java 系统定义两种类型的字节流,即 ObjectInputStream 和_____。

3. 要将一个对象写到输出流中可调用 ObjectOutputStream 类中的_____方法。

4. 以下程序实现 Runnable 创建线程,请将程序补充完整。

```
1   import java.io. * ;
2   public class ThreadExam {
3       public static void main(String args[]) {
4           Example r=_____ Example();
5           Thread t=new Thread(r);
6           t.start();
7       }
8   }
9   class Example implements _____{
10      int num=1;
11      public void run() {
12          while (true) {
13              System.out.println("num="+num);
14              num++;
15              if (num==10) break;
16          }
17      }
18  }
```

5. 下列程序实现简单的线程调度,请回答以下问题:程序执行完第 1 行后线程进入_____状态;程序执行完第 2 行后线程进入_____状态;程序执行完第 5 行时线程进入_____状态;程序执行完第 7 行后线程进入_____状态;程序执行完第 10 行后线程进入_____状态。

```
1   Thread myThread=new MyThreadClass();
2   myThread.start();
3   Try
4   {
5       myThread.sleep(10000);
6   }
7   catch (InterruptedException e)
8   {
```

```
9     }
10  myThread.stop();
```

三、上机题

1. 上机实现如下程序,记录运行结果。

```
1    import java.io. * ;
2    public class ThreadSample extends Thread {
3        public void run() {
4            System.out.println("这是方法 run()");
5        }
6        public static void main(String args[]) {
7            Thread t=new Thread(new ThreadSample ());
8            t.start();
9        }
10  }
```

2. 上机实现如下程序,记录运行结果。

```
1    import java.io. * ;
2    public class ThreadExam {
3        public static void main(String[] args) {
4            Test t1=new Test();
5            Test t2=new Test();
6            t1.start();
7            t2.start();
8        }
9    }
10  class Test extends Thread {
11      int n=1;
12      public void run() {
13          for (n=1;n<3;n++) System.out.println("测试第"+n+"个线程");
14      }
15  }
```

3. 编写一个 Java 程序,创建三个线程并分别显示对应的运行时间。

# 第8章 文件和输入输出

　　输入输出是计算机程序必备的功能之一,输入输出流则是 Java 程序中最基础的部分,用于实现各种类型的输入输出功能。Java 系统由核心库 java.io 提供许多输入输出接口,如文件读写、标准设备输入与标准设备输出等。

　　在 Java 语言中,输入输出是以流(stream)为基础实现的,所有数据都是以串行化方式写入输出流的,或以串行化方式从输入流中读入。本章将详细介绍文件和输入输出的相关概念与程序设计。

## 8.1　文件和输入输出概述

　　在 Java 语言中,输入输出流主要包括:字节流、字符流、文件流、对象流、管道流等,其中管道流可用于多线程之间的通信。

### 8.1.1　概述

1. 流概念

　　1984 年 C 语言就首次引入“流(Stream)”的概念,所谓“流”就是一个流动的数据缓冲区(data buffer)。一般而言,数据从数据源端(如键盘)流向数据目的端(如显示器)都是串行的。即:从键盘输入文本字符将通过内存流向显示器,然后将内存数据通过显示器流出,如图 8-1 所示。

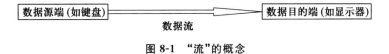

图 8-1　“流”的概念

2. 输入输出流的方向

　　输入输出(Input/Output)用于计算机中获取数据和表示数据处理结果,它是中央处理器、网络、外部设备之间进行双向数据传输的机制。常用输入设备包括键盘、扫描仪等,常用输出设备包括显示器、打印机等。

　　(1) 输入(Input)流是指从外部设备流向中央处理器的数据流。

　　(2) 输出(Output)流是指中央处理器流向外部设备的数据流。

### 8.1.2　Java 中有关输入输出流的类

1. Java.io 包中的接口

Java.io 包中的接口主要用于处理字节流、对象流和筛选文件名。

　　(1) 处理字节流:可使用 DataInput 接口和 DataOutput 接口。

　　(2) 处理对象流:可使用 ObjectInput 接口、ObjectOutput 接口和 Serializable 接口。

（3）筛选文件名：可使用 FileNameFilter 接口。

**注意**：在 Java 系统的"文件对话框"中，筛选文件名可用另一个包中的类，即 javax.swing. filechooser.Filefilter 来实现。

2. java.io 包中的抽象类

java.io 包中的抽象类主要用于处理字节流、过滤流、字符流和压缩流。

（1）处理字节流的抽象类包括 InputStream 类和 OutputStream 类。其中，InputStream 类中共有七个子类，OutputStream 类中共有五个子类。

（2）处理字符流的抽象类包括 Reader 类和 Writer 类。其中，Reader 类中共有六个子类，Writer 类中共有七个子类。

（3）处理压缩流的抽象类包括 InflaterInputStream 和 DeflaterOutputStream，二者分别都有三个子类。

（4）处理过滤流的抽象类包括 FilterOutputStream 和 FilterInputStream，二者分别是抽象类 InputStream 和 OutputStream 的子类。

**注意**：对于流动数据的过滤也就是进行某种形式的处理。

3. java.io 包中的非字符输入流

Java 中的非字符输入流（即字节输入流）都是抽象类 InputStream 中的子类，如表 8-1 所示。

表 8-1　java.io 包中的非字符输入流

| 输入流类 | 说明 |
| --- | --- |
| ByteArrayInputStream | 以字节数组形式作为输入流 |
| FileInputStream | 对一个磁盘文件涉及的数据进行处理 |
| PipedInputStream | 实现线程之间的数据通信 |
| FilterInputStream | 即过滤输入流 |
| SequenceInputStream | 将多个输入流首尾连接得到一个新的输入流 |
| StringBufferInputStream | 该类从 JDK1.1 后很少使用 |
| ObjectInputStream | 实现 ObjectInput 接口，对象在传输前要先实现 Serializable 接口 |

4. java.io 包中的非字符输出流

非字符输出流都是 OutputStream 抽象类的子类，如表 8-2 所示。

表 8-2　java.io 包中的非字符输出流

| 输出流类 | 说明 |
| --- | --- |
| ByteOutputStream | 可将一个字节数组作为输出流 |
| FileOutputStream | 对磁盘文件涉及的数据流进行处理 |
| FilterOutputStream | 与 FilterInputStream 对应，所有输出过滤类都是其子类 |
| PipedOutputStream | 与 PipedInputStream 对应，在线程通信过程中会成对出现 |
| ObjectOutputStream | 继承 OutputStream 抽象类，实现 ObjectOutput 接口 |

**注意**：ObjectOutputStream 类是 Java 系统用接口技术实现多重继承的范例，其构造方法的参数就是串行化后的对象。

# 8.2　文　　件

文件类 File 是 java.io 包中的，它以一种系统无关的方式表示一个文件对象的属性。文件类 File 主要描述文件本身的属性，其类中封装对文件系统进行操作的功能。通过类 File 所提供的方法，可得到文件或目录的描述信息（如名称、路径、长度、是否可读、是否可写等），也可以生成新文件和目录、修改文件和目录、查询文件属性、重命名文件、删除文件等。

### 8.2.1　创建文件

创建文件对象的格式如下：

　　File pathname ＝ new File(args[0])；
　　File f ＝ new File(pathname.getPath,fileNames[i])。

说明：以指定的路径文件名或路径、文件名来建立文件对象。其中有关的构造函数参数，可以是路径文件名，也可以是路径和文件名。

1. createTempFile()方法

创建文件可以使用 createTempFile()方法，它的格式为：

　　createTempFile(String ⟨prefix⟩,String ⟨subfix⟩,File ⟨directory⟩)。

说明：⟨prefix⟩表示文件的基本名，⟨subfix⟩表示扩展名，⟨directory⟩表示路径名。

【例 8-1】　使用 createTempFile()方法创建文件。

```
1   import java.io. * ;
2   public class CreateFile {
3       public static void main(String[] agrs) {
4           String pr＝"newfile";
5           String sb＝".tmp";
6           System.out.println("新建一个临时文件");
7           File file＝new File("D:\\\\");
8           File tmp＝null;
9           try {
10              tmp＝File.createTempFile(pr,sb,file);
11          }
12          catch (IOException e) { System.out.println(e); }
13          System.out.println("新建文件名称:"+tmp.getName());
14          System.out.println("新建文件长度:"+tmp.getPath());
15      }
16  }
```

说明：程序中的第 4、5、7 行分别指定文件的基本名、扩展名和路径名，第 13、14 行分别显示新建文件名称和文件长度。由于 createTempFile() 方法创建文件名中含有随机数，所以执行该程序两次将获得两个文件，如图 8-2 所示。

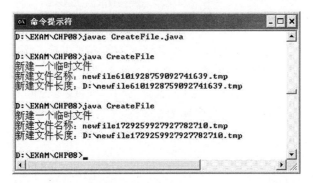

**图 8-2　使用 createTempFile( )方法创建文件**

### 2. createNewFile()方法

创建文件可以使用 createNewFile() 方法，它的格式为：createTempFile()。

**【例 8-2】**　使用 CreateNewFile() 方法来创建文件。

```
1   import java.io. * ;
2   public class CreateNewFile {
3       public static void main(String[] agrs) {
4           String filePath="D:\\\\example\\exam01.dat";
5           System.out.println("准备新建一个文件");
6           File file=new File("D:\\\\example");
7           if (! file.exists()) {
8               System.out.println("D:\\example 目录下文件不存在,现在就新建");
9               file.mkdir();
10          }
11          file=new File(filePath);
12          if (! file.exists()) {
13              try {
14                  If (file.createNewFile()) System.out.println("文件已经建立");
15              } catch (IOException e) { };
16          }
17          System.out.println("新建文件:"+file.getName());
18      }
19  }
```

说明：程序中的第 4、6 行声明文件对象实例并指定路径名，第 7～10 行在指定路径没有时

174

调用 mkdir()方法新建,第 14 行将创建一个随机文件,第 17 行可显示所创建文件的文件名,如图 8-3 所示。读者可以分析执行该程序两次后的情况。

**图 8-3　使用 CreateNewFile( )方法来创建文件**

### 8.2.2　删除文件

删除文件的格式为:Delete()。

说明:删除当前文件并释放资源。

【例 8-3】　使用 Delete()方法来删除文件。

```
1    import java.io. * ;
2    public class DeleteFile {
3        public static void main(String[] agrs) throws Exception {
4            File file＝new File("D:\\\\exam01.dat");
5            if (! file.exists() && ! file.createNewFile()) return;
6            System.out.println("旧文件名称:"＋file.getName());
7            if (file.renameTo(new File("D:\\\\exam02.dat"))) {
8                System.out.println("新文件名称:"＋file.getName());
9                System.out.println("是否新文件:"＋"不是,标记是:"＋file.exists());
10           }
11           if (file.delete()) System.out.println("文件删除成功!");
12       }
13   }
```

说明:程序中的第 4 行可创建文件 exam01.dat,第 7 行将文件更名为 exam02.dat,第 8、9、11 行将显示文件名,是否删除成功等信息,如图 8-4 所示。读者可以分析执行该程序两次后的情况。

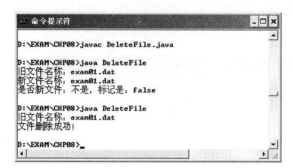

图 8-4　使用 Delete( )方法来删除文件

### 8.2.3　File 类提供的方法

1. 文件名操作的方法

对文件名进行的操作方法如表 8-3 所示。

表 8-3　文件名操作的方法

| 方法 | 说明 |
|---|---|
| getName( ) | 获得一个不包含路径的文件名 |
| getParent( ) | 获得文件上一级的目录名 |
| getParentFile( ) | 获得文件对象的上层路径名 |
| getPath( ) | 返回文件路径名字符串,即路径文件名 |
| list( ) | 返回一个字符串数组,为该文件所在目录下的所有文件 |
| getCanonicalPath( ) throws IO-Exception | 返回包含绝对路径名的字符串或者一个绝对文件名,与方法 getAbsolutePath( )等价 |
| renameTo(File newName) | 返回重命名后的文件名 |
| getCanonicalFile( ) throws IO-Exception | 与方法 new File(this.getCanonicalPath( ))等价,获得规范格式的路径名 |
| getAbsolutePath( ) | 获得一个文件的绝对路径名 |
| getAbsoluteFile( ) | 等价于 new File(this.getAbsolutePath( )),获得一个文件的绝对路径名 |

【例 8-4】　显示文件的描述信息。

```
1    import java.io. * ;
2    public class DescriptionFile{
3        public static void main(String[] agrs) {
4            File[] rt＝File.listRoots();
5            File file＝rt[0].listFiles()[0];
6            System.out.println("显示文件的描述信息");
```

```
7          System.out.println("文件名称:"+file.getName());
8          System.out.println("文件大小:"+file.length());
9          System.out.println("当前路径:"+file.getPath());
10         System.out.println("上层路径:"+file.getParent());
11     }
12 }
```

说明:程序中的第 3、4 行将获得 C 盘根目录信息,其中 rt[0].listFiles()[0]表示 C 盘根目录中的 WINDOWS,第 7~10 行将显示 WINDOWS 文件的描述信息,如文件名称、文件大小、当前路径和上层路径,如图 8-5 所示。

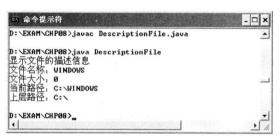

**图 8-5    显示文件描述信息**

**2. 测试文件属性的方法**

测试文件属性的操作方法如表 8-4 所示。

**表 8-4    测试文件属性的方法**

| 方法 | 说明 |
| --- | --- |
| IsDirectory() | 若文件类型是目录则返回 true,否则返回 false |
| isFile() | 测定是否是文件 |
| isAbsolute() | 测定文件是否是绝对路径名 |
| exists() | 测定文件是否存在 |
| canRead() | 测定是否为可读文件 |
| canWrite() | 测定是否为可写文件 |

**3. 文件信息和工具操作的方法**

为文件信息操作和工具提供的方法如表 8-5 所示。

**表 8-5    文件信息和工具操作的方法**

| 方法 | 说明 |
| --- | --- |
| delete() | 删除当前文件并释放资源 |
| deleteOnExit() | 执行结束则删除文件 |
| length() | 返回文件长度的大小 |
| lastModified() | 返回文件最后修改时间 |

### 4. 目录操作的方法

为目录操作提供的方法如表 8-6 所示。

表 8-6　目录操作的方法

| 方法 | 说明 |
| --- | --- |
| boolean mkdir() | 创建目录 |
| boolean mkdirs() | 创建指定父目录下的子目录 |
| String[]list() | 返回当前目录下的全部文件 |
| String[]list(FilenameFilter filter) | 返回当前目录下接受过滤后的文件 |
| static File[] listRoots() | 返回根目录结构 |

### 5. 其他方法

File 类提供的其他方法如表 8-7 所示。

表 8-7　其他方法

| 方法 | 说明 |
| --- | --- |
| int hashCode() | 返回文件名的汉斯码 |
| boolean setLastModified(long time) | 设置文件的最后修改时间 |
| boolean setReadOnly() | 设置文件属性为只读方式 |

【例 8-5】　显示指定目录中的全部文件夹和文件数量。

```
1   import java.io. * ;
2   public class AllFiles {
3       public static void main(String[] agrs) {
4           File root＝new File("D:\\\\EXAM");
5           System.out.println(root.getPath());
6           File children[]＝root.listFiles();
7           int length＝children.length;
8           File tmp＝null;
9           System.out.println("显示指定目录中的全部文件夹和文件");
10          int k＝0;
11          for (int i＝0; i<length; i++) {
12              tmp＝children[i];
13              if (tmp.isDirectory()) {
14                  k＝(tmp.list()＝＝null)? 0:tmp.list().length;
15                  System.out.print(tmp.getName()＋"文件夹中共有");
16                  System.out.println(k＋"个文件");
17                  continue;
```

```
18                    }
19                    System.out.println(tmp.getName()+"\t 文件大小是"+tmp.length());
20              }
21        }
22  }
```

说明：程序中的第 4～8 行提供实现后续循环的初始数据，第 11～20 行将显示指定目录中的全部文件夹和文件数量，如图 8-6 所示。

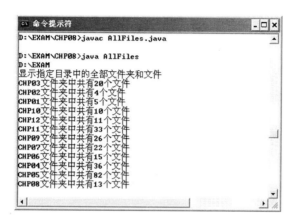

**图 8-6 显示目录中的全部文件夹和文件数量**

# 8.3 字节输入输出流

### 8.3.1 字节输入流

1. 概念

所有字节输入流（DataInputStream）都是从 InputStream 类继承而来的，它首先必须实现 DataInput 接口。字节数据流是一个已经实现该接口的类，其中的字节数据是以文件输入流 FileInputStream 对象的形式，并作为 DataInputStream 构造方法参数出现的，而字节数据来自于二进制文件，二进制文件可作为 FileInputStream 对象构造方法的参数出现。

2. InputStream 类的主要方法

InputStream 类的主要方法如表 8-8 所示。

**表 8-8 InputStream 类的主要方法**

| 方法 | 说明 |
| --- | --- |
| abstract int（byte[]b）throws IOException | 从输入流中读多个字节，存入字节数组 |
| abstract int read()throws IOException | 从输入流中读入一个字节 |
| int read（byte［］b，int〈off〉，int〈len〉）throws IOException | 从输入流中读出最多 len 个字节，存入 b 数组，从 off 位置开始存入，返回实际读入字节数 |

| 方法 | 说明 |
| --- | --- |
| int available() throws IOException | 返回输入流中可读字节数 |
| long skip(long ⟨n⟩)throws IOException | 从输入流中最多向后跳过 n 个字节,返回实际跳过字节数,n 为负时表示不跳过任何字节 |
| public void close() throws IOException | 关闭输入流并释放资源 |

说明:⟨off⟩表示位移量,⟨len⟩表示字节数,⟨n⟩表示要跳过的字节数。

### 8.3.2　字节输出流

所有字节输出流(DataOutputStream)都继承自 OutputStream 类,它首先也要实现 DataOutput 接口。字节数据流是一个已经实现该接口的类,不过字节数据是以文件输出流 FileOutputStream 对象的形式作为 DataOutputStream 的构造方法的参数出现的。而字节数据来自于二进制文件,二进制文件可作为 FileOutputStream 对象的构造方法的参数出现。另外,DataOutputStream 类包含读写各种类型数据的方法。

### 8.3.3　读写内存数据

java.io 包中提供可直接访问内存的类包括:ByteArrayInputStream 类、ByteArrayOutputStream 类和 StringBufferInputStream 类,它们都是 InputStream 类和 OutputStream 类的子类。

1. 读内存数据

使用 ByteArrayInputStream 类可从字节数组中读取数据,它可重写 InputStream 父类的方法如表 8-9 所示。

表 8-9　ByteArrayInputStream 类的方法

| 方法 | 说明 |
| --- | --- |
| public int read() | 读取数据 |
| public int read(byte b[],int ⟨off⟩,int ⟨len⟩) | 读取一批数据 |
| public long skip(long ⟨n⟩) | 跳过数据 |
| public int available() | 表示可读取数据 |
| public boolean markSupported() | 可标记读数 |
| public void mark(int ⟨readAheadLimit⟩) | 标记读数 |
| public void reset() | 重新准备读数 |
| public void close()throws IOException | 关闭读取过程 |

说明:⟨off⟩表示位移量,⟨len⟩表示字节数,⟨n⟩表示要跳过的字节数。

2. 写内存数据

用 ByteArrayOutputStream 类可以向字节数组(缓冲区)写入数据。

**注意**：缓冲区自动生成其中的数据可通过 toByteArray()和 toString()方法恢复，它可重写 OutputStream 父类的方法如表 8-10 所示。

表 8-10　**ByteArrayOutputStream 类的方法**

| 方法 | 说明 |
| --- | --- |
| public void write(int b) | 写入数据 |
| public void write(byte b[],int ⟨off⟩,int ⟨len⟩) | 写入一批数据 |
| public void writeTo(OutputStream out)throws IOException | 写入输出流 |
| public void reset() | 重新准备写数 |
| public void close()throws IOException | 关闭写数过程 |

说明：⟨off⟩表示位移量，⟨len⟩表示字节数。

## 8.4　字符类输入输出流

Java 语言中的字符是以 16 位二进制码（即 Unicode）方式表示的，java.io 包中处理 Unicode 码的所有类都是从 Reader 和 Writer 两个抽象父类中派生而来的。

### 8.4.1　字符类输入流

任何字符类输入流都是抽象类 Reader 中的子类，如 InputStreamReader 类及其子类 FileReader，BufferedReader 类及其子类 LineNumberReader，FilterReader 类及其子类 PushBackReader、CharArrayReader、PipedReader、StringReader 等。其中，FileReader 类是 InputStream 的子类，用于从一个文本文件中读取 Unicode 码文本文件。BufferedReader 将缓冲技术用于字符输入流中，进而提高字符传送效率。

Reader 类包含的主要方法如表 8-11 所示。

表 8-11　**Reader 类的主要方法**

| 方法 | 说明 |
| --- | --- |
| read() throws IOException | 从字符输入流中读入一个字符 |
| read(char cbuf[]) throws IOException | 从字符输入流中读入最多 cbuf.length 个字符，字符存入 cbuf 的 off 起始位置，并返回实际读入字符数 |
| read(char cbuf[],int ⟨off⟩,int ⟨len⟩) throws IO-Excetion | 从输入流中读入最多 len 个字符，存入 cbuf 的 off 起始位置，回回实际读入字符数 |
| skip(int ⟨readAheadLimit⟩) throws IOException | 给当前输入流做标记，最多返回 readAheadLimit 个字符 |
| markSuppoted() | 判别当前输入流是否支持做标记 |
| mark(int ⟨readAheadLimit⟩) throws IOException | 给当前输入流做标记，最多返回 readAheadLimit 个字符 |

续表

| 方法 | 说明 |
|------|------|
| reset() throws IOException | 设置当前字符流所用的编码方式 |

说明：〈readAheadLimit〉表示输入时的字符数量限制。

InputStreamReader 类包含的主要方法如表 8-12 所示。

表 8-12　InputStreamReader 类的主要方法

| 方法 | 说明 |
|------|------|
| getEncoding() | 获得当前字符流所用的编码方式 |
| InputStreamReader(InputStream 〈in〉) | 基于字节输入流〈in〉生成一个输入字符流对象 |
| close() throws IOException | 关闭当前输入流 |

BufferedReader 类包含的主要方法如表 8-13 所示。

表 8-13　BufferedReader 类包含的主要方法

| 方法 | 说明 |
|------|------|
| readLine() throws IOException | 读取一行字符 |
| BufferedReader(Reader 〈in〉) | 基于〈in〉字符输入流生成相关缓冲流 |
| BufferedReader(Reader 〈in〉,int 〈size〉) | 基于〈in〉字符输入流按照缓冲区大小生成相关缓冲流 |

说明：〈in〉表示字符输入流，〈size〉表示缓冲区大小。

【例 8-6】　显示指定文件的文本内容。

```
1    Import java.io. * ;
2    public class ReadText {
3        public static void main(String[] agrs) throws IOException {
4            File s＝new File("D:\\\\sample.DAT");
5            FileReader f＝new FileReader(s);
6            BufferedReader bufferedReader＝new BufferedReader(f);
7            String t＝null;
8            System.out.println("显示指定文件的文本内容如下:");
9            While ((t＝bufferedReader.readLine())! ＝null)
10                System.out.println(t);
11        }
12   }
```

说明：程序中的第 4 行指定输入文件为 D:\\\\sample.DAT,第 5、6 行声明文件对象并建立字符输入流,第 9、10 行以行为单位读出文件 D:\\\\sample.DAT 中的全部内容。执行该程序前,可用记事本软件输入文件 D:\\\\sample.DAT 中的内容,运行结果如图 8-7 所示。

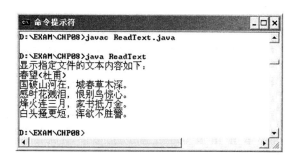

图 8-7　显示指定文件的文本内容

**注意**:若没有输入文件 D:\\\\sample.DAT,则程序会抛出 FileNotFoundException 异常。

### 8.4.2　字符类输出流

任何字符类输出流的各个类都是抽象类 Writer 的子类,如:PrintWriter 类、OutputStreamWriter 及其子类 FileWriter、BufferedWriter、FileWriter、CharArrayWriter、PipedWriter、StringWriter 等。其中,PrintWriter 是一个以打印写方式表示的字符输出流,println()方法负责向输出流写入字符。FileWriter 是 OutputStreamWriter 的子类,用于向文本文件写入字符。

Writer 类中主要包含方法如表 8-14 所示。

表 8-14　Writer 类的主要方法

| 方法 | 说明 |
| --- | --- |
| write(int c)throws IOException | 将整型值 c 的低 16 位写入输出流中 |
| write(char cbuf[]) throws IOException | 将数组 cbuf[]字符写入输出流 |
| write ( char cbuf [ ], int 〈off〉, int 〈len〉) throws IOException | 将数组 cbuf 中从 off 位置开始的 len 个字符写入输出流 |
| write(String 〈str〉) throws IOException | 将字符串 str 中的字符写入输出流 |
| write(String 〈str〉,int 〈off〉,int 〈len〉) | 将字符串 str 中从 off 位置开始的 len 个字符写入输出流 |
| Flush throws IOException | 清空输出流并将缓冲区部内容写入输出流 |

说明:〈str〉表示要写入输出流中的一个字符串。

OutputStreamWriter 类包含的主要方法如表 8-15 所示。

表 8-15  OutputStreamWriter 类的主要方法

| 方法 | 说明 |
|---|---|
| outputStreamWriter(OutputStream 〈out〉) | 基于字节流〈out〉生成一个输出字符流对象 |
| close() throws IOException | 关闭当前输出流 |

BufferedWriter 类包含的主要方法如表 8-16 所示。

表 8-16  BufferedWriter 类的主要方法

| 方法 | 说明 |
|---|---|
| newLine() throws IOException | 写入一行结束标记,即系统属性 line.seperator |
| BufferedWriter(Writer 〈out〉) | 基于 out 字符输出流生成相关缓冲流 |
| BufferedWriter(Writer 〈out〉,int 〈size〉) | 基于 out 字符输出流,按照缓冲区大小生成相关缓冲流 |

说明:〈out〉表示字符输出流,〈size〉表示缓冲区大小。

【例 8-7】 将输入内容写入指定文件中。

```
1   import java.util.Scanner;
2   import java.io. * ;
3   public class WriteText {
4       public static void main(String[] args) throws IOException {
5           System.out.println("第 1 行为文件名,其余行为文本,按' Ctrl＋C '结束");
6           Scanner scanner＝new Scanner(System.in);
7           String fileName＝scanner.nextLine();
8           File file＝new File(fileName);
9           BufferedWriter writer＝null;
10          try {
11              writer＝new BufferedWriter(new FileWriter(file));
12          }
13          catch (FileNotFoundException e) {
14              System.out.println('Hello world');
15              System.out.println("异常是:"＋e);
16              return;
17          }
18          while (scanner.hasNextLine()) {
19              writer.append(scanner.nextLine());
20              writer.flush();
21              writer.newLine();
22          }
```

```
23            writer.close();
24        }
25    }
```

说明：程序中的第 6～12 行将建立一个 BufferedWriter 类的对象实例 writer，如果输入文件名不对则系统会抛出异常：FileNotFoundException。第 18～22 行将输入内容分行写到输出流中，即在显示器中显示。程序运行结果如图 8-8 所示。

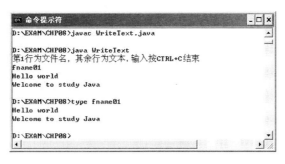

**图 8-8　将输入内容写入指定文件**

**注意**：Scanner 类可以实现文本内容输入，并以按"Ctrl＋C"键表示结束。

# 8.5　本章知识点

(1) Java 语言中的输入输出流主要包括：字节流、字符流、文件流、对象流、管道流等；计算机数据的输入输出方向；有关输入输出流的类。

(2) 文件概念及其创建文件，File 类提供的方法，随机文件流与压缩文件流。

(3) 字节输入流与字节输出流，读写内存，字符类输入流与字符类输出流。

# 习　题　八

一、单项选择题

1. 当数据处理量很多或向文件写很多次数据时，一般使用的输入输出流是(　　)。

A. DataOutput　　　　　　　　　　B. FileOutput

C. BufferedOutut　　　　　　　　　D. PipedOutput

2. 在 Java 系统中，要获取一个不包含路径的文件名，可使用的方法是(　　)。

A. String getName()　　　　　　　B. String getPath()

C. String getAbslutePath()　　　　D. String getParent()

3. 当把一个程序或线程的输出连接到另一个程序或线程中作为输入流时，应使用的流是(　　)。

A. DataOutput　　　　　　　　　　B. FileOutput

C. BufferedOutput　　　　　　　　D. PipedOutput

4. 在 Java 系统中，凡是从中央处理器流向外部设备的数据流称为(　　)。

A. 文件流　　　B. 字符流　　　C. 输入流　　　D. 输出流

5. 在 Java 系统中,实现通过网络使用 URL 访问对象功能的输入流是(　　)。

A. URL 输入流　　　　　　　B. Socket 输入流

C. PipedInputStream 输入流　　D. BufferedInputStream 输入流

6. 在以下选项中,不属于 FileInputStream 输入流中的 read()方法的是(　　)。

A. int read()

B. int read(dyte b[])

C. int read(byte b[],int ⟨off⟩,int ⟨len⟩)

D. int read(int ⟨line⟩)

7. 在以下选项中,属于文件输入输出类的是(　　)。

A. FileInputStream 类和 FileOutputStream 类

B. BufferInputStream 类和 BufferOutputStream 类

C. PipedInputStream 类和 PipedOutputStream 类

D. 以上说法均对

8. 在以下选项中,不属于输入输出流的是(　　)。

A. 文本流　　　B. 字节流　　　C. 字符流　　　D. 文件流

9. 在以下关于创建一个新文件对象的方法中,错误的是(　　)。

A. File myFile;
　　myFile＝new File("dir/filename");

B. File myFile＝new file();

C. myFile＝new File("/dir ","filename");

D. File myDir＝new file("/dir ");
　　myFile＝new File(dir,"filename");

10. 在 Java 系统中,输入输出流的传递方式是(　　)。

A. 并行的　　　B. 串行的　　　C.并行的和串行的　　D. 以上说法均错

二、填空题

1. 在 Java 系统中,输入输出是以_____为基础实现的。

2. 在 Java 系统中,凡是从外部设备流向内存的数据流称为_____。

3. 当要将一文本文件当作一个数据库访问,读完一个记录后,跳到另一个记录,它们在文件的不同地方时,一般使用的类访问是_____。

4. 在 Java 系统中,要删除当前文件并释放资源可用_____方法。

三、上机题

1.上机实现如下程序,记录运行结果。

```
1    import java.io. * ;
2    public class CreateFile {
3        public static void main(String[] agrs) {
4            String filePath＝"D:\\\\example\\exam01.dat";
5            File file＝new File("D:\\\\example");
```

```
6            if (! file.exists()) {
7                  file.mkdir();
8            }
9            file=new File(filePath);
10           if (! file.exists()) {
11                try {
12                     If (file.createNewFile()) System.out.println("Ok");
13                }   catch (IOException e) { };
14           }
15           System.out.println(file.getName());
16    }
17 }
```

2. 上机实现如下程序,记录运行结果。

```
1   import java.io. * ;
2   public class DescriptionFile{
3       public static void main(String[] agrs) {
4           File[] rt=File.listRoots();
5           File file=rt[0].listFiles()[0];
6           System.out.println(file.getName());
7           System.out.println(file.length());
8           System.out.println(file.getPath());
9           System.out.println(file.getParent());
10      }
11 }
```

3. 编写一个 Java 程序,打开、读取、显示一个文本文件中的内容。

# 第9章　图形用户界面程序和事件处理

图形用户界面为用户提供一个直观、方便、快捷的操作环境,经常使用的 Windows 操作系统就是图形用户界面。Java 语言设计专门的类库来生成各种标准图形界面元素和处理可能的各种事件,所用的类库就是 java.awt 包和 java.swing 包。

## 9.1　GUI 与 Swing 特性

### 9.1.1　概述

GUI 是图形用户界面(Graphics User Interface)的英文缩写,使用 GUI 程序就可以得到直观方便的操作环境。任何一个读者一定对图形用户界面 GUI 的标准控件非常熟悉,如我们经常在使用 Windows 操作系统过程中用鼠标单击"命令按钮"。

Java 语言是一种跨平台无关的程序设计语言,在编写图形用户界面方面也支持跨平台无关功能。Java 语言中的图形用户界面技术包括两个方面,即提供 AWT 开发包和提供 Swing 开发包及其实现技术。

### 9.1.2　java.awt 包

java.awt 包提供基本 java 程序的 GUI 设计工具,主要包括三个类与接口,即构件、容器和布局管理器(LayoutManager),如表 9-1 所示。

表 9-1　构件、容器和布局管理器

| 类与接口 | 名称 | 说明 |
| --- | --- | --- |
| Component 类 | 构件 | 属于抽象类,java.awt 包的核心,用于派生其他构件 |
| Container 类 | 容器 | 由 Component 类派生而来,用于管理各种构件 |
| LayoutManager 接口 | 布局管理器 | 确定容器内部构件的布局情况 |

### 9.1.3　Swing 的特性

Swing 是 JFC 库中的一个软件开发工具包,由 Java 语言代码实现的。Swing 构件与 AWT 构件有很大区别,它没有本地代码,也不依赖操作系统的支持,运行速度比 AWT 构件快。另外,Swing 在不同的操作系统平台上表现一致,并且有能力提供本地窗口系统不支持的其他特性。

在 Java 语言中,Swing 的主要特性如下:构件丰富、使用图标、支持键盘代替鼠标、可设置边框和使用 MVC(Model-View-Coutroller,即模型-视图-控制)体系结构。其中,Swing 优于 AWT 的主要原因是大量使用 MVC 体系结构,MVC 是现有的编程语言中制作图形用户界面的一种通用思想。主要思路是把数据内容和数据显示分开,从而使数据显示更加方便快捷。

(1) 一个 MVC 用户界面包含三个实体:模型(Model)用于对象的逻辑表示法,视图(View)是对模型的可视化描述,控件(Controller)用于指定处理用户输入的方法。

(2) 模型、视图和控件的关系:当模型发生变化时,就会通知所有与模型相关的视图,并由视图通过使用控件来实现响应。

## 9.2　AWT 库简介

### 9.2.1　AWT 库

AWT 是英文"Abstract Window Toolkit"的缩写,表示"抽象窗口工具包"的意思,是 Java 系统提供的、专门建立图形用户界面的开发包。AWT 即可用于 Applet 程序中,又可用于 Application 程序中。AWT 支持的图形用户界面编程技术包括:图形构件、事件处理、图形和图像、布局管理器和数据传送类。

1. 构件类

所谓构件(Component)是能够以可视化方式显示在屏幕上并能与用户进行交互的对象,它是图形用户界面中的最基本组成部分。一般而言,GUI 编程过程中采用的都是 Component 类的子类。在 Component 类中封装许多构件所需的方法和属性,其中的方法如表 9-2 所示。

表 9-2　Component 类的方法

| 方法 | 说明 |
| --- | --- |
| getComponentAt(int ⟨x⟩,int ⟨y⟩) | 获得坐标(x,y)上的构件对象 |
| getFont() | 获得构件的字体 |
| getForeground() | 获得构件的前景色 |
| getName() | 获得构件的名字 |
| getSize() | 获得构件的大小 |
| paint(Graphics ⟨g⟩) | 绘制一个构件 |
| repaint() | 重新绘制一个构件 |
| update() | 表示刷新一个构件 |
| setVisible(boolean ⟨b⟩) | 设置构件为是否可见 |
| setSize(Dimension ⟨d⟩) | 用于设置构件的大小 |
| setName(String ⟨name⟩) | 用于指定构件的名字 |

说明:⟨x⟩和⟨y⟩表示安放构件对象的绝对坐标,⟨g⟩表示图形类的对象实例,⟨b⟩值为 true 时表示构件为可见,⟨d⟩表示构件大小,⟨name⟩表示构件名称。

**注意**:构件本身不能单独使用,必须将构件放在一个容器中才可以使用。

2. 容器类

容器类实际上属于 Component 类的子类,所以容器本身也是构件,从而具有构件的所有性质。容器类还具有放置其他构件和容器的功能,容器类中的其他构件和容器的位置与大小都是由布局管理器类来决定的。在实际的 GUI 编程过程中,往往采用的都是容器类 Container 的子类。

3. 布局管理器

使用布局管理器(LayoutManager)可以改变全部构件在一个容器中的位置和大小安排,每个容器都有一个对应布局管理器。Java 语言为实现 GUI 具有平台无关性,提供各种布局管理器工具来自动管理构件在容器中的位置和大小安排,而用户可以不用直接去设置构件的位置和大小。

### 9.2.2 常用容器

容器 java.awt.Container 属于 Component 类的子类,一个容器中可以包含许多构件并构成一个窗口,所以使用容器能够非常方便地进行 GUI 设计,要在一个容器中添加构件可使用 add()方法。在 Java 系统中,常用的容器包括:窗口 Window、滚动面板 ScrollPane、窗体 Frame、面板 Panel 和小程序 Applet。

1. 窗体类(Frame)

窗体类所用包的层次结构如下:

```
java.lang.Object
      |
      +－－－－－java.awt.Component
      |
          +－－－－－java.awt.Container
          |
              +－－－－－java.awt.Window
                  |
                  +－－－－－java.awt.Frame
```

【例 9-1】 编程实现一个不含任何构件的窗体。

```
1   import java.io. * ;
2   import java.awt. * ;
3   public class ExamFrame extends Frame {
4       public ExamFrame (String str) {
5           super(str);
6       }
7       public static void main(String[] args) {
8           ExamFrame ef＝new ExamFrame("这是一个不含任何构件的窗体");
9           Ef.setSize(400,300);
10          Ef.setBackground(Color.white);
11          Ef.setVisible(true);
12      }
```

13　}

说明：

（1）程序中的第 2 行引入 java.awt 包表示可实现 AWT 程序，第 3 行定义 ExamFrame 类，它继承自 Frame 类，第 4～6 行定义该类的构造方法。

（2）程序中的第 7～12 行定义主方法，其中第 8 行声明对象实例 ef，第 9～11 行分别设置窗体大小、背景颜色、可显方式。程序运行结果如图 9-1 所示。

**图 9-1　一个不含任何构件的窗体**

**注意**：该程序产生的窗体并没有定义对应的操作功能，所以不能使用关闭按钮。要关闭窗体时，可使用组合键"Ctrl＋C"。

2. 面板类（Panel）

面板类所用包的层次结构如下：

　　java.lang.Object
　　　｜
　　　＋——java.awt.Compont
　　　　｜
　　　　＋——java.awt.Container
　　　　　｜
　　　　　＋——java.awt.Panel

Panel 属于一种透明的容器，既没有标题也没有边框。与窗口类型不同的是，Panel 不能作为最外层容器使用。所以，在使用 Panel 时，要先将 Panel 作为构件放置到其他容器中，然后再把 Panel 当作容器，把其他构件放到 Panel 中。

**注意**：Panel 的特点在于它既是构件又是容器。

【例 9-2】　编程实现一个含面板构件的窗体。

```
1  import java.io. * ;
2  import java.awt. * ;
3  public class FramePanel extends Frame {
4      public FramePanel (String str) {
5          super(str);
6      }
7      public static void main(String[] args) {
8          FramePanel fp＝new FramePanel ("这是一个含面板构件的窗体");
```

```
9          Panel p＝new Panel();
10         fp.setSize(400,300);
11         fp.setBackground(Color.white);
12         fp.setLayout(null);
13         p. setSize(240,180);
14         p.setBackground(Color.blue);
15         fp.add(p);
16         fp.setVisible(true);
17     }
18 }
```

说明:程序中的第 7~17 行定义主方法,其中第 8 行声明窗体对象实例 fp,第 9 行声明面板对象实例 p,第 15 行将面板构件安放到窗体 fp 中,程序运行结果如图 9-2 所示。

**图 9-2　一个含面板构件的窗体**

3. Java Applet 程序

Java Applet 是 Java 语言中的一种小应用程序,在 HTML 中提供了一个非常重要标记就是 APPLET,该标记可用于处理 Applet 程序。当浏览器调用到 APPLET 标记后,则 Java Applet 程序将自动执行。在 Web 网页上使用了 Java Applet 程序后,它可以方便地处理图像、声音、动画、表格等。

**注意**:Java Applet 程序的运行结果一定是在一个容器(如浏览窗口)中表示的。

**【例 9-3】** 编程实现一个 Java Applet 程序。

(1) Java Applet 程序文件 ExamApplet.java。

```
1  Import java.io. * ;
2  Import java.awt. * ;
3  Import java. Applet. * ;
4  public class ExamApplet extends Applet {
5      public void paint(Graphics g) {
6          g.drawString("欢迎使用 Java Applet 程序",100, 200);
7      }
8  }
```

说明:程序中的第 6 行显示提示信息:"欢迎使用 Java Applet 程序"。另外,要用 javac 命令将 ExamApplet.java 编译成字节码文件 ExamApplet.class。

(2) HTML 文件 ExamApplet.HTML。

```
1  〈HTML〉
2  〈TITLE〉输出提示信息〈/TITLE〉
3  〈BODY〉
4  〈APPLET CODE＝ExamApplet.class HEIGHT＝400 WIDTH＝400〉
5  〈/APPLET〉
6  〈/BODY〉
7  〈/HTML〉
```

说明:

① 程序中的第 2 行表示浏览器的标题是"输出提示信息",第 4 行用〈APPLET〉标记表示嵌入的字节码文件是 ExamApplet.class。

② 程序运行可使用命令:appletviewer ExamApplet.HTML,如图 9-3 所示。

图 9-3 一个 Java Applet 程序

4. 容器嵌套

所谓"容器嵌套"就是在容器中又包含另一个容器。在复杂的 GUI 设计中,要使布局管理更加方便灵活,并且外观简洁、美观,可以将一个包含构件的容器本身也作为一个构件整体添加到另一个容器中。

【例 9-4】 编程实现一个含容器嵌套的窗口。

```
1  import java.io. * ;
2  import java.awt. * ;
3  public class ExamNested{
4      Panel p;
5      Button b1,b2,b3,b4;
6      Frame f;
7      TextArea t;
8      public void begin() {
```

```
9        f=new Frame("这是容器嵌套的程序示例");
10       t=new TextArea("文本区");
11       b1=new Button("West");
12       b2=new Button("工作区");
13       f.add(b1,"West");
14       f.add(b2,"Center");
15       p=new Panel();
16       p.setLayout(new BorderLayout());
17       f.add(p,"North");
18       b3=new Button("打开文件");
19       b4=new Button("关闭文件");
20       p.add(b3,"North");
21       p.add(b4,"West");
22       p.add(t,"Center");
23       f.pack();
24       f.setVisible(true);
25   }
26   public static void main(String[] args) {
27       ExamNested en=new ExamNested();
28       en.begin();
29   }
30 }
```

说明:程序中的第 4 行声明面板对象 p,第 6 行声明窗体对象 f,第 7 行声明文本框对象 t。第 11～14 行将两个命令按钮放在窗体 f 中,第 18～21 行将两个命令按钮放在面板 p 中,程序运行结果如图 9-4 所示。

图 9-4  一个含容器嵌套的窗口

### 9.2.3　布局管理器(LayoutManager)

布局管理器是 Java 语言中用来控制构件排列位置的一种界面管理方式。Java 本身提供的布局管理系统也一样能够非常出色地完成编程的需要,而且在跨平台时表现得更为明显。与布局管理器相关的类包括:FlowLayout 类、BorderLayout 类、GridLayout 类、CardLayout 类和 GridBagLayout 类。

1. 流程布局管理器(FlowLayout)

FlowLayout 流程布局是 Panel 面板和 Applet 程序的默认布局管理器,构件在容器中的放置规律是以"行"为主序的,即要将容器中的一行排列好后再排下一行。若容器具有足够的宽度,则第一个构件先排列到容器中第一行的最左边,后续构件依次排列到上一个构件的右边。第一行排完后,接着排第二行。

FlowLayout 类的构造方法如下:

(1) FlowLayout():表示构件在该行中的默认位置是居中对齐,构件之间的横向间隔和纵向间隔都是默认的 5 个像素。

(2) FlowLayout(〈LEFT〉):指定构件在该行中的位置是左对齐,构件之间的横向间隔和纵向间隔都是默认的 5 个像素。

(3) FlowLayout(〈CENTER〉,20,40):第一个参数表示构件的对齐方式,用于表示构件在该行中的位置是居中对齐、右对齐还是左对齐;第二个参数是构件之间横向间隔的像素个数;第三个参数是构件之间纵向间隔的像素个数。

**注意**:若容器大小发生变化时,则用 FlowLayout 管理的构件也会随之发生变化。其变化规律是:构件大小不变,但相对位置会发生变化,这种情况在 Windows 中的"资源管理器"中可以见到。

【例 9-5】　编程实现一个 FlowLayout 布局管理器。

```
1    import java.io. * ;
2    import java.awt. * ;
3    public class ExamFlowLayout {
4         Frame fr;
5         Button b1;
6         Button b2;
7         Button b3;
8         public void forward() {
9              fr＝new Frame("这是一个 FlowLayout 布局管理器");
10             fr.setLayout(new FlowLayout());
11             b1＝new Button("命令按钮_1");
12             b2＝new Button("命令按钮_2");
13             b3＝new Button("命令按钮_3");
14             fr.add(b1);
15             fr.add(b2);
```

```
16          fr.add(b3);
17          fr.pack();
18          fr.setVisible(true);
19       }
20       public static void main(String[] args) {
21          ExamFlowLayout th＝new ExamFlowLayout ();
22          th.forward();
23       }
24 }
```

说明:程序中的第 4 行声明窗体对象实例 fr,第 10 行表示窗体 fr 将使用布局管理器 FlowLayout,第 11～17 行将三个命令按钮放在窗体 fr 中完成布局管理。程序运行结果如图 9-5 所示。

**图 9-5 一个 FlowLayout 布局管理器**

【例 9-6】 编程实现一个含构件变化的 FlowLayout 布局管理器。

```
1  import java.io. * ;
2  import java.awt. * ;
3  public class ExFlowLayout {
4     public static void main(String[] args) {
5        Frame fr＝new Frame("含构件变化的 FlowLayout 布局管理器");
6        fr.setLayout(new FlowLayout());
7        Button b1＝new Button("打开");
8        Button b2＝new Button("保存");
9        Button b3＝new Button("关闭");
10       fr.add(b1);
11       fr.add(b2);
12       fr.add(b3);
13       fr.setSize(400,300);
14       fr.setVisible(true);
15    }
16 }
```

说明:程序中的第 5 行声明窗体对象实例 fr,第 6 行表示窗体 fr 将使用布局管理器 Flow-Layout,第 7～12 行将三个命令按钮放在窗体 fr 中以完成布局管理,第 13 行设置窗体 fr 的大小,第 14 行设置窗体 fr 为可见的。程序运行结果如图 9-6 所示。

**图 9-6　一个含构件变化的 FlowLayout 布局管理器**

2. 边框布局管理器(BorderLayout)

边框布局将界面分为 North、South、East、West 和 Center 五个部分,在使用 add()方法添加构件时,必须注明添加到哪个区域。在使用布局管理器 BorderLayout 时,在容器大小发生变化后,用 BorderLayout 管理的构件也会随之发生变化。变化规律是:构件大小可以发生变化,但相对位置不变。

【例 9-7】　编程实现一个 BorderLayout 布局管理器。

```
1   import java.io. * ;
2   import java.awt. * ;
3   public class ExBorderLayout {
4       public static void main(String[] args) {
5           Frame fr=new Frame("这是一个 BorderLayout 布局管理器");
6           fr.setLayout(new BorderLayout());
7           fr.add("North",new Button("北"));
8           fr.add("South",new Button("南"));
9           fr.add("East",new Button("东"));
10          fr.add("West",new Button("西"));
11          fr.add("Center",new Button("中"));
12          fr.setSize(400,300);
13          fr.setVisible(true);
14      }
15  }
```

说明:程序中的第 5 行声明窗体对象实例 fr,第 6 行表示窗体 fr 将使用布局管理器 BorderLayout,第 7~11 行将五个命令按钮放在窗体 fr 中以完成布局管理,第 12 行设置窗体大小,第 13 行设置窗体为可见的。程序运行结果如图 9-7 所示。

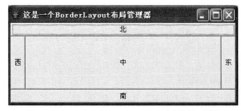

**图 9-7　一个 BorderLayout 布局管理器**

3. 网格布局管理器(GridLayout)

GridLayout 网格布局使容器中各个构件呈网格状布局,并平均占据容器空间,即使容器大小发生变化,每个构件还是平均占据容器空间。

【例 9-8】 编程实现一个 GridLayout 布局管理器(显示魔方数据,它满足每行、每列和两条对角线数据之和相等)。

```
1   import java.io. * ;
2   import java.awt. * ;
3   public class ExGridLayout {
4       public static void main(String[] args) {
5           Frame fr＝new Frame("这是一个 GridLayout 布局管理器");
6           fr.setLayout(new GridLayout(3,3));
7           fr.add(new Button("8"));
8           fr.add(new Button("1"));
9           fr.add(new Button("6"));
10          fr.add(new Button("3"));
11          fr.add(new Button("5"));
12          fr.add(new Button("7"));
13          fr.add(new Button("4"));
14          fr.add(new Button("9"));
15          fr.add(new Button("2"));
16          fr.setSize(400,300);
17          fr.setVisible(true);
18      }
19  }
```

说明:程序中的第 5 行声明窗体对象实例 fr,第 6 行表示窗体 fr 将使用 3×3 的布局管理器 GridLayout,第 7~15 行将 9 个命令按钮放在窗体 fr 中以完成布局管理,第 16 行设置窗体大小,第 17 行设置窗体为可见的。程序运行结果如图 9-8 所示。

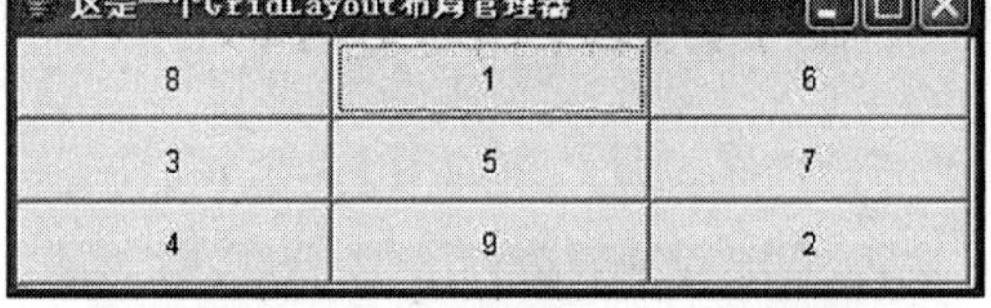

图 9-8　一个 GridLayout 布局管理器

4. 卡片布局管理器(CardLayout)

卡片布局管理器将容器中的每个构件看成一张卡片,一次只能看到一张卡片,容器则安放全部卡片。当容器第一次显示时,第一个添加到 CardLayout 对象的构件为可见构件。CardLayout 类的构造方法包括如下两种:

（1）CardLayout()，建立一个没有任何间隔的卡片布局管理器。

（2）CardLayout(int〈hgap〉,int〈vgap〉)，建立一个有间隔的卡片布局管理器。

说明：〈hgap〉表示水平间隔的像素值，〈vgap〉表示垂直间隔的像素值。

卡片布局管理器(CardLayout)的主要方法如表 9-3 所示。

表 9-3　卡片布局管理器的主要方法

| 方法 | 说明 |
| --- | --- |
| first(Container〈parent〉) | 显示第一张卡片 |
| last(Container〈parent〉) | 显示最后一张卡片 |
| next(Container〈parent〉) | 显示下一张卡片 |
| previous(Container〈parent〉) | 显示前一张卡片 |
| show(Container〈parent〉,String〈name〉) | 显示指定名称的卡片 |

说明：〈parent〉表示容纳卡片的容器，〈name〉用于指定卡片的名称。

# 9.3　AWT 构件库

美国 Sun Microsystems 公司在 1995 年首次发布 Java 语言的时候，它的内部就已经包含一个叫 AWT(Abstract Window Toolkit)的库，用来构建图形用户界面应用程序。如包含下拉菜单、命令按钮、滚动条、工具栏等 GUI 构件的 Java 程序，能够在 Windows、Solaris、Linux 等操作系统上运行而不必重新编译。

## 9.3.1　基本构件

1. 按钮

按钮(Button)属于常用构件，它的构造方法如下：

Button b = new Button("〈按钮名〉");

单击按钮后会自动产生 ActionEvent 事件，这时需要 ActionListener 接口进行监听和事件处理。ActionEvent 的对象调用 getActionCommand()方法可以获得按钮名，默认按钮名为 Command。但是，使用 setActionCommand()方法可为按钮设置新的标识符号。

【例 9-9】　编程实现一个按钮绝对定位的布局管理器。

```
1   import java.io. * ;
2   import java.awt. * ;
3   import javax.swing. * ;
4   public class AbsoluteLocation {
5       public static void main(String[] args) {
6           JFrame fr＝new JFrame("这是一个关于按钮绝对定位的布局管理器");
7           fr.setSize(240,180);
8           fr.setDefaultCloseOperation(JFrame.EXIT_ON_CLOSE);
```

```
9          Container cp＝fr.getContentPane();
10         JPanel jp＝new JPanel();
11         jp.setLayout(null);
12         JButton btn＝null;
13         int m＝0;
14         for (int i＝0; i＜3; i＋＋) {
15             for (int j＝0; j＜3; j＋＋) {
16                 btn＝new JButton((m＋＋)＋" ");
17                 btn.setBounds(j * 50＋120,i * 30＋80,46,28);
18                 jp.add(btn);
19             }
20         }
21         cp.add(jp);
22         fr.setSize(400,300);
23         fr.setVisible(true);
24     }
25 }
```

说明：程序中的第6行声明窗体对象实例 fr,第9行声明容器对象实例 cp,第10行声明面板对象实例 jp,第14～20行使用二重循环,并分别为9个命令按钮指定一个坐标数值。程序运行结果如图 9-9 所示。

图 9-9    一个关于按钮绝对定位的布局管理器

**注意**：读者可将程序中的第17行改为 btn.setBounds(j * 50＋120,i * 30＋80,46,28);后,分析程序运行结果。

2．下拉式菜单

下拉式菜单(Choice)每次只能选择其中一个菜单项,也适用于级联菜单。

**注意**：下拉式菜单是用 ItemListener 接口进行监听的。

3．复选框

复选框(Checkbox)提供简单的"是否选择"切换,旁边显示文本标签内容。复选框的构造方法如下：add(new Checkbox("〈复选框〉"))。

4. 复选框组

复选框组(CheckboxGroup)可实现"单选"的功能,也就是复选框组中最多只有一个复选框被选中。

5. 画布

任何应用程序必须继承画布(Canvas)类才能获得有用功能,如创建自定义构件,画布构件主要监听各种鼠标事件和键盘事件。如果想在画布上完成一些图形处理,则必须重写 Canvas 类中的 paint()方法。如果要在画布构件中输入字符信息,则必须先调用 requestFocus() 方法。

6. 单行文本输入区

单行文本输入区(TextField)表示文本输入区中只能显示一行,当按下回车键时会产生 ActionEvent 事件,通过 ActionListener 接口中的 actionPerformed()方法对事件进行处理。它的使用方法如表 9-4 所示。

表 9-4　单行文本输入区的使用方法

| 方法 | 说明 |
| --- | --- |
| TextField t1,t2,t3,t4 | 声明四个单行文本输入区的对象实例 |
| t1＝new TextField() | 设置内容为空的单行文本输入区 |
| t2＝new TextField("",40) | 设置显示区域 40 列的单行文本输入区 |
| t3＝new TextField("Java ") | 按指定文本显示 |
| t4＝new TextField("Program",30) | 按指定文本显示,显示区域为 30 列 |

另外,使用 setEditable(boolean)方法可以设置单行文本输入区为只读方式。

7. 文本输入区

所谓文本输入区(TextArea)表示可以显示多行多列的文本,其中可以显示水平滚动条和垂直滚动条。如果要将文本输入区设置为只读方式,则可用 setEditable(boolean)方法。如果要判断文本是否输入完毕,则可以在文本输入区旁边设置一个按钮,通过按钮单击产生的 Ac-tionEvent 事件来对输入文本进行处理。

8. 框架

框架(Frame)属于顶级窗口,既可显示标题,又可重新设置大小。在关闭框架时,系统将自动产生 WindowEvent 事件。不过,框架不能直接监听键盘输入事件。

9. 列表

列表(List)中可提供多个文本选项,列表支持滚动条,以便浏览多项文本。

10. 对话框

对话框(Dialog)属于 Windows 类中的子类。

**注意**:对话框和一般窗口的主要区别在于任何对话框都依赖于其他应用程序窗口,另外,只有对话框才分为模态对话框和非模态对话框。

11. 文件对话框

文件对话框(FileDialog)一般用于打开文件或保存文件过程中。

12. 菜单

所谓菜单(Menu)是一种非常常用的操作方式。如果无法将菜单添加到容器中,也无法使用布局管理器进行控制,则菜单将只能被添加到"菜单条"(MenuBar)中。

13. 菜单条

所谓菜单条(MenuBar)只能被添加到 Frame 对象中,作为整个菜单结构的起点。

14. 下拉菜单

下拉菜单可以被添加到 MenuBar 中或其他 Menu 保留中。

15. 菜单项

菜单项(MenuItem)是菜单系统中的"叶节点",菜单项通常被添加到一个菜单中。菜单项 MenuItem 对象可以添加到 ActionListener,以便能够完成相应的操作。

16. 字体

java.awt.Font 包和 java.awt.FontMetrics 包中都提供字体操作,其中在 java.awt.Font 包中还提供二维 API 字体的一些高级应用。不同系统环境提供各种各样的字符集,字体没有实例变量,但是可以通过指定字体名、字型和大小创建一个字体实例。使用字体时,可沿用系统中的默认 toolkit 设置。

17. 外观颜色

java.awt.Color 类提供许多颜色方法,可以用颜色常数、颜色的构造方法来产生颜色对象实例,颜色常数主要包括:black(黑)、blue(蓝)、cyan(青)、darkGray(深灰)、gray(灰)、green(绿)、lightGray(浅灰)、magenta(紫红)、orange(桔红)、pink(粉红)、red(红)、white(白)、yellow(黄)等。java.awt.SystemColor 类中封装系统的默认颜色,另外 java.awt.color 包中提供了二维 API 颜色空间的一些高级应用。颜色的构造方法有很多种,它们的一般构造方法如下:

color(int ⟨r⟩,int ⟨g⟩,int ⟨b⟩)。

说明:⟨r⟩、⟨g⟩、⟨b⟩分别表示红、绿、蓝的整数值,范围为 $0 \sim 255$。

例如:方法 setForeground(Color.blue)可以设置当前构件的前景为蓝色,方法 setBackground(new Color(int ⟨r⟩,int ⟨g⟩,int ⟨b⟩))可以设置当前构件的背景为组合色。

### 9.3.2　构件与监听器

所谓构件是各种各样的类,封装了 GUI 系统的许多基本元素。容器也是构件,它的主要作用就是容纳其他构件。有时还会使用容器嵌套,如像 Panel 这样的容器也经常被用为构件添加到其他容器中。布局管理器是 Java 语言与其他编程语言在图形系统方面较为显著的区别,容器中各个构件的位置是由布局管理器来决定的。Java 语言共有五种布局管理器,每种布局管理都有自己的放置规律。

事件处理机制能够让图形界面响应用户的操作,主要涉及事件源、事件、事件处理者等三个内容。其中,事件源就是图形界面上的构件;事件就是对用户操作的描述;而事件处理者是处理事件的类。因此,对于 AWT 中所提供的各个构件,都需要了解该构件经常发生的事件以及处理该事件相应的监听器接口。

# 9.4　Swing 简介

### 9.4.1　用 Swing 编写程序

1. AWT 的不足

AWT 设计的目标是支持开发 Applet 应用程序的界面,因此功能还不够强大,如早期 AWT 甚至没有弹出式菜单或滚动窗口等基本图形元素。其次,AWT 系统存在着严重缺陷,由于 AWT 适应基于继承的、具有很大伸缩性的事件模型,从而使基于同种体系结构也就成为其致命的弱点。另外,AWT 构件通过与具体平台相关的对等类(peer to peer)实现,所以通用性不佳。

2. Swing 概述

Java 语言在编写图形用户界面方面的新技术就是 Swing,它是在 AWT 的基础上发展而来的。Swing 中提供许多开发包,极大地丰富了 Java 系统的图形界面功能。另外,Swing 比 AWT 构件具有更强的实用性,在不同的平台上表现一致。

Swing 使用 MVC 的设计范式,即"模型－视图－控件"(Model－View－Controller),其中模型部分用于保存内容,视图部分用于显示内容,控件部分用于控制用户输入。Swing 采用可插式的外观感觉(Pluggable Look and Feel,PL&F)。在 AWT 构件中,由于控制构件外观的对等类与具体平台相关,使得 AWT 构件总是只有与本机相关的外观,Swing 可以使得 Java 程序在一个平台上运行时能够有不同的外观,用户可以自己设计外观。

3. Swing 的类层次结构

Swing 是基础类库 JFC(Java Foundation Classes)中的一部分,由表 9-5 中的许多包组成。

表 9-5　Swing 的类层次结构

| 包 | 描述 |
| --- | --- |
| com.sum.swing.plaf.motif | 属于用户界面代表类,可实现 Motif 界面样式 |
| com.sum.java.swing.plaf.windows | 属于用户界面代表类,可实现 Windows 界面样式 |
| Javax.swing Swing | 表示构件和使用工具 |
| Javax.swing.border Swing | 表示轻量构件的边框 |
| Javax.swing.colorchooser | 表示 JColorChooser 的支持类与接口 |
| Javax.swing.event | 表示事件和监听器类 |
| Javax.swing.filechooser | 表示 JFileChooser 的支持类与接口 |
| Javax.swing.plaf | 定义可插入外观性能的接口和类 |
| Javax.swing.plaf.basic | 实现所有标准界面样式的基类 |
| Javax.swing.plaf.metal | 实现 Java 风格界面的类,为默认用户界面 |
| Javax.swing.plaf.multi | 属于多种界面风格的类 |
| Javax.swing.table | 表示包含 JTable 构件 |

| 包 | 描述 |
| --- | --- |
| Javax.swing.text | 表示支持文档的显示和编辑 |
| Javax.swing.text.html | 表示支持显示的编辑 HTML 文档 |
| Javax.swing.text.html.parser | 表示 HTML 文档的语法分析器 |
| Javax.swing.text.rtf | 支持显示和编辑 RTF 文件 |
| Javax.swing.tree | 表示 JTree 构件的支持类 |
| Javax.swing.undo | 表示支持取消操作 |

说明：Swing 包是 Swing 提供的包，它包含近百个类和数十个接口，几乎所有的 Swing 构件都在 Swing 包中。在 Swing.event 包中，定义事件和事件监听器类，与 AWT 的 event 包类似，它们都包括事件类和监听器接口。

（1）swing.tree 是 JTree 的支持类。

（2）swing.table 包中主要包括表格构件（JTable）的支持类。

（3）swing.text、swing.text.html、swing.text.html.parser 和 swing.text.rtf 都是用于显示和编辑文档的包。

**注意**：JtableHeader 类属于 swing.table 包，JtextConent 属于 swing.text 包。

Swing 的类层次结构如下：

```
java.awt.Component
    —java.awt.Container
        —java.awt.Window
            —java.awt.Frame—javax.swing.JFrame
            —javax.Dialog—javax.swing.JDialog
            —javax.swing.JWindow
        —java.awt.Applet—javax.swing.JApplet
        —javax.swing.Box
        —javax.swing.JComponet
```

**【例 9-10】** 编程实现一个简单的 Swing 程序。

```
1  import java.io. * ;
2  import javax.swing. * ;
3  public class ExamSwing{
4      public static void main(String[] args) {
5          JFrame f＝new JFrame("这是一个简单的 Swing 程序");
6          JLabel lb＝new JLabel("这是一个简单的 Swing 程序");
7          f.getContentPane().add(lb);
8          f.setSize(400,300);
```

```
9            f.setVisible(true);
10       }
11  }
```

说明：程序中的第 5 行声明窗体对象实例 f，第 6 行声明标签对象实例 lb，第 7 行将标签 lb 添加到窗体 f 中，第 8 行设置窗体 f 的大小，第 9 行设置窗体 f 为可见的。程序运行结果如图 9-10 所示。

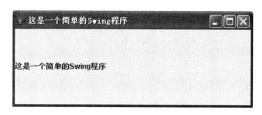

图 9-10　一个简单的 Swing 程序

### 9.4.2　Swing 构件分类

从 Swing 的类层次结构中可知，Jcomponent 类是大多数 Swing 构件的父类，属于抽象类。JComponent 类继承自 Container 类，所以该类也可作为容器使用，它的类层次结构如下。

```
java.lang.Object
    |
    +——java.awt.Component
        |
        +——java.awt.Container
            |
            +——javax.swing.JComponent
```

1. 从功能上进行构件分类

从功能上可将构件分为：顶层容器、中间容器、特殊容器、基本控件、表示不可编辑信息的构件和表示可编辑信息的构件。

（1）顶层容器：在用 Java 进行图形编程时，常需要一个能够提供图形绘制的容器，这个容器就被称为顶层容器。顶层容器是进行图形编程的基础，一切图形化的东西，都必然存放在顶层容器中。在 Swing 中，我们有三种可以使用的顶层容器，它们分别是：JFrame、JDialog 和 JApplet。

（2）中间容器：如 JPanel、JScrollPane、JSplitPane、JToolBar 等构件。

（3）特殊容器：如 JInternalFrame、JLayeredPane、JRootPane 等构件，属于在图形用户界面中起特殊作用的中间层。

（4）基本控件：如 Jbutton、JComboBox、JList、Jmenu、JSlider、JtextField 等构件，用于实现人机交互的构件。

（5）表示不可编辑信息：如 JLabel、JProgressBar、ToolTip 等，表示向用户显示不可编辑信息的构件。

（6）表示可编辑信息：如 JColorChooser、JFileChooser、JTable、JTextArea 等，表示向用户显示能被编辑的格式化信息的构件。

2. JComponent 类的特殊功能分类

从 JComponent 类的特殊功能可将构件分为：边框设置、双缓冲区、提示信息、键盘导航、支持布局、可插入 L&F 等。

JFrame 类继承 AWT 工具包中的 Frame 类，支持 Swing 结构的许多高级 GUI 属性，可用于设计类似于 Windows 系统中的窗口界面。

【例 9-11】 编程实现一个空的 JFrame 窗口。

```
1    import java.io. * ;
2    import javax.swing.JFrame;
3    public class ExamJFrame {
4        public static void main(String[] args) {
5            JFrame fr＝new JFrame("这是一个空的 JFrame 窗口");
6            fr.setSize(400,300);
7            fr.setDefaultCloseOperation(JFrame.EXIT_ON_CLOSE);
8            fr.setVisible(true);
9        }
10   }
```

说明：程序中的第 5 行声明窗体对象实例 fr，第 6 行设置窗体 fr 的大小，第 7 行设置窗体 fr 是可以关闭的，第 8 行设置窗体 fr 为可见的。程序运行结果如图 9-11 所示。

图 9-11　一个空的 JFrame 窗口

【例 9-12】 编程实现一个含标签和图像的 JFrame 窗口。

```
1    import java.io. * ;
2    import javax.swing. * ;
3    public class ExJFrame {
4        public static void main(String[] agrs) {
5            JFrame frm＝new JFrame("这是一个含标签和图像的 JFrame 窗口");
6            frm.setSize(400,300);
7            frm.setDefaultCloseOperation(JFrame.EXIT_ON_CLOSE);
8            ImageIcon icon＝new ImageIcon("splash.JPG");
9            JLabel label＝new JLabel("这是一个图像",icon,JLabel.CENTER);
```

```
10              frm.getContentPane().add(label);
11              frm.setVisible(true);
12          }
13  }
```

说明：

（1）首先要在当前目录下存放图像文件 splash.JPG。

（2）程序中的第 5 行声明窗体对象实例 frm，第 6 行设置窗体 frm 的大小，第 7 行设置窗体 frm 是可以关闭的，第 8 行声明图像对象实例 icon 并初始化为文件"splash.JPG"，第 9 行声明标签对象实例 label 并进行初始化，第 10 行将图像 icon 和标签 label 添加到窗体 frm 中，第 11 行设置窗体 frm 为可见的。程序运行结果如图 9-12 所示。

图 9-12　一个含标签和图像的 JFrame 窗口

### 9.4.3　各种容器面板和构件

1. 根面板

根面板由三部分组成：玻璃面板（glassPane）、内容面板（contentPane）和一个可选择的菜单条（JMenuBar）。其中，内容面板和可选择的菜单条放在同一分层，玻璃面板的默认值为不可见，仅为接收鼠标事件和进行构件绘图提供方便，根面板提供的主要方法如表 9-6 所示。

表 9-6　根面板提供的主要方法

| 方法 | 说明 |
| --- | --- |
| Container getContentPane() | 获得内容面板 |
| setContentPane(Container) | 设置内容面板 |
| JMenuBar getMenuBar() | 激活菜单条 |
| setMenuBar(JMenuBar) | 设置菜单条 |
| JLayeredPane getLayeredPane() | 获得分层面板 |
| setLayeredPane(JLyaeredPane) | 设置分层面板 |
| Component getGlassPane() | 获得玻璃面板 |
| setGlasspane(Component) | 设置玻璃面板 |

2. 分层面板

Swing 中提供两种分层面板，即 JLayeredPane 面板和 JDesktopPane 面板。其中，JDesktopPane 面板是 JLayeredPane 面板的子类,它专门用于容纳内部框架。要向一个分层面板中添加构件,需要说明加入哪层并指明构件在分层面板中的位置,如:

add(Component〈c〉,Int〈Layer〉,int〈position〉)

说明:〈c〉表示构件,〈Layer〉表示层数,〈position〉表示位置。

3. 面板

面板(JPanel)的用法与 Panel 相同,用于包含 GUI 元素。要在布局管理器中容纳更多的构件,可以使用容器嵌套。JPanel 的默认布局管理器是 FlowLayout,它的类层次结构如下所示:

```
java.lang.Object
      |
      +——java.awt.Component
            |
            +——java.awt.Container
                  |
                  +——javax.swing.JComponent
                        |
                        +——javax.swing.JPanel
```

4. 分隔面板

分隔面板(JSplitPane)专门用于分隔两个构件,两个构件之间的分隔方式有两种:按照水平方向分隔和按照垂直方向分隔。它的类层次结构如下所示:

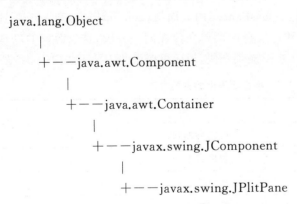

```
java.lang.Object
      |
      +——java.awt.Component
            |
            +——java.awt.Container
                  |
                  +——javax.swing.JComponent
                        |
                        +——javax.swing.JPlitPane
```

分隔面板(JSplitPane)中的主要方法如表 9-7 所示。

表 9-7 分隔面板的主要方法

| 方法 | 说明 |
| --- | --- |
| addImpl(Component〈comp〉,Object〈constraints〉,int〈index〉) | 增加指定构件 |
| setTopComponent(Component〈comp〉) | 设置顶部构件 |
| setDividerSize(int〈newSize〉) | 设置拆分大小 |
| setUI(SplitPaneUI〈ui〉) | 表示设置外观 |

说明:〈comp〉指定构件,〈constraints〉指定构件所在的容器,〈index〉表示构件在容器中的序号,〈newSize〉表示构件拆分的大小,〈ui〉指定分隔面板的外观。

5. 滚动面板

滚动面板(JScrollPane)就是带滚动条的面板,通过面板中的滚动条就可以查看内部构件的构造情况。

6. 选项板

选项板(JTabbedPane)提供四个可选的、带有标签或图标的选项,每个选项下面都对应一个构件,这四个选项标记为:"One"、"Two"、"Three"、"Four"。选项板中的主要方法如表 9-8 所示。

表 9-8　选项板的主要方法

| 方法 | 说明 |
| --- | --- |
| add(String〈title〉,Component 〈component〉) | 增加一个带指定标题的构件 |
| addChangeListener(〈ChangeListener1〉) | 注册一个可变监听器 |

7. 工具栏

工具栏(JtoolBar)提供显示 Action 或构件的组件,用于实现包含有 Java 程序常用动作的工具栏构件,可以把任意类型的构件添加到工具栏上,但通常添加的是按钮,它的主要方法如表 9-9 所示。

表 9-9　工具栏的主要方法

| 方法 | 说明 |
| --- | --- |
| JToolBar(String 〈name〉) | 表示构造方法 |
| getComponentIndex(Component 〈c〉) | 返回一个构件的序号 |
| getComponentAtndex(int 〈i〉) | 获得一个指定序号的构件 |

8. 内部框架

内部框架(JInternalFrame)就是窗口内部的另一个窗口,内部框架中所使用的主要过程如下:

1　JFrame frame＝new JFrame("Example")

2　JDesktopPane desktop＝new JDesktopPane()

3　MyInternalFrame myframe＝new MyInternalFrame()

4　desktop.add(myframe)

5　myframe.setSelected(true)

6　frame.setContentPane(desktop)

说明:程序中的第 1 行声明窗体对象实例 frame,第 2 行声明 JDesktopPane 对象实例 desktop 作为容器,第 3 行声明内部框架对象实例 myframe,第 4 行将内部框架 myframe 添加到容器 desktop 中,第 5 行表示内部框架是可用的,第 6 行将容器 desktop 设置为窗体 frame

的内容面板。

9. 按钮

按钮(JButton)属于常用构件,Swing 中的按钮上还可以同时显示文字和图标,甚至只有图标本身都是可以的,这样就构成图形按钮。JButton 的类层次关系如下所示:

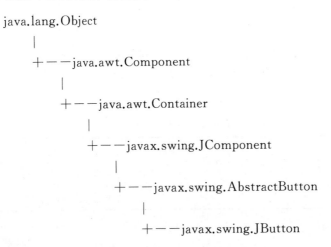

```
java.lang.Object
    |
    +——java.awt.Component
        |
        +——java.awt.Container
            |
            +——javax.swing.JComponent
                |
                +——javax.swing.AbstractButton
                    |
                    +——javax.swing.JButton
```

按钮(JButton)中的构造方法如表 9-10 所示。

表 9-10　按钮的构造方法

| 方法 | 说明 |
| --- | --- |
| JButton(Icon ⟨icon⟩) | 表示按钮上只显示图标 |
| JButton(String ⟨text⟩) | 表示按钮上只显示字符 |
| JButton(String text,Icon icon) | 表示按钮上可同时显示图标和字符 |

说明:⟨icon⟩用于指定图标文件,⟨text⟩用于指定文本信息。

10. 组合框

组合框 JComboBox 是按钮或可编辑字段与下拉列表组合而成的构件,操作时可以从下拉列表中选择值。如果使组合框处于可编辑状态,则可以在组合框中进行输入。

11. 单选框

AWT 中通过复选框组 CheckBoxGroup 来实现单选框功能,而 Swing 中则直接提供一个专用的单选框构件(JRadioButton)。

12. 复选框

Swing 中的复选框(JCheckBox)与 AWT 中的复选框(CheckBox)功能一样,都可提供简单的"是否选择"切换,并在旁边显示文本标记。

13. 文件选择器

文件选择器(JFileChooser)用于选择文件名,且内含"打开"对话框和"另存为"对话框,它的功能与 AWT 中的文件对话框(FileDialog)功能类似。

14. 列表

列表(JList)可以使用列表形式显示许多选项,而且列表中的项目可以由任何类型的对象构成,同时又提供单选操作和多选操作。

15. 标签(JLabel)

标签(JLabel)可以只提供文字的标签,也可以提供带图标的标签,并且图标和文字的存放位置是可以设置的。它的功能与 AWT 中的标签(Label)功能类似。

16. 进度条

使用进度条(JProgressBar)可以显示程序执行进度,定时器可定时执行一定的操作。进度条提供图形化的进度描述,即从"空"到"满"的过程,在安装软件过程中经常可能看到进度条。

17. 滑动杆

滑动杆(Jslider)是以图形方式在一个区间内通过移动滑块来选择值的构件,可显示主刻度标记和次刻度标记。滑动杆也可以在固定时间间隔(或在任意位置)沿滑块刻度显示文本标签,标签绘制由方法 setLabelTable()和 setPaintLabels()控制。

【例 9-13】　编程实现一个关于滑动杆的程序。

```
1    import java.io. * ;
2    import java.awt. * ;
3    import javax.swing. * ;
4    public class ExSlider {
5        public static void main(String[] args) {
6            Jframe f=new JFrame("关于滑动杆的程序示例");
7            f.setSize(120,120);
8            f.setDefaultCloseOperation(JFrame.EXIT_ON_CLOSE);
9            Container cp=f.getContentPane();
10           JSlider s=new JSlider(0,100);
11           s.setMajorTickSpacing(10);
12           s.setMinorTickSpacing(5);
13           s.setPaintLabels(true);
14           s.setPaintTicks(true);
15           cp.add(s);
16           f.setVisible(true);
17       }
18   }
```

说明:程序中的第 6 行声明窗体对象实例 f,第 7 行设置窗体 f 的大小,第 8 行设置窗体 f 是可以关闭的,第 9 行声明容器对象实例 cp,第 10 行声明滑动杆对象实例 s,第 11、12 行设置将滑动杆 s 具体取值,第 15 行将滑动杆 s 添加到容器 cp 中,第 16 行设置窗体 f 为可见的。程序运行结果如图 9-13 所示。

18. 菜单

在 Java 系统中,菜单容器指菜单条 JMenuBar,菜单指 JMenu,菜单项指 JMenuItem。实际上,Swing 中的菜单(JMenu)结构和 AWT 的菜单(Menu)结构类似。很明显,Swing 中的菜

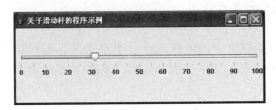

图 9-13　一个关于滑动杆的程序

单结构使用起来比 AWT 的菜单结构灵活。

19. 表格

表格(JTable)是 Swing 独有的构件,功能强大、灵活并易于执行。用于将数据以行列形式显示出来,并允许对表格中的数据进行修改。在使用表格时,最好依据"模型－视图－控件"(MVC)思想,首先生成一个 MyTableModel 类的对象实例来表示数据,该类是从 AbstractTableModel 类中继承而来的,其中部分成员方法需要重写。JTable 类生成的对象以 TableModel 为参数,并负责将 TableModel 对象中的数据以表格的形式显示出来。JTable 类中,常用方法包括:

(1) getModel()表示获得表格的数据来源对象。

(2) JTable(TableModel dm)表示 dm 对象中包含表格要显示的数据。

JTable 类中的两个构造方法如下:

① JTable(object [][] rowData,object [] columnNams);

② JTable(Vector [][] rowData,Vector [] columnNams);

说明:rowData 表示数据,columnNams 表示表格第一行中的显示内容。

【例 9-14】　编程实现一个关于表格构件的窗口。

```
1    import java.io. * ;
2    import javax.swing. * ;
3    import java.awt.Container;
4    import javax.swing.table. * ;
5    public class ExJTable {
6        public static void main(String[] args) {
7            JFrame fr＝new JFrame("这是一个关于表格构件的程序");
8            fr.setSize(480,400);
9            fr.setDefaultCloseOperation(JFrame.EXIT_ON_CLOSE);
10           Container cp＝fr.getContentPane();
11           Object ob[][]＝new Object[8][6];
12           for (int i＝0; i＜8; i＋＋) {
13               ob[i][0]＝"0842666"＋i;
14               for (int j＝1; j＜6; j＋＋) ob[i][j]＝60＋10 * (i * 5＋j－3) ％ 19;
15           }
16           String str[]＝{"学号","数学","物理","化学","语文","政治"};
```

```
17          JTable tb＝new JTable(ob,str);
18          cp.add(new JScrollPane(tb));
19          fr.setVisible(true);
20      }
21  }
```

说明:程序中的第 7 行声明窗体对象实例 fr,第 8 行设置窗体 fr 的大小,第 9 行设置窗体 fr 是可以关闭的,第 10 行声明容器对象实例 cp,第 11 行声明一个 8×6 的数组 ob,第 12 到 15 行使用二重循环生成数组 ob 中的全部数据,第 16 行声明表格对象实例 tb,第 17 行将数组 ob 中的数据放入表格 tb 中,第 18 行在容器 cp 中显示表格内容,第 19 行设置窗体 fr 为可见的。程序运行结果如图 9-14 所示。

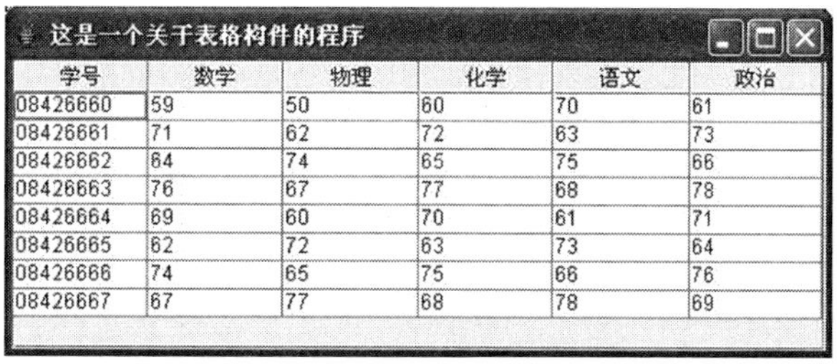

**图 9-14　一个关于表格构件的窗体**

20. 树(JTree)

如果要显示一个层次关系分明的一组数据,用树状图表示能产生直观感觉。树以垂直方式显示数据,每行显示一个节点。JTree 类如同 Windows 系统中的资源管理器,通过点击可以"打开"文件夹或"关闭"文件夹,并展开树状结构的图示。树(JTree)也是依据"模型－视图－控件"(MVC)的思想进行设计的,主要功能是把数据按照树状进行显示。

【例 9-15】　编程实现一个含"树"结构的窗口。

```
1   import javax.swing. * ;
2   import javax.swing.tree. * ;
3   import java.awt. * ;
4   public class TreePanel{
5   public static void main(String[] agrs){
6       JFrame frame＝new JFrame("这是一个树型目录的窗体");
7       frame.setSize(330,300);
8       frame.setDefaultCloseOperation(JFrame.EXIT_ON_CLOSE);
9       frame.getContentPane().add(new TreePanel().createComponent());
10      frame.setVisible(true);
11  }
12  private JComponent createComponent(){
13      JSplitPane splitPane＝new JSplitPane(JSplitPane.HORIZONTAL_
```

```
       SPLIT ,true);
14     splitPane.setTopComponent(createLeftPanel());
15     splitPane.setRightComponent(createRightPanel());
16     splitPane.setVisible(true);
17     return splitPane;
18 }
19 public JPanel createLeftPanel(){
20 JPanel panel=new JPanel();
21 DefaultMutableTreeNode  root=new DefaultMutableTreeNode("学院专业课程");
22 DefaultMutableTreeNode  node01=new DefaultMutableTreeNode("计算机应用");
23 DefaultMutableTreeNode  node02=new DefaultMutableTreeNode("计算机工程");
24 DefaultMutableTreeNode  node03=new DefaultMutableTreeNode("网络工程");
25 root.add(node01);root.add(node02);root.add(node03);
26 DefaultMutableTreeNode node0101,node0102,node0103,node0104;
27 node0101=new DefaultMutableTreeNode("数据结构");
28 node01.add(node0101);
29 node0102=new DefaultMutableTreeNode("操作系统");
30 node01.add(node0102);
31 node0103=new DefaultMutableTreeNode("软件工程");
32 node01.add(node0103);
33 node0104=new DefaultMutableTreeNode("网页设计");
34 node01.add(node0104);
35 DefaultMutableTreeNode node0201,node0202;
36 node0201=new DefaultMutableTreeNode("软件工程");
37 node02.add(node0201);
38 node0202=new DefaultMutableTreeNode("数据库设计");
39 node02.add(node0202);
40 DefaultMutableTreeNode node0301,node0302;
41 node0301=new DefaultMutableTreeNode("程序设计");
42 node03.add(node0301);
43 node0302=new DefaultMutableTreeNode("网页设计");
44 node03.add(node0302);
45 JTree tree=new JTree(root);
46 panel.add(tree);
47 panel.setVisible(true);
48 return panel;
49 }
50 public JPanel createRightPanel(){
51     JPanel panel=new JPanel(new GridLayout(10,1));
```

```
52        String names[]={"学院:计算机学院","学制:4 年","学费:4500/年"};
53        for (int i=0; i<names.length; i++)  {
54            panel.add(new JLabel(names[i]));
55        }
56        panel.setVisible(true);
57        return panel;
58        }
59   }
```

　　说明:本程序中的相同设计较多,读者可以自行深入理解其中的部分内容,程序运行结果如图 9-15 所示。

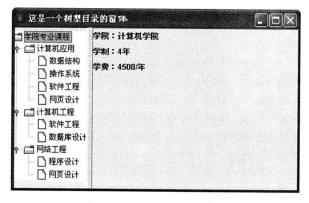

**图 9-15　一个含"树"结构的窗体**

## 9.5　事件处理机制

　　在 Java 系统中,图形用户界面的程序设计过程普遍采用构件思想来进行。要设计好图形用户界面,应该算是处理好使用 AWT 开发包和 Swing 开发包的三个问题:如何安排图形界面中的全部构件? 如何让构件能够响应用户的操作? 如何设计每个构件的外观和显示效果?

### 9.5.1　AWT 事件处理模型

　　要使图形界面能够接收用户操作,则必须给各个构件加上事件处理机制。在事件处理过程中,主要涉及三类对象:事件、事件源和事件处理者,如表 9-11 所示。

**表 9-11　事件、事件源和事件处理者**

| 名称 | 对象 | 说明 |
| --- | --- | --- |
| event | 事件 | 表示对界面进行操作后的描述,以类形式出现 |
| event source | 事件源 | 指定事件发生场所,通常就是某个构件 |
| event handler | 事件处理者 | 表示接收事件对象并对其进行处理的对象 |

在 Java 系统中,同一个事件源上可能发生多种事件,所以必须采取授权处理机制,即由事件源把所有可能发生的事件分别授权给不同的事件处理者进行处理。事件处理者又称为监听器,主要功能是时刻都在监听事件源上所有发生的事件类型。一旦该事件类型与事件处理者所负责处理的事件类型一致,就进行处理,从而使事件源和监听器二者分开。

事件处理者通常是一个类,该类能够处理某种类型的事件,且必须实现与该事件类型相对应的接口。例如,Java 系统中的事件源可以是一个按钮,对应 ActionEvent 对象,而产生此事件的原因在于用户"单击按钮"操作。

### 9.5.2 AWT 事件类

AWT 事件类包括两个:java.lang.Object 类和 java.awt.AWTEvent 类。

1. java.lang.Object 类

java.lang.Object 类的层次结构如下:

```
java.lang.Object
    |
    +－－java.util.EventObject
```

从 java.lang.Object 类的层次结构可知,java.util.EventObject 类是所有事件对象的父类,所有事件对象都是由该类派生的,如下程序片段将引用 java.lang.Object 类。

```
1    public class EventObject implements java.io.Serialization {
2        protected EventObject(Object source)
3        public Object getSource();
4        public String toString();
5    }
```

说明:第 1 行表示 EventObject 类继承自 java.lang.Object 类并实现串行化接口,第 2 行通过 EventObject()方法构造一个事件类,第 3 行通过 getSource()方法得到事件源对象,第 4 行通过 toString()方法得到对象标识串。

2. java.awt.AWTEvent 类

与 AWT 有关的所有事件类都是由 java.awt.AWTEvent 类派生的,它也是 EventObject 类的子类。这些 AWT 事件分为两大类:低级事件和高级事件。

(1) 低级事件是指基于构件和容器的事件,只能在一个构件上发生事件,具体情况如表 9-12 所示。

表 9-12 低级事件

| 事件 | 名称 | 说明 |
| --- | --- | --- |
| ComponentEvent | 构件事件 | 构件尺寸变化或移动 |
| ComtainerEvent | 容器事件 | 容器中有构件增加或移动 |
| WindowEvent | 窗口事件 | 关闭窗口、最小化窗口或图标化 |
| FocusEvent | 焦点事件 | 获得和丢失焦点 |

续表

| 事件 | 名称 | 说明 |
|---|---|---|
| KeyEvent | 键盘事件 | 键盘按下或松开 |
| MouseEvent | 鼠标事件 | 鼠标单击或移动 |

**注意**:焦点是一个图形界面设计中的一个重要概念。在窗体的许多界面元素中,如果使用键盘输入文本,则会自动地将文本内容发送给某个界面对象,这时我们可以称该界面对象得到一个焦点。反之,在一个界面对象得到焦点后,原来拥有焦点的界面对象将自动失去焦点。

（2）高级事件。高级事件又称为语义事件,是指它可以不和特定的动作相关联而依赖于触发此事件的类,具体情况如表 9-13 所示。

**表 9-13　高级事件**

| 事件 | 名称 | 说明 |
|---|---|---|
| ActionEvent | 动作事件 | 按下按钮或在文本区中按"Enter"键 |
| AdjustmentEvent | 调节事件 | 在滚动条上移动滑块以调节数值大小 |
| ItemEvet | 项目事件 | 选择项目 |
| TextEvent | 文本事件 | 改变文本对象 |

### 9.5.3　事件监听器

事件监听器 Listener 是一种接口,它是根据动作来定义方法的,并且每类事件都有事件监听器。在 AWT 的构件类中,提供了许多注册和注销监听器的方法。

（1）表示注册监听器的方法:public void add(listener);

（2）表示注销监听器的方法:public void remove(listener)。

所有 AWT 事件及其相应的监听器接口,共分为 10 类事件和 11 个接口。在 Java 语言中,类之间的层次非常分明,且只支持单继承机制。要实现多重继承,只能使用 Java 系统中的接口,一个类可以实现多个接口,在 AWT 中,程序员就经常用到声明和实现多个接口的情况。但无论实现多少接口,接口中已定义的方法必须分别实现,虽然某些方法不需要具体操作,但可用空方法体来代替。

### 9.5.4　事件适配器

事件适配器（Adapter）提供一种实现监听器的简单手段,可以缩短程序代码。Java 语言为部分事件监听器接口提供适配器类,用户可通过继承相应事件的 Adapter 类来重写所需方法。不过由于 Java 系统只能使用单继承,所以当需要多种监听器或此类已有父类时,就不能使用事件适配器。

1. 事件适配器

在 java.awt.event 包中,所定义的事件适配器（EventAdapter）类如表 9-14 所示。

Java 程序设计语言

**表 9-14　java.awt.event 包**

| 类 | 说明 | 类 | 说明 |
|---|---|---|---|
| ComponentAdapter | 构件适配器 | ContainerAdapter | 容器适配器 |
| FocusAdapter | 焦点适配器 | KeyAdapter | 键盘适配器 |
| MouseAdapter | 鼠标适配器 | MouseMotionAdapter | 鼠标移动适配器 |
| WindowAdapter | 窗口适配器 | | |

**2. 使用内部类实现事件处理**

在一个类的内部嵌套定义的类称为内部类,主要特点如下:

(1) 在编写事件驱动程序时,使用内部类也是非常容易实现的。

(2) 在实现事件监听器时,使用内部类来编程非常容易。

(3) 内部类的类名只能在定义它的类或程序段中或在表达式内部匿名使用,外部使用它时必须给出全名。内部类可以使用它所在类的静态成员变量和实例成员变量,也可使用它所在类方法中的局部变量。内部类可作为其他类的成员,而且可访问它所在类的成员。

【例 9-16】 编程实现一个 CardLayout 布局管理器。

```
1   import java.io. * ;
2   import java.awt. * ;
3   import java.awt.event. * ;
4   public class ExCardLayout implements ActionListener{
5       Panel p1,p2;
6       Button b1,b2;
7       Frame f;
8       CardLayout cd=new CardLayout();
9       public void begin() {
10          b1=new Button("按钮_1");
11          b2=new Button("按钮_2");
12          p1=new Panel();
13          p2=new Panel();
14          f=new Frame("这是一个 CardLayout 布局管理器");
15          p1.add(b1);
16          p2.add(b2);
17          b1.addActionListener(this);
18          b2.addActionListener(this);
19          f.setLayout(cd);
20          f.add(p1,"这是第 1 层");
21          f.add(p2,"这是第 2 层");
22          f.setSize(400,300);
```

```
23              f.setVisible(true);
24          }
25      public void actionPerformed(ActionEvent e){
26              cd.next(f);
27          }
28      public static void main(String[] args){
29              ExCardLayout bd=new ExCardLayout();
30              bd.begin();
31          }
32  }
```

说明：程序中的第 10～14 行初始化两个命令按钮、两个面板和一个窗体，第 15、16 行分别将两个命令按钮添加到两个面板中，第 19～21 行设置窗体布局并添加两个面板，第 22 行设置窗体 f 的大小，第 19 行设置窗体 f 为可见的，程序中的第 25～27 行定义事件处理。

程序运行结果如图 9-16 所示。

图 9-16　一个 CardLayout 布局管理器

### 9.5.5　Swing 的事件处理机制

Swing 的事件处理机制继续沿用 AWT 的事件处理机制，即基本事件处理需要使用 java. awt.event 包中的类，另外，java.swing.event 包中增加了一些新的事件及其监听器接口。事件处理机制中仍然包括三个内容：事件源、事件和事件处理者，事件处理者即事件监听程序，事件源就是 Swing 的各种构件，与之对应的就是事件监听器接口。

【例 9-17】　编写一个单击按钮次数统计的程序。

```
1   import java.io. * ;
2   import java.awt. * ;
3   import java.awt.event. * ;
4   import javax.swing. * ;
5   public class ButtonEvent{
6       Static String lbl="您单击按钮的次数是：    ";
7       int num=0;
8       public Component newComponent(){
9           Final JLabel label=new JLabel(lbl+"");
10          JButton btn=new Jbutton("  命令按钮    ");
11          Btn.setMnemonic(KeyEvent.VK_I);
```

```
12      Btn.addActionListener(new ActionListener() {
13          public void actionPerformed(ActionEvent e){num++;label.setText(lbl
            +num);}
14      } );
15      label.setLabelFor(btn);
16      JPanel p=new JPanel();
17      p.setBorder(BorderFactory.createEmptyBorder(30,30,10,30));
18      p.setLayout(new GridLayout(0,1));
19      p.add(btn);
20      p.add(label);
21      return (p);
22   }
23   public static void main(String[] args) {
24      try {
25          UIManager.setLookAndFeel(UIManager.getCrossPlatformLookAnd-
            FeelClassName());
26      }   catch (Exception e) {};
27      JFrame f=new Jframe("这是一个 Swing 程序");
28      ButtonEvent ap=new ButtonEvent();
29      Component contents=ap.newComponent();
30      f.getContentPane().add(contents,BorderLayout.CENTER);
31      f.addWindowListener(new WindowAdapter() {
32          public void windowClosing(WindowEvent e) { System.exit(0); }
33      });
34      f.pack();
35      f.setVisible(true);
36   }
37 }
```

说明：程序中的第 13 行将实现单击按钮次数统计，并保存在变量 num 中，程序运行结果如图 9-17 所示。

图 9-17  一个单击按钮次数统计的程序

# 9.6　本章知识点

（1）图形用户界面：Java 图形用户界面技术经历两个发展阶段，分别提供 AWT 开发包和 Swing 开发包。要编写出较好的图形用户界面，应该掌握 AWT 开发包和 Swing 开发包的思路。

（2）AWT 库：AWT 库是专门建立图形用户界面的开发包，可用于 Applet 程序和 Application 程序中，如 java.awt 包、构件与容器、常用容器与布局管理器。AWT 构件库。

（3）Swing 简介：用 Swing 编写图形用户界面，如 Swing 概念、类层次结构、Swing 特性等。Swing 构件和容器包括：构件分类、使用 Swing 的基本规则、各种容器面板和构件、布局管理器等。

（4）AWT 事件处理模型：事件类、配件监听器、AWT 事件、监听器接口、事件适配器等。Swing 的事件处理机制。

# 习　题　九

一、单项选择题

1. Window 是独立于其他容器的显示窗口，它的两种形式是（　　）。

A. Frame 和 Dialog　　　　　　　B. Panel 和 Frame

C. Container 和 Component　　　　D. LayoutManager 和 Container

2. 使容器中各个构件呈网格布局并平均占据容器空间的布局管理器是（　　）。

A. FlowLayout　　　　　　　　　B. BorderLayout

C. GridLayout　　　　　　　　　D. CardLayout

3. 在以下关于使用 Swing 基本规则的说法中，正确的是（　　）。

A. Swing 构件可直接添加到顶级容器

B. 要尽量使用非 Swing 的重型构件

C. Swing 的 Jbuttton 不能直接放到 Frame

D. 以上说法都对

4. 在 Java 语言中，所有 Swing 构件都实现的接口是（　　）。

A. ActionListener　　　　　　　B. Serializable

C. Accessible　　　　　　　　　D. MouseListener

5. 在以下选项中，不属于 java.awt.event 包中定义的事件适配器的是（　　）。

A. 构件适配器　　　　　　　　　B. 焦点适配器

C. 键盘适配器　　　　　　　　　D. 标签适配器

6. 在以下选项中，不属于 Swing 特性的是（　　）。

A. Swing 构件多样化　　　　　　B. 可存取性支持

C. 不支持键盘代替鼠标　　　　　D. 使用图标

二、填空题

1. 事件处理机制能够让图形界面响应用户的操作，主要包括事件、事件处理和_____。

2. java.awt 包提供基本的 Java 程序的 GUI 设计工具,包含构件、容器和_____。

3. Java 提供的建立图形用户界面的抽象窗口工具包是_____。

4. 在 Java 语言中,框架的缺省布局管理器是_____。

5. 在 Java 语言中,Swing 采用的设计规范是:模式-视图-_____。

6. 阅读如下程序,填空后使程序完整。

```
1    import java.io. * ;
2    _____
3    public class ExamFrame extends Frame {
4        public ExamFrame (String str) {
5            super(str);
6        }
7        public static void main(String[] args) {
8            ExamFrame ef＝new ExamFrame("这是一个窗口");
9            ef.setSize(400,300);
10           ef.setVisible(_____);
11       }
12   }
```

## 三、上机题

1. 上机实现如下程序,记录运行结果。

```
1    import java.io. * ;
2    import java.awt. * ;
3    public class ExFlowLayout {
4        public static void main(String[] args) {
5            Frame fr＝new Frame("FlowLayout 布局管理器");
6            fr.setLayout(new FlowLayout());
7            Button b1＝new Button("Open");
8            Button b2＝new Button("Save");
9            Button b3＝new Button("Close");
10           fr.add(b1);
11           fr.add(b2);
12           fr.add(b3);
13           fr.setSize(400,300);
14           fr.setVisible(true);
15       }
16   }
```

2. 上机实现如下程序,记录运行结果。

```
1    import java.io. * ;
```

```
2   import java.awt. * ;
3   import javax.swing. * ;
4   public class ExSlider {
5       public static void main(String[] args) {
6           JFrame f＝new JFrame("滑动杆程序示例");
7           f.setSize(120,120);
8           f.setDefaultCloseOperation(JFrame.EXIT_ON_CLOSE);
9           Container cp＝f.getContentPane();
10          JSlider s＝new JSlider(0,100);
11          s.setMajorTickSpacing(10);
12          s.setMinorTickSpacing(5);
13          s.setPaintLabels(true);
14          s.setPaintTicks(true);
15          cp.add(s);
16          f.setVisible(true);
17      }
18  }
```

3. 编写一个 Java 程序,创建一个文本编辑器并能够处理纯文本的 ASCII 码文件。

4. 编写一个 Java 程序,绘制五个嵌套的矩形并定义不同的颜色进行区分。

# 第 10 章 编写 Applet 程序

Applet 又称为 Java 小程序,它是 Java 语言与 Web 网页技术相结合的结果。一方面,Applet 使网页能够与用户动态进行交互,如接收用户输入并做出各种反应;另一方面,Applet 使网页具有动画、声音、图像、视频等效果。本章主要介绍 Applet 程序概念、执行过程和图形绘制。

## 10.1 Applet 程序概念

### 10.1.1 Applet 概念

所谓"Applet"就是嵌入到 HTML 页面中并能够在浏览器软件中运行的一种 Java 类,它本身不能独立运行,而必须嵌入在其他应用程序(如 HTML)中才能运行。

**注意**:Applet 不是独立程序,它没有 main()方法。实际上,Applet 程序是靠它的宿主程序(如浏览器)来启动、打开、关闭窗口的。

【例 10-1】 编写一个简单的 Java Applet 程序。

(1) Applet 程序的文件名为 StudyAppletProg.java。

```
1    import java.awt. * ;
2    import java.applet. * ;
3    public class StudyAppletProg extends Applet {
4        public void paint(Graphics g) {
5            setSize(360,180);
6            g.drawString(" ***********************************",100, 60);
7            g.drawString(" * Welcome to studt Applet program  * ",100, 80);
8            g.drawString(" ***********************************",100, 100);
9        }
10    }
```

说明:

① 程序中的第 3 行定义 StudyAppletProg 类,它是 Applet 类的子类;第 5 行设置 Applet 类的显示大小,第 6~8 行在指定位置显示三行信息。

② 用 javac 命令将 StudyAppletProg.java 编译成字节码 StudyAppletProg.class。

(2) 编写 HTML 文件 oneapplet.HTM。

```
1    〈HTML〉
```

2 〈TITLE〉一个简单的 Java Applet 程序示例〈/TITLE〉

3 〈HEAD〉Welcome to study Java programming〈/HEAD〉

4 〈BODY〉

5 〈APPLET CODE＝StudyAppletProg.class HEIGHT＝200 WIDTH＝400〉

6 〈/APPLET〉

7 〈/BODY〉

8 〈/HTML〉

说明：

① 〈TITLE〉标记表示浏览器的标题栏是"一个简单的 Java Applet 程序示例"，〈HEAD〉标记表示网页标题是"Welcome to study Java programming"，〈APPLET〉标记表示嵌入的类是 StudyAppletProg.class。

② 使用命令 appletviewer oneapplet.HTM 将得到程序运行结果，如图 10-1 所示。

**图 10-1　一个简单的 Java Applet 程序**

### 10.1.2　Applet 生命周期

所谓"Applet 生命周期"是指将 Applet 程序下载到浏览器开始，到用户退出浏览器并终止 Applet 程序运行的整个过程。所以，Applet 类的生命周期应该包括 Applet 类的创建状态、运行状态和消亡状态。

1. 加载 Applet 程序

要将一个 Applet 程序加载到本地机中运行，则应该使用如下操作：

（1）产生 Applet 类的一个对象实例。

（2）对 Applet 程序自身进行初始化。

（3）运行 Applet 程序以便查看显示。

2. 离开或者返回 Applet 所在的 Web 页面

要离开或者返回 Applet 所在 Web 页面，则应该完成如下操作：

（1）要离开 Applet 所在的 Web 页面，如转到另外一个 Web 页面时，Applet 程序将停止自身运行过程。

（2）要返回到 Applet 所在 Web 页面，Applet 程序又会启动运行。

**3. 重新加载 Applet 程序**

当用户执行浏览器软件中的"刷新"操作时，浏览器将会首先卸载当前程序，然后再加载该 Applet 程序。

**4. 退出浏览器**

当用户退出浏览器时，Applet 程序会停止自身执行并进行善后处理，才可以从浏览器中退出。

### 10.1.3  Applet 的类层次结构

任何嵌入在 Web 页面中或 appletviewer 中的 Applet 程序必须是 Applet 类的子类。Applet 程序在定义 Applet 与其运行环境之间的一个标准接口主要包括 Applet 生命周期、环境交互等方法。其中，JApplet 属于 Applet 类的扩展，它增加对 JFC/Swing 构件结构的支持。

Applet 是 java.awt.panel 类的直接子类，它本身就是一个面板容器，默认使用的布局管理器是 FlowLayout。所以，用户可以在 Applet 中设置并操作 AWT 构件。另外，Applet 类可继承 Component 类、Container 类和 Panel 类中的各种方法。

Javax.swing.JApplet 是 Swing 的一种顶层容器，可以在 JApplet 中添加 Swing 构件并进行操作。作为 Applet 类的子类，javax.swing.JApplet 继承 Applet 类中的方法。

【例 10-2】  使用 JApplet 类和 drawChars()方法编写的程序。

```
1    import java.awt. * ;
2    import javax.swing. * ;
3    public class DispChar extends JApplet {
4        public void paint(Graphics g) {
5            int x=100,y;
6            char a[]="欢迎学习 Applet 程序设计".toCharArray();
7            for(int i=0;i<a.length;i++){
8                y=3 * x-160;
9                g.drawChars(a,i,a.length,x,y);
10               y=x+6;
11           }
12       }
13   }
```

说明：程序中的第 3 行声明类 DispChar，它继承自父类 JApplet，第 4～12 行重写 paint()方法，第 5 行设置显示字符串时的 x 坐标，第 6 行声明字符数组并初始化为"欢迎学习 Applet 程序设计"，第 8 行设置显示字符串时的 y 坐标，第 9 行显示一个字符。程序运行结果如图 10-2 所示。

**图 10-2　使用 JApplet 类和 drawChars( )方法编写的程序**

### 10.1.4　Applet 类与 API 概述

要生成 Applet 必须创建 Applet 类的子类,即 Applet 程序的操作完全由 Applet 类确定。

1. Applet 中的生命周期方法

Applet 类提供在生命周期不同阶段响应主要事件的四种方法,如表 10-1 所示。

**表 10-1　Applet 类响应主要事件的方法**

| 方法 | 说明 |
| --- | --- |
| init( ) | 在装载 Applet 程序时调用,常用于实现初始化操作 |
| start( ) | 在 Applet 初始化后或 Applet 被重新访问时调用 |
| stop( ) | 在 Applet 停止执行时调用,常发生在 Applet 所在 Web 页被其他页覆盖时 |
| destroy( ) | 关闭浏览器时 Applet 从系统中撤出调用,常在此之前被调用 |

表中所列的四种方法本身都没有返回数据。

**注意**:任何一个 Applet 程序并没有必要重写这些方法,但若 Applet 使用线程时需要自己释放资源,则必须重写相应的方法。

2. HTML 标记方法

HTML 标记方法用于获取 HTML 文件中关于 Applet 类的信息,如表 10-2 所示。

**表 10-2　HTML 标记方法**

| 方法 | 说明 |
| --- | --- |
| URL getDocumentBase( ) | 可返回包含 Applet 程序的 HTML 文件的 URL 信息 |
| URL getCodeBase( ) | 返回 Applet 主类对应的 URL 字符串 |
| String getParameter(string〈name〉) | 返回 HTML 文件的标记中指定参数的值,若指定参数在 HTML 中没有进行说明,则该方法将返回 null 值 |

3. Applet 信息报告方法

Applet 信息报告方法将使 Applet 程序能够非常简便地向用户报告一些 Applet 程序的相

关信息（如参数），如表 10-3 所示。

表 10-3　Applet 信息报告方法

| 方法 | 说明 |
| --- | --- |
| String getAppletInfo() | 获得关于 Applet 类的作者、版权、版号等信息 |
| String[][] getparameterInfo() | 返回描述 Applet 参数的字符串数组 |
| void showStatus(String 〈status〉) | 在浏览器的状态栏中显示指定字符串 |

### 10.1.5　Applet 显示方法

在 Applet 程序中实现显示的方法是：paint(Graphics 〈g〉)。

该方法表示 Applet 程序是工作在图形方式下的，要向 Applet 程序中绘制图形、输出图像、显示字符串时，都要用到 paint()方法。每当 Applet 程序初次进行显示或更新时，浏览器都将调用 paint()方法。paint()方法只有一个参数〈g〉，代表 java.awt.Graphics 类中的一个实例。该实例包含组成 Applet 的面板(Panel)的图形信息，可利用这个信息向 Applet 程序写入相关内容。

### 10.1.6　Applet 类的显示

Applet 属于 Component 类中的子类，它自然继承 Component 类中的构件绘制、信息显示等方法，如 paint()方法、update()方法和 repaint()方法。同时，Applet 还具有 AWT 构件的图形绘制功能。另外，在 Applet 中，Applet 类的显示更新是由一个专门的 AWT 线程进行控制的，该线程主要负责如下两种操作：

(1) 在 Applet 类的初次显示，或浏览器窗口大小发生变化而引起 Applet 类的显示变化时，该线程将调用 Applet 类中的 paint()方法进行 Applet 绘制。

(2) 若 Applet 代码需要更新显示内容并调用 repaint()方法时，则 AWT 线程在接收到该方法的调用后，将调用 Applet 类的 update()方法，再由 update()方法调用构件的 paint()方法更新显示信息。

1. Applet 显示方法

(1) paint()方法。Applet 类的 paint()方法可具体执行 Applet 程序的绘制操作，该方法的引用格式如下：

public void paint(Graphics 〈g〉)。

说明：参数〈g〉是由浏览器生成的 Graphics 类中的实例对象。该实例对象中包含 Applet 程序的相关图形信息，通过它可在 Applet 中显示信息。在调用 paint()方法时，由浏览器将该实例对象传递给 paint()方法。

(2) update()方法。update()方法用于更新 Applet 类的显示，该方法的引用格式如下：

public void update(Graphics 〈g〉)。

说明：update()方法的功能是首先清除背景，然后调用 paint()方法完成 Applet 类的具体绘制操作，用户在定义 Applet 时一般不用重写该方法。

(3) repaint()方法。repaint()方法用于 Applet 类的重新显示，该方法的引用格式如下：

public void repaint()。

说明：repaint()方法是没有参数的，它将调用 update()方法来实现对 Applet 类的更新，Applet 程序可在需要显示更新时调用该方法，并通知系统刷新显示信息。

2. Graphics 类

Graphics 类是 Applet 程序进行绘制的一个重要类，属于 java.awt 包。Graphics 类支持基本绘图功能，如显示文本，绘制图形（如线条、矩形、圆、多边形等）。另外，它还支持图像显示，并且 Applet 程序在显示时所用到的方法（如 update()、paint()等）都使用由浏览器传递的 Graphics 类对象。下面简单介绍 Graphics 类中提供的两种绘图方法类：绘制图形方法和显示文本方法，详细内容可参见第 11 章。

（1）Graphics 类的图形绘制方法。Graphics 类中主要定义如表 10-4 所示的七种绘制图形方法。

表 10-4　Graphics 类的图形绘制方法

| 方法 | 说明 | 方法 | 说明 |
|---|---|---|---|
| drawLine() | 绘制一条线段 | drawRect() | 绘制一个矩形 |
| fillRect() | 绘制一个填充矩形 | draw3DRect () | 绘制一个立体矩形 |
| fill3DRect() | 绘制填充立体矩形 | drawRoundRect () | 绘制一个圆角矩形 |
| drawRoundRect() | 绘制一个圆角矩形 | fillRoundRect() | 绘制填充圆角矩形 |
| drawOval () | 绘制一个椭圆 | fillArc() | 绘制一条填充弧形 |
| drawPolygon() | 绘制一个多边形 | drawPolyline() | 绘制一个多边形 |
| fillPolygon() | 绘制一个填充多边形 | | |

**【例 10-3】** 绘制一个矩形。

```
1   import java.awt. * ;
2   import java.applet. * ;
3   public class ExamRectangles extends Applet {
4       public void paint(Graphics g) {
5           int HeightVal＝80;
6           int WidthVal＝100;
7           g.drawRect(20,30,WidthVal,HeightVal);
8       }
9   }
```

说明：程序中的第 7 行绘制一个矩形，它的左上角坐标是（20,30），长宽分别为 80 和 100，程序运行结果如图 10-3 所示。

使用 Iexplorer 浏览器也可以得到的显示结果，如图 10-4 所示。

（2）Graphics 类的显示文本方法。Graphics 类中主要定义如表 10-5 所示的三种显示文本方法。

229

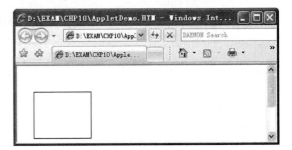

图 10-3　绘制一个矩形　　　　　　　　图 10-4　Iexplorer 显示的绘制一个矩形

表 10-5　Graphics 类中的显示文本方法

| 方法 | 说明 |
| --- | --- |
| drawBytes(byte [] data,int〈offset〉,int〈length〉,int〈x〉,int〈y〉) | 以字节方式显示指定文本 |
| drawChars(char [] data,int〈offset〉,int〈length〉,int〈x〉,int〈y〉) | 以字符方式显示指定文本 |
| drawString(String〈str〉,int〈x〉,int〈y〉) | 以字符串方式显示指定文本 |

　　说明：三种显示文本方法分别以字节、字符、字符串方式实现。其中，〈offset〉表示位移量，〈length〉表示显示文本的长度，〈x〉和〈y〉表示开始坐标，〈str〉表示要显示的指定字符串。

　　【例 10-4】　显示信息"欢迎学习 Applet 程序设计"。

```
1    import java.awt. * ;
2    import java.applet. * ;
3    public class WelStudyApplet extends Applet {
4        public void paint(Graphics g) {
5            g.drawString("欢迎学习 Applet 程序设计",100，200);
6        }
7    }
```

　　说明：程序中的第 5 行绘制一个文本，它的开始坐标是(100,200)，如图 10-5 所示。

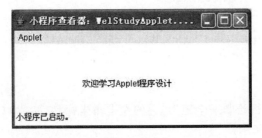

图 10-5　显示信息"欢迎学习 Applet 程序设计"

# 10.2　Applet 执行过程

### 10.2.1　编写 Applet

一个 Applet 程序应该包含：引入所需类和包；定义一个 Applet 类的子类；调用 Applet 类中的方法；将 Applet 嵌入到 HTML 页面中运行四部分。

1. 引入所需类和包

要编写一个 Applet 程序，首先应该引入所需类，使用语句如下：

import java.applet.Applet；

import java.awt.Graphics。

说明：这时引入的类是 Applet 和 Graphics，前者用于构造程序，后者用于绘制图形和文本。

2. 定义一个 Applet 类的子类

任何一个 Applet 程序都必须定义为 Applet 类的子类，从而可由 Applet 类继承许多功能，如与浏览器进行通信、显示图形化用户界面 GUI 等。

使用语句如【例 10-4】的第 3 行：public class WelStudyApplet extends Applet。

3. 调用 Applet 类中的方法

与 Application 不同，Applet 本身并不需要实现 main() 方法。但是，Applet 程序必须至少实现 init()、start() 和 paint() 中的一个方法。

使用语句如【例 10-4】的第 4 行："public void paint(Graphics g)"。

4. 将 Applet 嵌入到 HTML 页面中运行

Applet 要嵌入到 HTML 页面中才能运行，通过使用 HTML 标记方可实现，HTML 标记至少要指定 Applet 子类的位置和 Applet 在浏览器中的显示尺寸。当支持 Java 语言的浏览器系统遇到 HTML 标记时，将为 Applet 在屏幕上保留空间，并把 Applet 子类下载到浏览器所在的系统，从而创建该子类的实例。使用语句如【例 10-1】的第 5 行：

"〈APPLET CODE＝StudyAppletProg.class HEIGHT＝200 WIDTH＝400〉"。

一个 Applet 可以定义多个类，除必要的 Applet 子类，Applet 可以定义其他自定义的类。当 Applet 要使用另一个类时，可运行 Applet 的软件（即 IE 浏览器或 appletviewer）首先在本机上寻找该类，若没有找到则到 Applet 子类来源的主机上进行下载。

### 10.2.2　在 HTML 页面中包含 Applet

必须使用合理的 HTML 标记才能实现 Applet 或 JApplet 类的嵌入式运行，在尖括号中的项就是属性，如表 10-6 所示。

**表 10-6 HTML 标记中的属性**

| HTML 标记 | 是否 | 说明 |
|---|---|---|
| CODEBASE＝codebaseURL | 可选 | 指定 Applet 程序的 URL 地址，该地址包含 Applet 程序的目录，若隐含就采用标记所在 HTML 文件的 URL 地址 |
| CODE＝appletFile | | 指定包含 Applet 或 JApplet 字节码的文件名，它可包含由 CODEBASE 指定的 Applet 程序目录的相对路径 |
| ALT＝alternateText | 可选 | 可指定一些文字，当浏览器能够理解标记但不能运行 Java Applet 时将显示这些文字 |
| NAME＝appletInstanceName | 可选 | 为即将创建的 Applet 程序定义一个名字以便同一个页面中的 Applet 能够彼此发现并运行通信。另外，Web 页面内的 JavaScrip 脚本要用该名字调用 Applet 中的方法 |
| WIDTH＝pixels | | 定义 Applet 显示区以像素为单位的宽度 |
| HEIGHT＝pixels | | 定义 Applet 显示区以像素为单位的高度 |
| ALIGN＝alignment | 可选 | 可指定 Applet 在浏览器中的对齐方式。可选的属性值与 IMG 标记相同，如 left、right、top、texttop、middle、absmiddle、baseline、bottom、absbottom 等 |
| VSPACE＝pixels | 可选 | 可指定 Applet 显示区上下两边空出的像素数据，即指定 Applet 周围预留空白的大小 |
| HSPACE＝pixes | 可选 | 可指定 Applet 显示区左右两边空出的像素数据，即指定 Applet 周围预留空白的大小 |
| ARCHIVE＝archiveFiles | | 若 Applet 有两个以上的文件，则应该考虑将这些文件打包成一个归档文件(.jar 或.aip 文件) |

### 10.2.3 Applet 程序的执行过程

Applet 程序的执行过程要比 Application 复杂，经历如下四个步骤：
(1) 浏览器加载指定的 HTML 文件；
(2) 浏览器通过语法分析器扫描 HTML 文件；
(3) 浏览器加载 HTML 文件中指定的 Applet 类文件；
(4) 浏览器中的 Java 运行环境运行 HTML 文件中的 Applet 程序。

## 10.3 Applet 类的图形绘制

编写基于 Swing 的 Applet 时，必须使用如下格式创建一个类：

```
1    improt javax.swing. * ;
```

```
2    public class ⟨classname⟩ extends Japplet {
3        ......其他内容
4    }
```

说明：第 1 行表示引入 swing 包，第 2 行开始定义 Applet 类，它继承自 Japplet 类。

### 10.3.1　Graphics 类中的输出字符串方法

在 Graphics 类中，定义有许多绘图方法，使用这些绘图方法可以输出一个字符串，绘制线条、矩形、椭圆、多边形、圆弧等。

在 Graphics 类中，总共定义了三个输出字符串的方法：drawBytes()、drawChars() 和 drawString()。

1. drawBytes() 方法

方法 drawBytes() 的调用格式如下：

public void drawBytes(byte data[], int ⟨offset⟩, int ⟨length⟩, int ⟨x⟩, int ⟨y⟩)。

功能：使用当前图形对象的字体和颜色绘制字节数组的指定部分，(x, y) 是第一个字符串在当前图形系统中的坐标。

2. drawChars()

方法 drawChars() 的调用格式如下：

public void drawChars(char data[], int ⟨offset⟩, int ⟨length⟩, int ⟨x⟩, int ⟨y⟩)。

功能：使用当前图形对象的字体和颜色绘制字符数组的指定部分，(x, y) 是第一个字符串在当前图形系统中的坐标。

**注意**：方法 drawBytes() 和 drawChars() 的区别在于，前者的 data 表示字节型数组，后者的 data 表示字符型数组。

3. drawString()

方法 drawString() 的调用格式如下：

public abstract void drawString(string ⟨str⟩, int ⟨x⟩, int ⟨y⟩)。

功能：使用当前图形上下文的字体和颜色输出指定的字符串，其中第一个字符的坐标位置是 (x, y)。

### 10.3.2　Graphics 类中的绘图方法

1. 画线 drawLine()

在 Graphics 中，定义一个方法 drawLine()，相应的调用格式如下：

public abstract void drawLine(int ⟨x1⟩, int ⟨y1⟩, int ⟨x2⟩, int ⟨y2⟩)。

功能：使用当前颜色在坐标点 (xl, y1) 和 (x2, y2) 之间画一条直线。

【例 10-5】　使用 drawLine() 方法来绘制一个网格图形示例。

```
1    import java.awt. * ;
2    import java.applet. * ;
3    public class GridGraph extends Applet {
4        public void paint(Graphics g) {
```

```
5            int h＝20；
6            int w＝20；
7            for (int i＝1；i＜9；i＋＋) {
8                g.drawLine(20,i * h,340,i * h);
9            }
10           for (int i＝1；i＜18；i＋＋) {
11               g.drawLine(i * w,20,i * w,160);
12           }
13       }
14   }
```

说明：程序中的第 7～9 行绘制 8 条水平线，第 10～12 行绘制 17 条垂直线，程序运行结果如图 10-6 所示。

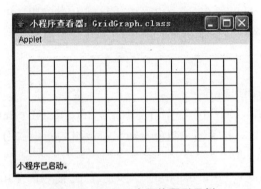

图 10-6  绘制一个网格图形示例

2. 绘制矩形

在 Graphics 类中，提供了绘制三类矩形的方法：普通矩形、立体矩形和圆角矩形，而且每种矩形又包含两种方法，分别是绘制空心矩形和绘制实心矩形。

在 Graphics 类中，提供了两种绘制普通矩形的方法，它们的调用格式如下：

public void drawRect(int ⟨x⟩,int ⟨y⟩,int ⟨width⟩,int ⟨height⟩);

public abstract void fillRect(int ⟨x⟩,int ⟨y⟩,int ⟨width⟩,int ⟨height⟩)。

功能：使用当前图形中的上下文颜色绘制一个普通矩形，该普通矩形的左右边界分别是⟨x⟩和⟨x⟩＋⟨width⟩，上下边界分别是⟨y⟩和⟨y⟩＋⟨height⟩。其中，drawRect()方法用于绘制普通空心矩形，而 fillRecyt()方法用于绘制普通实心矩形，且其内部填充色就是当前图形的前景颜色。

【例 10-5】  使用 drawRect ()方法绘制嵌套矩形。

```
1   import java.awt. * ；
2   import java.applet. * ；
3   public class NestedRect extends Applet {
4       public void paint(Graphics g) {
```

```
5          int h＝320;
6          int w＝160;
7          for (int i＝1;i＜18;i＋＋) {
8              g.drawRect(20＋10 * i,20＋10 * i,h－10 * i,w－10 * i);
9          }
10     }
11 }
```

说明:程序中的第 7～9 行绘制 17 个普通矩形,程序运行结果如图 11-7 所示。

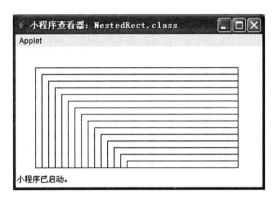

**图 10-7　使用 drawRect ( )方法绘制嵌套矩形**

3. 绘制椭圆

在 Graphics 类中,提供了两种绘制椭圆的方法,它们的调用格式如下:

public abstract void drawOval(int 〈x〉,int 〈y〉,int 〈width〉,int 〈height〉);

public abstract void fillOval(int 〈x〉,int 〈y〉,int 〈width〉,int 〈height〉)。

功能:用当前图形上下文的颜色绘制一个圆角椭圆,该椭圆的左右边界分别是〈x〉和〈x〉＋〈width〉,上下边界分别是〈y〉和〈y〉＋〈height〉。其中,drawOval()方法用于绘制空心椭圆,而 fillOval()方法用于绘制实心椭圆,且实心椭圆的内部填充色就是当前图形的前景颜色。

注意:要绘制圆形可以使用绘制椭圆的方法 drawOval()和 fillOval(),这时只要将椭圆的外接矩形的宽度和高度设置一个相同的值即可。

【例 10-5】　使用 drawOval ( )方法绘制嵌套圆角椭圆。

```
1  import java.awt. * ;
2  import java.applet. * ;
3  public class NestedOval extends Applet {
4      public void paint(Graphics g) {
5          int h＝240;
6          int w＝160;
7          for (int i＝1;i＜6;i＋＋) {
8              g.drawOval(20＋16 * i,20＋16 * i,h－10 * i,w－10 * i);
9          }
```

```
10        }
11    }
```

说明:程序中的第 7～9 行绘制 5 个圆角椭圆,程序运行结果如图 10-8 所示。

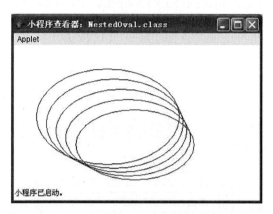

**图 10-8  使用 drawOval( )方法绘制嵌套圆角椭圆**

## 10.4  本章知识点

(1) Applet 程序概念。
(2) Applet 程序的执行过程。
(3) Applet 程序的图形绘制。

# 习  题  十

**一、单项选择题**

1. 在以下选项中,不属于 Applet 类的基本方法的是(      )。

A. 生命周期方法                          B. 加载 Applet 法

C. 管理 Applet 环境                       D. 多媒体支持方法

2. 在 Java 系统中,Applet 生命周期是指(      )。

A. Applet 装载到浏览器到用户连接到下一个页面的过程

B. 用户一次提交或刷新页面的全过程

C. Applet 程序装载到浏览器到退出浏览器的过程

D. 打开浏览器到关闭计算机的全过程

3. 关于 Applet 运行过程,下列说法错误的是(      )。

A. 浏览器加载指定 URL 中的 HTML 文件

B. 浏览器加密 HTML 文件

C. 浏览器加载 HTML 文件中指定的 Applet 类

D. 浏览器中的 Java 运行环境运行该 Applet

4. 在以下选项中,不属于 Applet 编写步骤的是(　　)。

A. 引入需要的类和包　　　　　　　　B. 定义一个 Applet 类的子类

C. 实现 Applet 类的某些方法　　　　　D. 加密 Applet 程序

5. 在 Applet 中,实现画图、画图像、显示字符串用到的方法是(　　)。

A. paint()　　　　　　B. init()　　　　　　C. stop　　　　　D. draw()

6. Applet 是一个面板容器,默认使用的布局管理器是(　　)。

A. BorderLayout　　　　　　　　　　　B. FlowLayout

C. GridLayout　　　　　　　　　　　　D. CardLayout

7. 要在单一类文件中,创建一个既可用作 Applet 程序,又可用作 Application 程序的代码,以下说法错误的是(　　)。

A. 作 Application 时要定义 main()并把 main()所在类定义为一个 public 类

B. 作 Applet 时 main()方法所在的 public 类必须继承 Applet 类或 LApplet 类

C. 在类中可如普通 Applet 类一样重写 Applet 类中的 init()、start()和 paint()

D. 转换后的程序只能在浏览器中加载执行而不能在 Appletviewer 中执行

二、填空题

1. 在 Java 系统中,与其生命周期相关的主要方法是 init()、start()和_____。

2. 一个 Applet 标记中,必须出现的三个属性项是_____、WIDTH、HEIGHT。

3. Graphics 类中提供两类绘图方法:一类是绘制图形,另一类是绘制_____。

三、上机题

1. 上机实现如下程序,记录运行结果。

```
1   import java.awt. * ;
2   import java.applet. * ;
3   public class ExamGrids extends Applet {
4       public void paint(Graphics g) {
5           int h=20,w=20;
6           for (int i=1;i<=6;i++) g.drawLine(20,i * h,240,i * h);
7           for (int i=1;i<=12;i++) g.drawLine(i * w,20,i * w,120);
8       }
9   }
```

附:〈APPLET CODE=ExamGrids.class HEIGHT=200 WIDTH=400〉〈/APPLET〉

2. 上机实现如下程序,记录运行结果。

```
1   import java.awt. * ;
2   import java.applet. * ;
3   public class ExamRects extends Applet {
4       public void paint(Graphics g) {
5           int h=240;
6           int w=120;
7           for (int i=1;i<=8;i++) g.drawRect(20+10 * i,20+10 * i,h-10 *
```

```
                    i,w—10 * i);
    8        }
    9    }
```

附:〈APPLET CODE=ExamRects.class HEIGHT=200 WIDTH=400〉〈/APPLET〉

3. 编写一个 Java 程序,分别定义一条线段、一个填充矩形和一个多边形。

# 第 11 章　图形程序设计

Java 语言提供了丰富的图形处理功能,读者通过使用这种图形功能,可以生成各种各样有趣的图形用户界面。实际上,在应用程序窗口中适当地使用图形,可以使窗口外观更加丰富多彩,主题更加明确突出。因此,Java 在应用程序窗口中支持多种类型的图形文件,并提供了许多绘图方法,从而使读者可以方便快捷地在应用程序窗口中创建、输入和编辑图形。

## 11.1　与图形有关的概念

本章将要介绍如何在 Java 中使用图形,在学习下面的内容之前,让我们先熟悉一些与图形处理相关的基本概念。

### 11.1.1　屏幕坐标

为了控制信息的定位输入与定位输出,使计算机系统按照读者给定的屏幕坐标位置显示指定的信息内容,因此,要确定对应的屏幕坐标。先将屏幕分成若干行和若干列,行表示屏幕的横向位置 X,列表示屏幕的纵向位置 Y,行和列的交叉点就是屏幕坐标。在显示器中,每一个坐标位置都可以用于显示图形信息。

屏幕坐标的设置情况可以分为如下两种:文本显示方式和图形显示方式。

1. 文本显示方式

在文本显示方式下,显示器坐标系统设定为满屏幕 25 行×80 列,对行号从上到下进行编号为 0、1、2、……、24,对列号从左到右进行编号为 0、1、2、……、79。如果〈R,C〉用于描述屏幕坐标位置(R 表示行号,C 表示列号),则屏幕坐标如表 11-1 所示。

**表 11-1　屏幕坐标位置**

| 屏幕坐标 | 说明 | 屏幕坐标 | 说明 |
|---|---|---|---|
| 〈0,0〉 | 表示屏幕左上角 | 〈79,0〉 | 表示屏幕右上角 |
| 〈0,24〉 | 表示屏幕左下角 | 〈79,24〉 | 表示屏幕右下角 |

2. 图形显示方式

在图形显示方式下,显示器坐标系统可以设定为满屏幕 1024 行×768 列,对行号从上到下进行编号为 0、1、2、3、4、……、1023,对列号从左到右进行编号为 0、1、2、3、4、……、767。如果〈R,C〉用于描述屏幕坐标位置(R 表示行号,C 表示列号),则屏幕坐标位置如表 11-2 所示。

表 11-2 屏幕坐标位置

| 屏幕坐标 | 说明 | 屏幕坐标 | 说明 |
|---|---|---|---|
| 〈0,0〉 | 表示屏幕左上角 | 〈1023,0〉 | 表示屏幕右上角 |
| 〈0,767〉 | 表示屏幕左下角 | 〈767,1023〉 | 表示屏幕右下角 |

### 11.1.2 得到图形的高度和宽度

要得到当前图形的高度和宽度,可以使用如下方法。

1. Applet 类中的 resize()方法

在 Applet 类中有一个 resize()方法,它返回一个 Dimension 对象,读者可以从返回的 Dimension 对象中得到当前图形的宽度〈width〉和高度〈height〉。resize()方法的调用格式如下:

public void resize(int 〈width〉,int 〈height〉)。

说明:〈width〉表示返回当前图形的宽度,〈height〉表示返回当前图形的高度。

2. Image 类中的 getHeight()和 getWidth()方法

在 Image 类中,尽管没有相应的 resize()方法,但可以通过 getHeight()和 getWidth()方法得到当前图形的高度和宽度。

(1) 返回当前图形的高度 getHeight()方法。getHeight()方法的调用格式如下:

public abstract int getHeight(ImageObserver 〈observer〉)。

说明:〈observer〉表示等待图形装入的对象。

(2) 返回当前图形的宽度 getWidth()方法。getWidth()方法的调用格式如下:

public abstract int getWidth(ImageObserver 〈observer〉)。

说明:〈observer〉表示等待图形装入的对象。

### 11.1.3 paint( )、repaint( )和 update( )方法

Java 语言用于图形处理的类主要是 Graphics 类,该类提供了字体、颜色处理、绘制图形、载入显示图形等功能。在编写图形处理的 Java 程序中,需要重载一些成员方法,经常使用的成员方法是 paint()、repaint()和 update()。

1. paint()方法

格式:public void paint(int 〈x〉,int 〈y〉,int 〈width〉,int 〈height〉)。

说明:该方法将重新绘制小程序 Applet 的显示区域。〈x〉为矩形区域左上角的 X 坐标,〈y〉为矩形区域左上角的 Y 坐标,〈width〉为矩形区域的宽度,〈height〉为矩形区域的高度。

**注意**:Applet 小程序被其他应用程序覆盖后,再重新显示出现时系统都将会自动调用 paint()方法。在执行 paint()方法时,又会自动调用如下的 repaint()方法。

2. repaint()方法

repaint()方法的主要功能是强制 Applet 程序重新绘制图形,调用 repaint()方法之后会接着调用 update()方法。repaint()方法有如下的三种重载形式:

(1) public void repaint(long 〈tm〉)。

说明:每隔〈tm〉毫秒进行重新绘图。

(2) public void repaint(int 〈x〉,int 〈y〉,int 〈width〉,int 〈height〉)。

说明：该方法将重新绘制由参数指定的矩形区域。〈x〉为矩形区域左上角的 X 坐标，〈y〉为矩形区域左上角的 Y 坐标，〈width〉为矩形区域的宽度，〈height〉为矩形区域的高度。

(3) public void repaint(long 〈tm〉,int 〈x〉,int 〈y〉,int 〈width〉,int 〈height〉)。

说明：该方法将实现每隔〈tm〉毫秒对指定矩形区域进行重新绘图。〈x〉为矩形区域左上角的 X 坐标，〈y〉为矩形区域左上角的 Y 坐标，〈width〉为矩形区域的宽度，〈height〉为矩形区域的高度。

3. update()方法

格式 public void update(long 〈tm〉,int 〈x〉,int 〈y〉,int 〈width〉,int 〈height〉)。

说明：该方法每隔〈tm〉毫秒对指定矩形区域进行重绘。〈x〉为矩形区域左上角的 X 坐标，〈y〉为矩形区域左上角的 Y 坐标，〈width〉为矩形区域的宽度，〈height〉为矩形区域的高度。update()方法的功能是先使用背景颜色填充 Applet 程序，然后再调用 paint()方法重新绘制 Applet 程序的显示区域。

# 11.2 颜 色 模 型

## 11.2.1 RGB 颜色模型

我们知道,计算机内部存储的数据全都是二进制信息,图形数据也不例外。实际上,绘制图形的过程就是安排像素的过程。为了将二进制数据变成屏幕中的像素颜色,需要采用一些颜色分配规则,Java 把这个规则封装在 RGB 颜色模型中。

Java 将任何颜色用 32 个二进制位来表示,在隐含情况下,表示颜色的 32 个二进制位中,0～7 位表示 Blue(蓝色),8～15 位表示 Green(绿色),16～23 位表示 Red(红色),24～31 位表示 Alpha 颜色。

**注意**：这些颜色值恰好可以存放在一个 32 位的整型数据中。

在 Java 的隐含颜色模型中,规定了 Java 将 32 个二进制位映射到一种颜色的规则,这些值正好可以存放在一个 32 位的整型数据中,当一个代表颜色模型的整型数传递到 Color 构造器中时,Java 系统将要求必须使用这个颜色模型。同样,将一个代表颜色模型的整型数组传递到 MemoryImageSource 构造器中时,所有的整型数也必须使用这个颜色模型。

## 11.2.2 Color 类中的颜色常数

AWT 包中定义一个名为 Color 的类,该类是用来设置输出文字和绘制图形的颜色及背景颜色的。在 Color 类中,定义了 13 个常用的颜色常数,如表 11-3 所示。

表 11-3 Color 类中的颜色常数

| 颜色常数 | 说明 |
| --- | --- |
| public static final java.awt.Coror black | 黑色 |
| public static final java.awt.Coror blue | 蓝色 |

续表

| 颜色常数 | 说明 |
| --- | --- |
| public static final java.awt.Coror cyan | 青色 |
| public static final java.awt.Coror darkGray | 深灰色 |
| public static final java.awt.Coror gray | 灰色 |
| public static final java.awt.Coror green | 绿色 |
| public static final java.awt.Coror lightGray | 浅灰色 |
| public static final java.awt.Coror magenta | 紫红色 |
| public static final java.awt.Coror orange | 桔红色 |
| public static final java.awt.Coror pink | 粉红色 |
| public static final java.awt.Coror red | 红色 |
| public static final java.awt.Coror white | 白色 |
| public static final java.awt.Coror yellow | 黄色 |

### 11.2.3 Color 类中的方法

1. Color 类的构造函数

在 Color 类中,共有三个可以重载的构造函数,读者可以通过使用这三个可重载的构造函数十分方便地组合出各种颜色。

(1) public Color(float ⟨r⟩,float ⟨g⟩,float ⟨b⟩)。

说明:该构造方法是通过给出三个基本颜色红、绿、蓝来创建颜色对象的。⟨r⟩表示红色,⟨g⟩表示绿色,⟨b⟩表示蓝色。⟨r⟩、⟨g⟩、⟨b⟩都是浮点型的数据,有效范围是0.0~1.0 之间。参数值越大,表示该基本颜色在颜色表示中的比重就越大。

例如:Color ColorSample＝new Color(0.3,0.3,0.4)。

(2) public Color(int ⟨rgb⟩)。

说明:该构造方法是通过指定的红、绿、蓝值来创建颜色对象的,⟨rgb⟩是一个十六进制的整型数据。

例如:Color ColorSample＝new Color(0x00243236)。

这里,RGB 值为 0x00243236。其中:0x 表示这是十六进制的整型数据,00 表示 Alpha 色,24 表示红色 Red,32 表示绿色 Green,36 表示蓝色 Blue。

(3) public Color(int ⟨r⟩,int ⟨g⟩,int ⟨b⟩)。

说明:该构造方法是通过给出三个基本颜色红、绿、蓝来创建颜色对象的。⟨r⟩表示红色,⟨g⟩表示绿色,⟨b⟩表示蓝色。三个参数⟨r⟩、⟨g⟩、⟨b⟩都是整型数据,有效范围是 0~255 之间。参数值越大,表示该基本颜色在颜色表示中的比重就越大。

例如:Color ColorSample＝new Color(100,100,100)。

**注意**:该方法与方法(1)的不同之处在于三个参数⟨r⟩、⟨g⟩、⟨b⟩都是整型数据,且有效范围是 0~255 之间。

2. Color 类中的常用成员方法

在 Color 类中,还提供了一些常用的成员方法,如表 11-4 所示。

**表 11-4　Color 类中的常用成员方法**

| 方法 | 说明 |
| --- | --- |
| public java.awt.Color brighter() | 获取一个比当前颜色更亮的颜色对象 |
| public java.awt.Color darker() | 获取一个比当前颜色更暗的颜色对象 |
| public int getBlue() | 返回当前颜色中的蓝色部分值 |
| public int getGreen() | 返回当前颜色中的绿色部分值 |
| public int getRed() | 返回当前颜色中的红色部分值 |
| public int getRGB() | 返回当前颜色的 RGB 值 |
| public static int HSBtoRGB() | 将当前颜色的 HSB 值转换为 RGB 值 |

**注意**:HSBtoRGB()方法的调用格式如下:

public static int HSBtoRGB(float 〈hue〉,float 〈saturation〉,float 〈brightness〉)。

说明:〈hue〉表示当前颜色的色调值,〈saturation〉表示当前颜色的饱和度,〈brightness〉表示当前颜色的亮度。

这三个参数〈hue〉、〈saturation〉和〈brightness〉都是浮点型的数据,有效范围都是在 0.0～1.0 之间。

**【例 11-1】**　设置颜色的程序示例。

```
1   import java.awt. * ;
2   import java.awt.event. * ;
3   import javax.swing. * ;
4   Public class ThreeColor extends JFrame {
5       public ThreeColor(){
6           setDefaultCloseOperation(WindowConstants.DISPOSE_ON_CLOSE);
7           setSize(new Dimension(400,200));
8           show();
9       }
10      public void paint(Graphics g){
11          Dimension d=getSize();
12          int x=(int)d.getWidth();
13          int y=(int)d.getHeight();
14          Color c=Color.white;
15          g.setColor(c);
16          g.fillRect(0,0,x,y);
17          g.setColor(new Color(255,0,0));
18          g.drawString("这是红色字符串,This is red string",70,80);
```

```
19        g.setColor(new Color(0,255,0));
20        g.drawString("这是绿色字符串,This is green string",90,120);
21        g.setColor(new Color(0,0,255));
22        g.drawString("这是蓝色字符串,This is blue string",110,160);
23      }
24    public static void main(String[] args) {
25        ThreeColor ge=new ThreeColor();
26      }
27  }
```

〈APPLET CODE="ThreeColor.class" WIDTH=300 HEIGHT=180〉〈/APPLET〉

说明:程序中的第 5~9 行定义构造方法,第 15、16 行设置矩形的填充色,第 17~22 行分别显示红色、绿色、蓝色的字符串。程序运行结果如图 11-1 所示。

**图 11-1　设置颜色的程序示例**

## 11.3　Graphics 类中的绘图方法

在 Graphics 类中,定义许多绘图方法,使用这些绘图方法可以输出一个字符串,绘制线条、矩形、椭圆、多边形、圆弧等。另外,还可以十分方便地进行图形复制操作,所以 Graphics 类为 Java 语言的图形能力提供了与设备无关的接口。下面我们就详细介绍 Graphics 类中常用的一些绘图方法。

### 11.3.1　输出字符

在图形方式下输出字符串与在文本方式下输出字符串不同。在文本方式下输出字符串,一般只能规定字符串的行列位置。在图形方式下输出字符串,不仅仅可以规定字符串的位置,还可以设置它的字体、样式和颜色等。在 Graphics 类中,共定义了输出字符串的三个成员方法:drawBytes()、drawChars()和 drawString()。

【例 11-2】　使用 drawString()方法输出字符串一。

```
1  import java.awt. * ;
2  import javax.swing. * ;
```

```
3  public class DispInfo extends JFrame{
4      public DispInfo(){
5          setSize(300,200);
6          setVisible(true);
7      }
8      public void paint(Graphics g) {
9          super.paint(g);
10         String str1="欢迎学习图形程序设计";
11         g.drawString(str1,80,80);
12         String str2="学习图形程序设计";
13         g.drawString(str2,80,120);
14
15     }
16     public static void main(String args[]){
17         new DispInfo();
18     }
19 }
```

说明:程序中的第 11、13 行调用 drawString（）方法显示两个字符串,运行结果如图 11-2 所示。

**图 11-2　使用 drawString ( )方法输出字符串一**

【例 11-3】　使用 drawString（）方法输出字符串二。

```
1  import java.awt. * ;
2  import javax.swing. * ;
3  import java.awt.event. * ;
4  class ColorPanel extends JPanel {
5      public void paintComponent(Graphics g) {
6          super.paintComponent(g);
7          setBackground(Color.green);
```

```
8            g.setColor(Color.blue);
9            g.fillOval(10,10,100,100);
10           g.clearRect(40,40,40,40);
11           Font fnt=new Font("TimesRoman",Font.BOLD,18);
12           g.setFont(fnt);
13           g.setColor(Color.white);
14           g.drawString("程",50,30);
15           g.drawString("序",50,100);
16           g.drawString("设",20,70);
17           g.drawString("计",80,70);
18        }
19 }
20 public class CompWord extends JFrame{
21     public CompWord(){
22         ColorPanel p=new ColorPanel();
23         getContentPane().add(p);
24         setSize(360,240);
25         setVisible(true);
26     }
27     public static void main(String args[]){
28         new CompWord();
29     }
30 }
```

说明：

(1) 程序中的第 4～9 行定义 ColorPanel 类，其中第 9 行绘制填充圆，第 10 行在填充圆中生成一个空白矩形，第 11 行设置字体与字型，第 14～17 行在指定位置显示"程序设计"。

(2) 第 20～30 行定义 CompWord 类，第 21～26 行定义构造方法，第 28 行将调用该构造方法，程序运行结果如图 11-3 所示。

### 11.3.2  画线 drawLine( )

在 Graphics 中，定义了一个成员方法 drawLine( )，相应的调用格式如下：

public abstract void drawLine(int ⟨xl⟩,int ⟨y1⟩,int ⟨x2⟩,int ⟨y2⟩)。

功能：使用当前颜色在坐标点(xl,y1)和(x2,y2)之间画一条直线。

说明：⟨x1⟩表示直线起点的 X 轴坐标，⟨y1⟩表示直线起点的 Y 轴坐标，⟨x2⟩表示直线终点的 X 轴坐标，⟨y2⟩表示直线终点的 Y 轴坐标。

【例 11-4】  使用 drawLine( )方法来绘制一个网格图形。

```
1  import java.awt. * ;
2  import java.applet. * ;
```

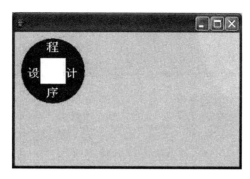

**图 11-3　使用 drawString ( )方法输出字符串二**

```
3    public class GridLines extends Applet {
4        public void initiation() {
5            this.setBackground(Color.gray);
6            this.setForeground(Color.black);
7        }
8        public void paint(Graphics g) {
9            int HeightVal=20;
10           int WidthVal=20;
11           for (int i=1;i<=6;i++) {
12               g.drawLine(20,i * HeightVal,300,i * HeightVal);
13           }
14           for (int i=1;i<=15;i++) {
15               g.drawLine(i * WidthVal,20,i * WidthVal,120);
16           }
17       }
18   }
```

说明：程序中的第 12 行将绘制 6 条水平线，第 15 行将绘制 15 条垂直线，程序运行结果如图 11-4 所示。

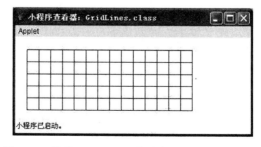

**图 11-4　使用 drawLine( )方法来绘制一个网格图形**

**注意**:在 Java 环境中,并没有提供绘制点的任何方法。但是,读者可以使用 drawLine()方法来代替绘制点的方法,只需要将一条直线的起点坐标和终点坐标设置相同即可绘制出一个点。

### 11.3.3 绘制矩形

在 Graphics 类中,提供了绘制三类矩形的方法:普通矩形、立体矩形和圆角矩形,而且每种矩形又包含两种方法,分别是绘制空心矩形和绘制实心矩形。

**1. 绘制普通矩形**

在 Graphics 类中,提供了两种绘制普通矩形的方法,它们的调用格式如下:

public void drawRect(int ⟨x⟩,int ⟨y⟩,int ⟨width⟩,int ⟨height⟩);

public abstract void fillRect(int ⟨x⟩,int ⟨y⟩,int ⟨width⟩,int ⟨height⟩)。

功能:使用当前图形中的上下文颜色绘制一个普通矩形,该普通矩形的左右边界分别是⟨x⟩和⟨x⟩+⟨width⟩,上下边界分别是⟨y⟩和⟨y⟩+⟨height⟩,其中,drawRect()方法用于绘制普通空心矩形,而 fillRect()方法用于绘制普通实心矩形,且普通实心矩形的内部填充色就是当前图形的前景颜色。

说明:⟨x⟩表示普通矩形左边界的 X 轴坐标,⟨y⟩表示普通矩形上边界的 Y 轴坐标,⟨width⟩表示普通矩形的宽度,⟨height⟩表示普通矩形的高度。

**【例 11-5】** 绘制普通空心矩形和普通实心矩形。

```
1   import java.awt. * ;
2   import java.applet. * ;
3   public class TwoRectangles extends Applet {
4       public void paint(Graphics g) {
5           int HeightVal=80;
6           int WidthVal=100;
7           g.drawRect(20,30,WidthVal,HeightVal);
8           g.fillRect(180,30,WidthVal,HeightVal);
9       }
10  }
```

⟨APPLET CODE="TwoRectangles.class" WIDTH=300 HEIGHT=200⟩⟨/APPLET⟩

说明:程序中的第 7 行将绘制普通空心矩形,第 8 行将绘制普通实心矩形,程序运行结果如图 11-5 所示。

**2. 绘制立体矩形**

在 Graphics 类中,定义了两个绘制立体矩形的方法,它们的调用格式如下:

public void draw3DRect(int ⟨x⟩,int ⟨y⟩,int ⟨width⟩,int ⟨height⟩,loolean ⟨raised⟩);

public void fill3DRect(int ⟨x⟩,int ⟨y⟩,int ⟨width⟩,int ⟨height⟩,loolean ⟨raised⟩);

功能:用当前图形上下文的颜色绘制一个上凸或下凹的立体矩形,该立体矩形的左右边界分别是⟨x⟩和⟨x⟩+⟨width⟩,上下边界分别是⟨y⟩和⟨y⟩+⟨height⟩。其中,draw3DRect()方法用于绘制立体空心矩形,而 fill3DRect()方法用于绘制立体实心矩形,且立体实心矩形的内部

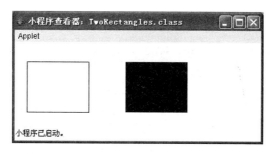

图 11-5　绘制普通空心矩形和普通实心矩形

填充色就是当前图形的前景颜色。

说明：〈x〉表示立体矩形左边界的 X 轴坐标，〈y〉表示立体矩形上边界的 Y 轴坐标，〈width〉表示立体矩形的宽度，〈height〉表示立体矩形的高度。〈raised〉用于指定采用何种立体效果。当〈raised〉的值为 true 时，表示矩形为上凸的立体效果。当〈raised〉的值为 false 时，表示矩形为下凹的立体效果。

【例 11-6】　绘制四个立体矩形（两个上凸，两个下凹）。

```
1    import java.awt. * ;
2    import java.applet. * ;
3    public class FourRectangles extends Applet {
4        public void paint(Graphics g) {
5            int HeightVal＝100;
6            int WidthVal＝60;
7            setBackground(Color.gray);
8            g.draw3DRect(10,10,WidthVal,HeightVal,true);
9            g.fill3DRect(80,10,WidthVal,HeightVal,true);
10           this.setForeground(Color.blue);
11           g.draw3DRect(150,10,WidthVal,HeightVal,false);
12           g.fill3DRect(220,10,WidthVal,HeightVal,false);
13       }
14   }
```

说明：程序中的第 7 行设置显示背景色，第 8、9 行绘制两个上凸立体矩形，第 10 行设置显示前景色，第 11、12 行绘制两个下凹立体矩形，程序运行结果如图 11-6 所示。从图中，我们看到的四个立体矩形的立体感并不直观。如果要绘制出具有立体感的图形，还必须使用真实感图像处理技术。

3. 绘制圆角矩形

在 Graphics 类中，提供了两种绘制圆角矩形的方法，它们的调用格式如下：

public abstract void drawRoundRect (int 〈x〉,int 〈y〉,int 〈width〉,int 〈height〉,int 〈arc-Width〉,int 〈arcHeight〉);

public abstract void fillRoundRect (int 〈x〉,int 〈y〉,int 〈width〉,int 〈height〉,int 〈arc-

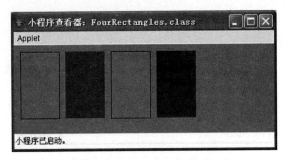

图 11-6　绘制四个立体矩形

Width〉,int〈arcHeight〉);

　　功能:用当前图形上下文的颜色绘制一个圆角矩形,该立体矩形的左右边界分别是〈x〉和〈x〉+〈width〉,上下边界分别是〈y〉和〈y〉+〈height〉。其中,drawRoundRect()方法用于绘制圆角空心矩形,而 fillRoundRect()方法用于绘制圆角实心矩形,且圆角实心矩形的内部填充色就是当前图形的前景颜色。

　　说明:〈x〉表示圆角矩形左边界的 X 轴坐标,〈y〉表示圆角矩形上边界的 Y 轴坐标,〈width〉表示圆角矩形的宽度,〈height〉表示圆角矩形的高度,〈arcWidth〉表示四个圆角的水平直径,〈arcHeight〉表示四个圆角的垂直直径。

　　注意:要绘制圆形可以使用绘制椭圆的方法 drawRoundRect()和 fillRoundRect(),这时只要将圆角矩形的参数〈width〉、〈height〉、〈arcWidth〉和〈arcHeight〉设置一个相同的值即可。

　　【例 11-7】　绘制两个空心矩形和两个实心矩形。

```
1    import java.awt. * ;
2    import java.applet. * ;
3    public class FourRect extends Applet {
4        public void initiation() {
5            This.setBackground(Color.LightGray);
6            This.SetForeground(Color.black);
7        }
8        public void paint(Graphics g) {
9            int HeightVal=260;
10           int WidthVal=100;
11           g.drawRound(10,10,WidthVal,HeightVal,true);
12           g.fillRound(150,10,WidthVal,HeightVal,true);
13           g.drawRound(290,10,IntW,HeightVal,false);
14           g.fillRound(430,10,WidthVal,HeightVal,false);
15       }
16   }
```

　　说明:程序中的第 11~14 行分别绘制两个空心矩形和两个实心矩形,程序运行结果如图

11-7 所示。

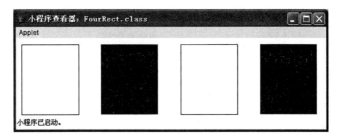

**图 11-7　绘制两个空心矩形和两个实心矩形**

**【例 11-8】**　绘制圆角矩形的程序示例。

```
1   import java.awt. * ;
2   import javax.swing. * ;
3   import java.awt.event. * ;
4   public class ThreeGraph extends JFrame{
5       public ThreeGraph(){
6           GraphicsPanel jp＝new GraphicsPanel();
7           getContentPane().add(jp);
8           setSize(360,240);
9           setVisible(true);
10      }
11      public static void main(String args[]){
12          new ThreeGraph();
13      }
14  }
15  class GraphicsPanel extends JPanel {
16      public void paintComponent(Graphics g) {
17          super.paintComponent(g);
18          g.drawRect(160,20,180,30);
19          g.drawRoundRect(10,10,80,60,45,35);
20          int px1[]＝{140,180,100,140};
21          int py1[]＝{105,145,145,105};
22          g.drawPolygon(px1,py1,4);
23      }
24  }
```

说明:程序中的第 5～10 行定义构造方法 ThreeGraph(),第 18 行绘制一个普通矩形,第 19 行绘制一个圆角矩形,第 20～22 行在初始化多边形数组后绘制一个三角形,程序运行结果如图 11-8 所示。

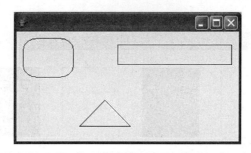

**图 11-8　绘制圆角矩形的程序示例**

### 11.3.4　绘制椭圆

在 Graphics 类中,提供了两种绘制椭圆的方法,它们的调用格式如下:

public abstract void drawOval(int ⟨x⟩,int ⟨y⟩,int ⟨width⟩,int ⟨height⟩);

public abstract void fillOval(int ⟨x⟩,int ⟨y⟩,int ⟨width⟩,int ⟨height⟩);

功能:用当前图形上下文的颜色绘制一个圆角椭圆,该椭圆的左右边界分别是⟨x⟩和⟨x⟩＋⟨width⟩,上下边界分别是⟨y⟩和⟨y⟩＋⟨height⟩。其中,drawOval()方法用于绘制空心椭圆,而 fillOval()方法用于绘制实心椭圆,且实心椭圆的内部填充色就是当前图形的前景颜色。

说明:⟨x⟩表示椭圆左边界的 X 轴坐标,⟨y⟩表示椭圆上边界的 Y 轴坐标,⟨width⟩表示椭圆的宽度,⟨height⟩表示椭圆的高度。

注意:要绘制圆形可以使用绘制椭圆的方法 drawOval()和 fillOval(),这时只要将椭圆外接矩形的宽度和高度设置一个相同的值即可。

### 11.3.5　绘制椭圆弧

由于椭圆弧是椭圆的一部分,所以绘制椭圆弧与绘制椭圆的方式相类似。

在 Graphics 类中,提供了两种绘制椭圆弧的方法,它们的调用格式如下:

public abstract void drawArc ( int ⟨ x ⟩, int ⟨ y ⟩, int ⟨ width ⟩, int ⟨ height ⟩, int ⟨startAngle⟩,int ⟨arcAngle⟩);

public abstract void fillArc(int ⟨x⟩,int ⟨y⟩,int ⟨width⟩,int ⟨height⟩,int ⟨startAngle⟩,int ⟨arcAngle⟩);

功能:用当前图形上下文的颜色绘制一个椭圆弧,该椭圆弧的左上角坐标(⟨x⟩,⟨y⟩)。椭圆弧从起始角开始,一直到跨度角为止。角度为正表示逆时针画椭圆弧,角度为负表示顺时针画椭圆弧。drawArc()方法是用来绘制一个椭圆弧线,并不进行填充,而 fillArc()方法则使用当前图形的前景颜色进行填充。

说明:⟨x⟩表示椭圆弧左上角的 X 轴坐标,⟨y⟩表示椭圆弧左上角的 Y 轴坐标,⟨width⟩表示椭圆弧的宽度,⟨height⟩表示椭圆弧的高度。⟨startAngle⟩用于指定椭圆弧的起始角度,它的取值范围为 0～360。⟨arcAngle⟩用于指定椭圆弧从起始角度旋转的度数,当该参数为正时,表示按照逆时针方向绘制椭圆弧;当该参数为负数时,表示按照顺时针方向绘制椭圆弧。

【例 11-9】　绘制四个椭圆弧。

```
1   import java.awt. * ;
2   import java.applet. * ;
3   public class FourArc extends Applet {
4       public void paint(Graphics g) {
5           g.drawArc(10,20,80,132,0,240);
6           g.fillArc(110,20,80,132,0,-240);
7           g.drawArc(210,20,80,132,0,-240);
8           g.fillArc(310,20,80,132,0,240);
9       }
10  }
```

说明:程序中的第 5～8 行绘制四个椭圆弧,其中两个为填充椭圆弧,程序运行结果如图 11-9 所示。

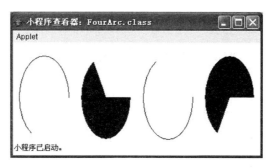

图 11-9 绘制四个椭圆弧

【例 11-10】 绘制具有渐变效果的椭圆弧条。

```
1   import javax.swing. * ;
2   import java.awt. * ;
3   import java.awt.geom. * ;
4   public class ComplexArc extends JFrame{
5       public ComplexArc(){
6           GradPanel p=new GradPanel();
7           GetContentPane().add(p);
8           setSize(280,240);
9           setVisible(true);
10      }
11      public static void main(String args[]){
12          New ComplexArc();
13      }
14  }
15  Class GradPanel extends JPanel {
```

```
16      public void paintComponent(Graphics g) {
17          super.paintComponent(g);
18          Graphics2D d=(Graphics2D)g;
19          BasicStroke bs=new BasicStroke
20                  (20f,BasicStroke.CAP_BUTT,BasicStroke.JOIN_BEVEL);
21          QuadCurve2D ln=new QuadCurve2D.Double(2,100,51,10,100,100);
22          GradientPaint gd=new GradientPaint
23                  (2,100,Color.red,51,10,Color.green,true);
24          d.setPaint(gd);
25          d.setStroke(bs);
26          d.draw(ln);
27      }
28  }
```

说明:程序中的第5~10行定义构造方法 ComplexArc(),第18行声明 2D 图形对象实例 d,第22~26行声明对象实例 gd 并显示具有渐变效果的椭圆弧条,程序运行结果如图 11-10 所示。

**图 11-10　绘制具有渐变效果的椭圆弧条**

### 11.3.6　绘制多边形

绘制多边形的过程就是将多个点依次连接起来构成图形,不过多边形的任意两条边是不能相交的。在 Graphics 类中,提供了四种绘制多边形的方法。实际上,这四种方法又可以分为两类:第一类是通过 X 坐标数组和 Y 坐标数组来绘制多边形;第二类是通过 Polygon 多边形对象来绘制多边形。

1. 使用坐标数组

它们的调用格式如下:

public abstract void drawPolygon(int xPts[],int yPts[],int ⟨nPts⟩);

public abstract void fillPolygon(int xPts[],int yPts[],int ⟨nPts⟩);

功能:根据 X 的坐标数组和 Y 的坐标数组绘制一个闭合的多边形。其中,drawPolygon() 方法用于绘制空心多边形,而 fillPolygon()方法用于绘制实心多边形,且实心多边形的内部填充色就是当前的前景颜色。

说明:xPts[]表示 X 坐标数组,yPts[]表示 Y 坐标数组,⟨nPts⟩表示多边形的点数。在坐标数组中,第一个点的坐标和最后一个点的坐标必须是相同的。

2. 使用多边形对象

它们的调用格式如下:

public void drawPolygon(Polygon ⟨p⟩);

public void fillPolygon(Polygon ⟨p⟩)。

功能:根据多边形对象 Polygon 绘制一个闭合的多边形。

说明:⟨p⟩表示一个多边形对象。

【例 11-11】　绘制四个闭合多边形。

```
1   import java.awt. * ;
2   import java.applet. * ;
3   public class FourPolygon extends Applet {
4       public void paint(Graphics g) {
5           int xx=180,yy=100;
6           int x1[]={60,140,200,40,10};
7           int y1[]={10,10,60,110,50};
8           g.drawPolygon(x1,y1,x1.length);
9           int x2[]={60,140,200,40,10};
10          int y2[]={yy+10,yy+10,yy+50,yy+100,yy+40};
11          g.fillPolygon(x2,y2,x2.length);
12          int x3[]={xx+60,xx+150,xx+220,xx+80,xx+10};
13          int y3[]={10,10,60,110,50};
14          Polygon p3=new Polygon(x3,y3,x3.length);
15          g.drawPolygon(p3);
16          int x4[]={xx+60,xx+150,xx+220,xx+80,xx+10};
17          int y4[]={yy+20,yy+20,yy+70,yy+120,yy+60};
18          Polygon p4=new Polygon(x4,y4,x4.length);
19          g.fillPolygon(p4);
20      }
21  }
```

说明:程序中的第 6～19 行绘制四个闭合多边形,其中有两个是填充多边形,程序运行结果如图 11-11 所示。

### 11.3.7　设置颜色

在 Graphics 类中,提供了一种设置颜色的方法,它的调用格式如下:

public abstract void setColor(Color ⟨c⟩)。

功能:设置当前图形上下文的颜色为指定颜色,⟨c⟩表示新定义的当前颜色。

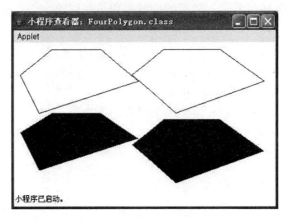

图 11-11  绘制四个闭合多边形

### 11.3.8  获得字符串

在 Graphics 类中,提供了一种获得字符串的方法,它的调用格式如下:

public String toString()。

功能:获得当前图形上下文的字符串,该方法没有任何参数。

### 11.3.9  复制图形

在 Graphics 类中,提供了一种复制图形的方法,它的一般调用格式如下:

public abstract void copyArea(int 〈x〉,int 〈y〉,int 〈width〉,int 〈height〉,int 〈dx〉,int 〈dy〉)。

功能:复制当前构件的一个矩形区域,该区域的左顶点坐标为(〈x〉,〈y〉),宽度为〈width〉,高度为〈height〉。该矩形区域被复制到坐标(x+〈dx〉,y+〈dy〉)处。

说明:〈x〉表示源矩形区域左上角的〈x〉坐标,〈y〉表示源矩形区域左上角的〈y〉坐标,〈width〉表示源矩形区域的宽度,〈height〉表示源矩形区域的高度,〈dx〉表示水平平移的距离,〈dy〉表示垂直平移的距离。

注意:如果源矩形区域的一部分在当前构件的边界外,则不能复制图形。

【例 11-12】  复制一块区域。

```
1    import java.awt. * ;
2    import java.applet. * ;
3    public class CopyPolygon extends Applet {
4        public void paint(Graphics g) {
5            int xx=220,yy=135;
6            int x1[]={60,160,240,80,10};
7            int y1[]={10,10,50,80,40};
8            g.drawPolygon(x1,y1,x1.length);
9            int x2[]={60,160,240,80,10};
10           int y2[]={yy+10,yy+10,yy+40,yy+80,yy+30};
```

```
11          g.fillPolygon(x2,y2,x2.length);
12          g.copyArea(0,0,240,120,xx,yy-60);
13      }
14  }
```

说明：程序中的第 6～11 行绘制两个闭合多边形，其中有一个是填充多边形，第 12 行实现区域复制操作，程序运行结果如图 11-12 所示。

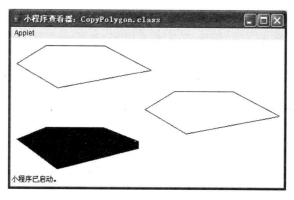

图 11-12　复制一块区域

## 11.4　字　　体

在 Java 语言的 AWT 软件包中，有一个名为 Font 的类，读者利用该类可以十分方便地设置各种大小的字体，并输出各种各样的字体。通过字体大小和样式的变化，可以使 Applet 小程序的输出变得更加丰富多彩。

下面我们介绍如何设置字体和输出字符。

### 11.4.1　文本文字与图形文字

在多媒体素材中，文字是十分重要的，多媒体素材中的文字可以分为文本文字和图形文字两种。二者的主要区别如下：

1. 产生文字的软件不同

（1）文本文字是由文字处理软件通过录入、编辑排版等操作产生的，常见的文字处理软件包括 Microsoft Word、WPS、书写器 Writer、写字板 WordPad 等；

（2）图形文字则是由绘图工具软件产生的，常见的绘图工具软件有 Photoshop、画笔、AutoCAD、CorelDraw 等。

2. 文件的格式不同

（1）文本文字一定是文本文件格式，例如 TXT、WRI、RTF、DOC 等；

（2）图形文字一定是图像文件格式，例如 BMP、TIF、JPG、PCX、GIF 等，常用的图形文件格式如表 11-5 所示。

**表 11-5　常用的图形文件格式**

| 图形文件 | 说明 |
|---|---|
| BMP | Windows 位图可由画图程序存取 |
| PCX | Microsoft Word 和画图程序均支持 |
| GIF | 图形交换格式可压缩彩色位图，GIF 表示灰度和彩色图形 |
| JPG | 联合图形专家组，利用特殊技术，可对图像进行深度压缩 |
| DXF | AutoCAD 的图形格式 |
| WMF | Windows 内部向量图形格式，剪贴板的图像均为该图形格式 |

**注意**：图像格式文件所占用的存储空间一般要远远大于文本格式文件所占用的存储空间，所以选择占用的存储空间较少的图像格式文件是很有必要的。

3. 应用的场合不同

(1) 文本文字是以文本文件形式出现在系统中的，例如帮助文件、说明文件等；

(2) 图形文字是图像的一部分，用于制成各种各样的美术字。

### 11.4.2　Font 类

Font 类可以用于设置文字的字型，该类的具体内容如下：

1. 构造函数

构造函数的一般调用格式如下：

public Font(String ⟨name⟩,int ⟨style⟩,int ⟨size⟩)。

说明：根据参数提供的字体名称、字体样式和字体的像素大小创建一个新的字体对象实例。⟨name⟩表示字体名称，⟨style⟩表示字体样式，⟨size⟩表示字体的像素大小。

2. 成员变量

成员变量的具体内容如表 11-6 所示。

**表 11-6　成员变量**

| 成员变量 | 说明 |
|---|---|
| protected String ⟨name⟩ | 表示当前字体对象实例的字体名称 |
| protected int size | 表示当前字体对象实例的字体大小 |
| protected int style | 表示当前字体对象实例的字体样式，其值为 BOLD、ITALIC 或 PLAIN 中的一个或多个 |
| public static final int BOLD | 表示字体样式为粗体，它可以和其他两种样式配合使用实现指定的组合效果 |
| public static final int ITALIC | 表示字体样式为斜体，它可以和其他两种样式配合使用实现指定的组合效果 |
| public static final int PLAIN | 表示字体样式为一般样式，它可以和其他两种样式配合使用实现组合效果 |

3. 成员方法

成员方法的具体内容如下：

(1) public boolean equals(Object 〈p1〉)。

说明：该方法重载了父类(Object)中的 equals()方法。〈p1〉表示字体对象实例。当〈p1〉为 Font 类的对象，并且与当前的 Font 对象具有相同的名称、样式和大小时，该方法的返回值为 true，否则该方法的返回值为 false。

(2) public String getName()。

说明：返回当前字体对象的名称。

(3) public int getSize()。

说明：返回当前字体对象的大小。

(4) public int getStyle()。

说明：返回当前字体对象的样式，还可以使用下面的三个方法来分别返回样式。

(5) public boolean isBold()。

说明：如果当前字体为粗体，则返回 true，否则返回 false。

(6) public boolean isItalic()。

说明：如果当前字体为斜体，则返回 true，否则返回 false。

(7) public boolean isPlain()。

说明：如果当前字体为正常体，则返回 true，否则返回 false。

【例 11-13】　设置字体的程序示例。

```
1   import javax.swing. * ;
2   import java.awt. * ;
3   import java.awt.event. * ;
4   class FontPanel extends JPanel {
5       public void paintComponent(Graphics g) {
6           super.paintComponent(g);
7           Font f＝new Font("TimesRoman",Font.BOLD＋Font.ITALIC ,24);
8           g.setFont(f);
9           String quote＝"计算机学院";
10          g.drawString(quote,32,24);
11      }
12  }
13  public class DispWords extends JFrame{
14      public DispWords(){
15          FontPanel p＝new FontPanel();
16          getContentPane().add(p);
17          setSize(280,240);
18          setVisible(true);
19      }
```

```
20        public static void main(String args[]){
21            new DispWords();
22        }
23  }
```

说明:程序中的第 7 行设置字体,第 10 行按指定字体显示信息:计算机学院,程序运行结果如图 11-13 所示。

**图 11-13　设置字体的程序示例**

### 11.4.3　FontMetrics 类

如果要获取有关字体的更多信息,可以使用字体规格类 FontMetrics,通过它可以获取指定字体的高度、宽度等信息。下面介绍 FontMetrics 类的具体内容。

1. 构造函数

protected FontMetrics(Font 〈font〉)。

功能:创建一个新的 FontMetrics 字体对象,并通过它可以查找指定字体的高度、宽度等信息。〈font〉可以表示指定字体。

2. 成员变量

FontMetrics 类只有一个成员变量:protected Font 〈font〉,表示当前 FontMetrics 类中的字体对象。

3. 成员方法

成员方法的具体内容如下:

(1) public int Width()。

格式:public int Width(byte Byte[],int 〈offset〉,int 〈number〉)。

说明:Byte[]用于指定一个字节数组,〈offset〉用于指定数组中的起始偏移量,〈number〉用于指定数组包含的字节数。该方法根据当前 FontMetrics 类对象所提供的字体,返回使用该字体输出字节数组中指定子数组时所需要的宽度。

(2) public int Width()。

格式:public int Width(byte Byte[])。

说明:Byte[]用于指定一个字节数组,〈offset〉用于指定数组中的起始偏移量,〈number〉用于指定数组包含的字符数。该方法根据当前 FontMetrics 类对象所提供的字体,返回该字体输出字符数组中指定数组时所需要的宽度。

(3) public int char Height()。

格式:public int char Height (char 〈p1〉)。

说明:〈p1〉表示指定字符。该方法根据当前 FontMetrics 类对象所提供的字体,返回使用该字体输出字符〈p1〉时所需要的高度。

（4）public int char Width（）。

格式：public int char Width（int 〈p1〉）。

说明：〈p1〉表示指定字符。该方法根据当前 FontMetrics 类对象所提供的字体，返回使用该字体输出字符〈p1〉时所需要的宽度。

（5）public int getAscent（）。

说明：该方法根据当前 FontMetrics 类对象所提供的字体，判断其 Ascent 值（从字母或数字的最高点到字符基线的距离）。

（6）public int getDescent（）。

说明：该方法根据当前 FontMetrics 类对象所提供的字体，判断其 Descent 值（从字母或数字的最低点到字符基线的距离）。

（7）public int getLeading（）。

说明：该方法根据当前 FontMetrics 类对象所提供的字体，判断两个字符之间的间隔值（上一行字符的下沿到下一行字符上沿的距离）。

（8）public Font getFont（）。

说明：该方法返回当前 FontMetrics 类对象所对应的字体。

（9）public int getHeight（）。

说明：该方法根据当前 FontMetrics 类对象所提供的字体，判断一行字符的标准高度，即相邻两行基线的距离。该值应该等于 getAscent（）、getDescent（）和 getLeading（）三者之和。

（10）public int getMaxAdcance（）。

说明：该方法返回当前字体中字符的最大高度。

（11）public int getMaxAscent（）。

说明：该方法根据当前 FontMetrics 类对象所提供的字体，判断其最大 Ascent 值。

（12）public int getMaxDescent（）。

说明：该方法根据当前 FontMetrics 类对象所提供的字体，判断其最大 Descent 值。

（13）public int getWidths（）。

说明：该方法返回当前字体中前 256 个字符的宽度，将其存储到一个整型数组中。

（14）public int string Width（）。

格式：public int string Width（string 〈p1〉）。

说明：该方法根据当前 FontMetrics 类对象所提供的字体，返回指定字符串〈p1〉的宽度。

（15）public String toString（）。

说明：该方法返回表示当前字体规格的一个字符串，该方法重载了其父类（Object）中的 toString（）方法。

### 11.4.4　设置字体

使用 Graphics 类中的成员方法 setFont（〈font〉）可以设置当前系统所用的字体，它的调用格式如下：

public abstract void setFont（Font 〈font〉）。

功能：设置当前图形上下文的字体为指定的字体，〈font〉表示指定的字体。

例如，设置字符串"ABCDEFG"为斜体 5 号字，可用两种方法如下：

Font FontSample＝new Font("ABCDEFG",Font.ITALIC,5)。

g.setFont(FontSample)。

或者：

g.setFont(new Font("ABCDEFG",Font.ITALIC,5))。

### 11.4.5　输出字符串

在 Graphics 类中,一个十分重要的成员方法就是 drawString(),该成员方法可以在显示区域中的任何位置输出任何字符串。它的调用格式如下：

public abstract void drawString(String ⟨str⟩,int ⟨x⟩,int ⟨y⟩)。

功能:使用当前图形上下文的字体和颜色输出指定的字符,其中第一个字符的基线位于当前坐标点(⟨x⟩,⟨y⟩)。

说明:⟨str⟩表示要输出的字符串,⟨x⟩用于指定输出的 X 轴坐标,⟨y⟩用于指定输出的 Y 轴坐标。

例如:g.drawString("This is a string.",100,100)。

### 11.4.6　获取系统字体

要使 Applet 小程序在客户端(Client)能够很好地运行,有时候必须知道客户端可以使用的系统字体信息是哪些。这时,必须用到工具包 Toolkit 类中的 getFontList()成员方法。实际上,Toolkit 类属于抽象类,它是实现 AWT 过程中的父类。大多数应用程序都不能直接调用该类中的成员方法,而只能由 AWT 中不同构件的 addNotify()成员方法调用。但是,读者可以使用 Applet 对象中的 getToolkit()成员方法来返回一个 Toolkit 类对象,从而调用成员方法 getFontList()。

成员方法 getFontList()的调用格式如下：

public abstract String[] getFontList(Font ⟨font⟩)。

功能:返回当前工具包中可用字体的名称列表,⟨font⟩表示指定的字体。

## 11.5　清　除　图　形

有时候,我们需要将一个不使用的图形从显示器上清除掉。这时,可以使用 clearRect()方法和异或操作(参考 11.6 节)。

### 11.5.1　clearRect()方法

在 Graphics 类中,提供了一个清除图形的方法,它的调用格式如下：

public abstract void clearRect(int ⟨x⟩,int ⟨y⟩,int ⟨width⟩,int ⟨height⟩)。

功能:清除显示区域中指定的矩形区域,该矩形区域的左上角坐标是(⟨x⟩,⟨y⟩),矩形区域的宽度和高度分别是⟨width⟩和⟨height⟩。

### 11.5.2　程序示例

【例 11-14】　将显示区域的左上角四分之一清除。

```
1    import java.awt. * ;
2    import java.applet. * ;
3    public class FourPolygons extends Applet {
4        public void paint(Graphics g) {
5            int xx=180,yy=100;
6            int x1[]={60,140,200,40,10};
7            int y1[]={10,10,60,110,50};
8            g.drawPolygon(x1,y1,x1.length);
9            int x2[]={60,140,200,40,10};
10           int y2[]={yy+10,yy+10,yy+50,yy+100,yy+40};
11           g.fillPolygon(x2,y2,x2.length);
12           int x3[]={xx+60,xx+150,xx+220,xx+80,xx+10};
13           int y3[]={10,10,60,110,50};
14           Polygon p3=new Polygon(x3,y3,x3.length);
15           g.drawPolygon(p3);
16           int x4[]={xx+60,xx+150,xx+220,xx+80,xx+10};
17           int y4[]={yy+20,yy+20,yy+70,yy+120,yy+60};
18           Polygon p4=new Polygon(x4,y4,x4.length);
19           g.fillPolygon(p4);
20           g.clearRect(0,0,200,100);
21       }
22   }
```

〈APPLET CODE=FourPolygons.class HEIGHT=200 WIDTH=400〉〈/APPLET〉

说明:程序中的第 6～19 行绘制四个多边形,第 20 行将显示区域的四分之一清除,程序运行结果如图 11-14 所示,读者可以删除第 20 行观察原来的四个多边形。

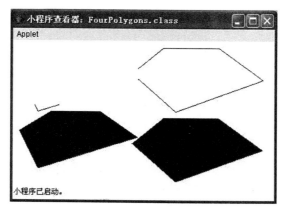

**图 11-14　将显示区域的上四分之一清除**

# 11.6  异 或 操 作

### 11.6.1　setXORMode( )方法

在 Graphics 类中,提供了一个设置异或操作的方法,它的调用格式如下:

public abstract void setXORMode(Color ⟨c1⟩)。

功能:设置当前图形上下文的绘图模式,所得的颜色为当前颜色和⟨c1⟩指定的颜色异或的结果。超过两个颜色的像素点进行异或操作时,返回不确定的颜色。

说明:⟨c1⟩表示异或交替的颜色。如果在同一个位置输出两次图形,则相当于什么也没有输出。

### 11.6.2　程序示例

【例 11-15】　使用异或操作编写的程序。

```
1   import java.awt. * ;
2   import javax.swing. * ;
3   import java.awt.geom. * ;
4   public class ColorXor extends JFrame{
5       public ColorXor(){
6           XorPanel p=new XorPanel();
7           getContentPane().add(p);
8           setSize(320,240);
9           setVisible(true);
10      }
11      public static void main(String args[]){
12          new ColorXor();
13      }
14  }
15  Class XorPanel extends JPanel {
16      public void paintComponent(Graphics g) {
17          super.paintComponent(g);
18          Graphics2D d=(Graphics2D)g;
19          Ellipse2D e=new Ellipse2D.Double(60,100,80,80);
20          Rectangle2D rect=new Rectangle2D.Double(80,80,110,80);
21          setBackground(Color.white);
22          d.setXORMode(Color.red);
23          d.setColor(Color.green);
24          d.fill(e);
```

```
25              d.setColor(Color.blue);
26              d.fill(rect);
27      }
28  }
```

说明：程序中的第 19、20 行分别绘制一个填充椭圆和一个填充矩形,二者图形部分相交。第 21 行设置背景色为白色,第 22～24 行将得到蓝色填充椭圆,第 25～26 行将得到的黑色填充矩形,二者相交部分为红色。程序运行结果如图 11-15 所示。读者可将第 22 行改成 d.setXORMode(Color.yellow)后,观察图形颜色变化。

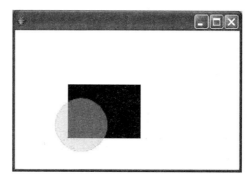

**图 11-15 使用异或操作编写的程序**

## 11.7 Java2D 图形

前面绘制图形的主要手段是通过 Graphics 类中的对象 g 调用各种绘图方法实现的,但在 Java 语言中还有一个类 Graphics2D,它是 Graphics 类的子类,并将直线、矩形、圆等图形元素作为一个对象来绘制。

### 11.7.1 Java2D 概述

Java 2DAPI 属于基础类库 JFC 中的一部分,用于加强传统 AWT 方式的图形生成能力。所以,使用 Java2DAPI 可以编写程序实现绘制图形、填充颜色、图形缩放、图形旋转等。

### 11.7.2 2D 图形

在使用 Graphics 类绘制图形时,如绘制矩形、多边形等时,只需要使用 Graphics 类中的对象 g 并调用各种方法就可以实现。但在 Java2D 图形绘制过程中,首先要将图形作为一个对象来看待,所以绘图步骤是在创建 2D 图形对象后,再设置绘制图形过程中所需的状态属性。

1. 图形的平移、缩放和旋转

图形平移、缩放或旋转,能够加强视觉的效果。在 Java2D 中,可以使用 AffineTransform 类来完成图形的平移、缩放和旋转操作。

2. 绘制基本图形

通过 Java2D 中的对象并调用各种方法就可以绘制矩形、多边形、圆、椭圆等,只是绘制 2D

图形时,需要先创建图形对象后调用各种方法。

【例 11-16】 绘制两条红色线段。

```
1   import java.awt. * ;
2   import javax.swing. * ;
3   import java.awt.event. * ;
4   import java.awt.geom. * ;
5   public class ExamLines extends JFrame{
6       public ExamLines(){
7           LinePanel lp＝new LinePanel();
8           getContentPane().add(lp);
9           setSize(200,200);
10          setVisible(true);
11      }
12      public static void main(String args[]){
13          new ExamLines();
14      }
15  }
16  class LinePanel extends JPanel {
17      public void paintComponent(Graphics g) {
18          super.paintComponent(g);
19          Graphics2D g2d＝(Graphics2D)g;
20          Line2D line＝new Line2D.Double(2,2,150,150);
21          Line2D line1＝new Line2D.Float(2,2,2,150);
22          g2d.setColor(Color.red);
23          g2d.draw(line);
24          g2d.draw(line1);
25      }
26  }
```

说明:程序中的第 20、21 行绘制两条线段,第 22 行将两条线段设置为红色,程序运行结果如图 11-16 所示。

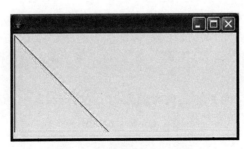

图 11-16 绘制两条红色线段

3. 设置渐变颜色

在 Java2D 中,允许使用渐变颜色填充一个图形,使用 Gradientpaint 类就可以定义一个渐变的颜色对象。

【例 11-17】　用三条粗横线和一条粗竖线构成"王"字。

```
1    Import java.awt. * ;
2    Import javax.swing. * ;
3    Import java.awt.geom. * ;
4    public class DrawWord extends JFrame{
5        public DrawWord(){
6            LinePanel p＝new LinePanel();
7            getContentPane().add(p);
8            setSize(300,240);
9            setVisible(true);
10       }
11       public static void main(String args[]){
12           new DrawWord();
13       }
14   }
15   class LinePanel extends JPanel {
16       public void paintComponent(Graphics g) {
17           super.paintComponent(g);
18           Graphics2D d＝(Graphics2D)g;
19           BasicStroke bs＝new BasicStroke
20                   (5f,BasicStroke.CAP_BUTT,BasicStroke.JOIN_BEVEL);
21           d.setStroke(bs);
22           Line2D l1＝new Line2D.Double(40,40,80,40);
23           Line2D l2＝new Line2D.Double(40,60,80,60);
24           Line2D l3＝new Line2D.Double(40,80,80,80);
25           Line2D l4＝new Line2D.Double(60,40,60,80);
26           d.draw(l1);
27           d.draw(l2);
28           d.draw(l3);
29           d.draw(l4);
30       }
31   }
```

说明:程序中的第 5～10 行定义构造方法 DrawWord(),第 22～29 行通过绘制三条粗横线和一条粗竖线构成"王"字,程序运行结果如图 11-17 所示。

**图 11-17　用三条粗横线和一条粗竖线构成"王"字**

## 11.8　本章知识点

（1）与图形有关的概念：文本显示和图形显示中的屏幕坐标，得到图形高度和宽度的各种方法，常用图形方法 paint()、repaint()和 update()。

（2）颜色模型：RGB 颜色模型，Color 类中的颜色常数、成员变量和成员方法。

（3）Graphics 类中的绘图方法：输出字符，绘制线段、矩形、椭圆、椭圆弧、多边形等，设置颜色，获得字符串和复制图形。

（4）字体：文本文字与图形文字，Font 类和 FontMetrics 类，设置字体，输出字符串，获取系统字体。

（5）清除图形、异或操作和 Java2D 图形。

## 习　题　十　一

**一、单项选择题**

1. 在 Java 语言中，屏幕坐标的设置情况为（　　　）。

A. 文本显示方式

B. 图形显示方式

C. 文本显示方式和图形显示方式

D. 以上说法均错

2. 在 Graphics 类中，经常使用的成员方法是（　　　）。

A. paint()　　　　　　　　　　B. repaint()

C. update()　　　　　　　　　D. 以上方法均是

3. 在 Graphics 类中，可用于复制图形的方法是（　　　）。

A. copyArea()　　　　　　　　B. copyImage()

C. copyGraph()　　　　　　　 D. copyRectangle()

**二、填空题**

1. 在 Java 语言中，所用的颜色模型是_____。

2. Applet 类中的 resize()方法将得到图形的_____。

3. 在 AWT 包的 Color 类中，定义的颜色常数共_____个。

4. Graphics 类中提供三个矩形绘制方法，分别是普通矩形、立体矩形和_____。

5. 在 Java 语言中,设置字体可以使用 Font 类、Graphics 类和_____。

6. 在 Java 语言中,图形变换包括平移、缩放和_____。

三、编程题

1. 编写 Java 程序,显示如下诗词。要求使用 drawString()方法。

静夜思

床前明月光,疑是地上霜。

举头望明月,低头思故乡。

2. 编写 Java 程序,显示四个圆角矩形。

3. 编写 Java 程序,显示如下的卡片内容。

Java 程序设计简明教程

北京大学出版社

殷辰洞

定价:28 元

电话:010－87654321

分类:计算机基础教材

四、上机题

1. 上机调试以下程序,分析程序功能并给出运行结果。

```
1   import java.awt. * ;
2   import javax.swing. * ;
3   import java.awt.geom. * ;
4   public class ExRoundRectangle extends JFrame{
5       public ExRoundRectangle(){
6           PaodPanel p＝new PaodPanel();
7           getContentPane().add(p);
8           setSize(300,200);
9           setVisible(true);
10      }
11      public static void main(String args[]){
12          new ExRoundRectangle();
13      }
14  }
15  Class PaodPanel extends JPanel {
16      public void paintComponent(Graphics g) {
17          super.paintComponent(g);
18          Graphics2D d＝(Graphics2D)g;
19          RoundRectangle2D rect＝new
20              RoundRectangle2D.Double(50,50,200,50,20,18);
21          BasicStroke bs＝new BasicStroke
```

```
22              (20f,BasicStroke.CAP_BUTT,BasicStroke.JOIN_BEVEL);
23          d.setColor(Color.red);
24          d.setStroke(bs);
25          d.draw(rect);
26      }
27  }
```

2. 上机调试以下程序,分析程序功能并给出运行结果。

```
1   import java.awt. * ;
2   import javax.swing. * ;
3   import java.awt.geom. * ;
4   public class DemoStar extends JFrame{
5       public DemoStar(){
6           ExPanel p=new ExPanel();
7           getContentPane().add(p);
8           setSize(320,240);
9           setVisible(true);
10      }
11      public static void main(String args[]){
12          new DemoStar();
13      }
14  }
15  class ExPanel extends JPanel {
16      public void paintComponent(Graphics g) {
17          super.paintComponent(g);
18          Graphics2D d=(Graphics2D)g;
19          d.setColor(Color.black);
20          int xp[]={155,167,209,173,183,155,127,137,101,143};
21          int yp[]={70,106,106,124,166,142,166,124,106,106};
22          GeneralPath star=new GeneralPath();
23          star.moveTo(xp[0],yp[0]);
24          for(int k=1;k<xp.length;k++) star.lineTo(xp[k],yp[k]);
25          star.closePath();
26          d.draw(star);
27      }
28  }
```

# 第 12 章　Java 的多媒体应用

　　多媒体技术是将文字、图形、图像、音频、视频、动画等多种媒体信息通过计算机进行数字化采集、获取、压缩解压缩、编辑、存储等加工处理后,再以独立形式或合成形式表现出来的技术。本章主要介绍在 Java 中如何利用系统类库进行图像显示、声音播放和动画生成。

## 12.1　图　像　显　示

　　目前 Java 语言支持三种图像格式文件:GIF、JPG 和 PNG,并为图像显示提供了两个类:java.awt.Image 和 java.net.URL,其中包含许多重要信息。

### 12.1.1　Image 类

1. Image 类的构造函数

Image 类的构造函数为:public Image();

2. Image 类的成员方法

Image 类的成员方法如下:

(1) public abstract void flush()。

功能:刷新当前图像对象所使用的全部资源,包括正在用于重绘屏幕的像素数据和用于图像存储数据的系统资源,并使图像被重新设置到它第一次创建时的状态。

(2) public abstract Graphics getGraphics()。

功能:在处理缓冲图像时创建一个绘制图像的上下文信息,返回值为缓冲区(buffer)图像中的上下文信息。

(3) public abstract int getHeight(ImageObserver 〈observer〉)。

功能:获得当前图像对象的高度。

说明:〈observer〉表示等待图像装载的对象,该成员方法的返回值为当前图像对象的高度。如果当前图像对象的高度是不确定的,则该成员方法的返回值为0。

(4) public abstract int getWidth(ImageObserver 〈observer〉)。

功能:获得当前图像对象的宽度。

说明:〈observer〉表示等待图像装载的对象,该成员方法的返回值为当前图像对象的宽度。如果当前图像对象的宽度是不确定的,则该成员方法的返回值为0。

(5) public abstract Object getProperty(String 〈name〉,ImageObserver 〈observer〉)。

功能:返回指定属性名的内容,不同的属性名是由不同的图像格式对象定义的。

说明:〈name〉表示属性名,〈observer〉表示等待图像装载的对象。

(6) public Image getScaledIndance(int 〈width〉,int 〈height〉,int 〈hints〉)。

功能:创建当前图像的压缩版本。

说明:〈width〉表示压缩图像对象的宽度,〈height〉表示压缩图像对象的高度,〈hints〉表示用于图像重新取样的算法类型的标记。隐含情况下返回一个在指定图像的宽度和高度内重画的新图像对象,如果指定图像的宽度和高度为一个负数,则会产生一个替代值来保持原来图像的大小比率。

(7) public abstract ImageProducer getSource()。

功能:获得当前图像的图像生成器。

### 12.1.2　URL 类

#### 1. URL 的定义

URL(Uniform Resource Locator,即统一资源定位符)是某一信息资源在万维网上唯一的地址标志。它由三部分组成:资源类型、存放资源的主机域名、资源文件名,例如 URL 地址 HTTP://scu.edu.cn/top.HTML,其中 HTTP 表示其资源类型为超文本信息,scu.edu.cn 是四川大学的主机域名,top.HTML 是资源文件名。

#### 2. URL 类的构造函数

URL 类的构造函数是:

public URL(String 〈protocol〉, String 〈host〉, int 〈port〉, String 〈file〉) throws MalformedURLException。

功能:根据指定的协议、主机名称、端口号和主机文件等来创建一个 URL 对象。

说明:〈protocol〉表示应用的通讯协议名称,〈host〉表示主机名称,〈port〉表示端口号,〈file〉表示主机文件。

#### 3. URL 类的成员方法

URL 类的成员方法如下:

(1) public URL(String 〈protocol〉, String 〈host〉, String 〈file〉) throws MalformedURLException。

功能:根据指定的通讯协议、主机名称和主机文件等来创建一个绝对的 URL 对象。

说明:〈protocol〉表示通讯协议名称,〈host〉表示主机名称,〈file〉表示主机文件。

(2) public URL(String 〈spec〉) throws MalformedURLException。

功能:根据指定的字符串来创建一个 URL 对象。

说明:〈spec〉表示 URL 地址对应的字符串。如果指定的字符串是一个错误的协议,则抛出 MalformedURLException 异常。

(3) public URL(URL 〈context〉, String 〈spec〉) throws MalformedURLException。

功能:在指定的上下文分析环境中,根据指定的字符串来创建一个 URL 对象。

说明:〈context〉表示指定的上下文分析环境,〈spec〉表示 URL 地址形式表示的字符串。如果指定的上下文分析环境或地址字符串是错误的,则系统将抛出 MalformedURLException 异常。

(4) public boolean equals(Object 〈obj〉)。

功能:对两个统一资源定位符 URL 进行比较。

说明:〈obj〉表示要进行比较的 URL 地址。如果两个对象相同,则返回逻辑 True。如果两个对象不相同,则返回逻辑 False。

(5) public final Object getContent() throw IOException。

功能:获得当前 URL 地址的内容。

说明:

① 该成员方法的返回值就是当前 URL 地址的内容。

② 如果发生一个输入或输出错误,则抛出 IOException 异常。

③ 该成员方法是 openConnection()方法和 getContent()方法的快捷方式。

(6) public String getFile()。

功能:获得当前 URL 地址的文件名。

说明:该成员方法的返回值就是当前 URL 地址的文件名。

(7) public String getHost()。

功能:获得当前 URL 地址的主机名。

说明:该成员方法的返回值就是当前 URL 地址的主机名。

(8) public String getPort()。

功能:获得当前 URL 地址的端口号。

说明:该成员方法的返回值就是当前 URL 地址的端口号,如果没有设置端口号,则该成员方法的返回值为－1。

(9) public String getProtocol()。

功能:获得当前 URL 地址的协议名称。

说明:该成员方法的返回值就是当前 URL 地址的通讯协议名称。

(10) public String getRef()。

功能:获得当前 URL 地址的参考位(参考位又称为锚 archor)。

说明:该成员方法的返回值就是当前 URL 地址的参考位或锚。

(11) public int getHashcode()。

功能:创建一个散列索引的值,并重新设置 Object 类中的 Hashcode()方法。

说明:该成员方法的返回值就是当前 URL 地址的散列值。

**注意**:散列又称为哈希(hash),这是《数据结构》课程中的一个重要概念。

(12) public URLConnection openConnection() throw IOException。

功能:返回一个 URLConnection 对象。

说明:

① 参数 URLConnection 对象:表示当前 URL 所进行的远程对象连接。

② 该成员方法的返回值就是一个 URLConnection 对象。

③ 如果发生一个输入或输出错误,则抛出 IOException 异常。

④ 如果没有开放式远程对象连接,则系统调用 URL 的协议处理方法 openConnetcion() 将其连接并打开。

(13) public final InputStream openStream() throw IOException。

功能:打开到 URL 地址的连接。

说明:

① 该成员方法的返回值是从该 URL 地址连接中读取的一个 InputStream 对象。

② 如果发生一个输入或输出错误,则抛出 IOException 异常。

(14) public boolean sameFile(URL 〈other〉)。

功能:对当前 URL 地址与指定的 URL 地址进行比较。

说明:〈other〉表示将要进行比较的 URL 地址。该成员方法在比较过程中,并不包括两个 URL 地址具有相同的参考位。如果当前 URL 地址与指定的 URL 地址都是引用一个远程对象,则该成员方法的返回值为 true,否则该方法的返回值为 false。

(15) public void set()。

格式:public void set(String 〈protocol〉,String 〈host〉,int 〈port〉,String 〈file〉,String 〈ref〉);

功能:设置指定的协议、主机名称、端口号、主机文件和参考位等。

说明:〈protocol〉表示协议名称,〈host〉表示主机名称,〈port〉表示端口号,〈file〉表示主机文件,〈ref〉表示参考位。

(16) public static synchronized void setURLStreamHandlerFactory(URLStreamHandlerFactory 〈fac〉)。

功能:为一个应用程序设置 URLStreamHandlerFactory 模式。

说明:〈fac〉表示期望的加工场所(Factory),该成员方法最多被应用程序调用一次。如果一个应用程序已经创建了一个加工场所,则系统将发出一个"Error"错误。参数 URLStreamHandlerFactory 对象表示根据协议名称创建一个协议流句柄。

(17) public String toExternForm()。

功能:构造当前 URL 地址所表示的字符串,调用该对象的协议流句柄方法 toExternForm()并创建所需的字符串。

说明:该成员方法的返回值就是当前对象的字符串表示,没有调用参数。

(18) public String toString()。

功能:构造当前 URL 地址所表示的字符串,调用该对象的协议流句柄方法 toExternForm()并创建所需的字符串。

说明:该成员方法的返回值就是当前对象的字符串表示,没有调用参数。

## 12.2  图像装载和显示

### 12.2.1  图像装载

使用 Applet 对象中的 getImage()方法可以方便地为小程序装载图像,该成员方法的格式如下:

(1) public Image getImage(URL 〈position〉)。

功能:装载指定 URL 位置的一个图像。

说明:〈position〉表示指定图像的 URL 位置。

(2) public Image getImage(URL 〈position〉,STRING 〈file〉)。

功能:装载指定 URL 位置的一个指定图像文件。

说明:〈position〉表示指定图像的 URL 位置,〈file〉表示指定图像的文件名。

获取当前文档的 URL 位置,可使用如下语句:

URL exampleURL＝new URL(getDocumentBase())。

装载指定 URL 位置的图像文件,可使用如下语句:

Image exampleImage＝getImage(exampleURL,"sample.gif")。

### 12.2.2　图像显示

在为小程序装载图像完成后,就可以在指定区域中显示图像了。要显示一幅图像可以使用 Graphics 对象中的 drawImage()成员方法,下面介绍该成员方法的格式。

(1) public abstract boolean drawImage(Image 〈img〉,int 〈x〉,int 〈y〉,ImageObserver 〈observer〉)。

功能:显示指定的图像。该成员方法没有指定图像的背景颜色,这样对于图像的透明部分仍然保持不变。如果图像已经装载完成,则该成员方法的返回值为 true,否则该成员方法的返回值为 false。

说明:〈img〉表示指定的图像,〈x〉表示指定图像左上角的 X 坐标,〈y〉表示指定图像左上角的 Y 坐标,〈observer〉表示在进行多个图像转换时要通知的对象。

(2) public abstract boolean drawImage(Image 〈img〉,int 〈x〉,int 〈y〉,int 〈width〉,int 〈height〉,Color 〈bgcolor〉,ImageObserver 〈observer〉)。

功能:在指定的矩形区域内显示图像。该成员方法没有指定图像的背景颜色,这样对于图像的透明部分仍然保持不变。如果图像已经装载完成,则该成员方法的返回值为 true,否则该成员方法的返回值为 false。

说明:〈img〉表示指定的图像,〈x〉表示指定图像左上角 X 坐标,〈y〉表示指定图像左上角的 Y 坐标,〈width〉表示指定图像的宽度,〈height〉表示指定图像的高度,〈observer〉表示在进行多个图像转换时要通知的对象。

(3) public abstract boolean drawImage(Image 〈img〉,int 〈x〉,int 〈y〉,Color 〈bgcolor〉,ImageObserver 〈observer〉)。

功能:显示指定的图像。如果图像已经装载完成,则该成员方法的返回值为 true,否则该成员方法的返回值为 false。

说明:〈img〉表示指定的图像,〈x〉表示指定图像左上角的 X 坐标,〈y〉表示指定图像左上角的 Y 坐标,〈bgcolor〉表示图像的背景颜色,〈observer〉表示在进行多个图像转换时要通知的对象。

(4) public abstract boolean drawImage(Image 〈img〉,int 〈x〉,int 〈y〉, int 〈width〉,int 〈height〉,Color 〈bgcolor〉,ImageObserver 〈observer〉)。

功能:在指定的矩形区域内显示图像。如果图像已经装载完成,则该成员方法的返回值为 true,否则该成员方法的返回值为 false。

说明:〈img〉表示指定的图像,〈x〉表示指定图像左上角的 X 坐标,〈y〉表示指定图像左上角的 Y 坐标,〈width〉表示指定图像的宽度,〈height〉表示指定图像的高度,〈bgcolor〉表示图像的背景颜色,〈observer〉表示在进行多个图像转换时要通知的对象。

(5) public abstract boolean drawImage(Image 〈img〉,int〈dx1〉,int〈dy1〉,int〈dx2〉,int〈dy2〉,int〈sx1〉,int〈sy1〉,int〈sx2〉,int〈sy2〉,ImageObserver 〈observer〉)。

功能:按比例将指定图像显示在指定目标区域内。该成员方法没有指定图像的背景颜色,这样对于图像的透明部分仍然保持不变。如果图像已经装载完成,则该成员方法的返回值为

true,否则该成员方法的返回值为 false。

说明：〈img〉表示指定的图像，〈dx1〉表示目标矩形左上角的 X 坐标，〈dy1〉表示目标矩形左上角的 Y 坐标，〈dx2〉表示目标矩形右下角的 X 坐标，〈dy2〉表示目标矩形右下角的 Y 坐标，〈sx1〉表示源矩形左上角的 X 坐标，〈sy1〉表示源矩形左上角的 Y 坐标，〈sx2〉表示源矩形右下角的 X 坐标，〈sy2〉表示源矩形右下角的 Y 坐标，〈observer〉表示在进行多个图像转换时要通知的对象。

（6）public abstract boolean drawImage(Image 〈img〉,int〈dx1〉,int〈dy1〉,int〈dx2〉,int〈dy2〉,int〈sx1〉,int〈sy1〉,int〈sx2〉,int〈sy2〉,Color 〈bgcolor〉,ImageObserver 〈observer〉)。

功能：按比例将指定图像显示在指定的目标区域内。如果图像已经装载完成，则该成员方法的返回值为 true,否则该成员方法的返回值为 false。

说明：〈img〉表示指定的图像，〈dx1〉表示目标矩形左上角的 X 坐标，〈dy1〉表示目标矩形左上角的 Y 坐标，〈dx2〉表示目标矩形右下角的 X 坐标，〈dy2〉表示目标矩形右下角的 Y 坐标，〈sx1〉表示源矩形左上角的 X 坐标，〈sy1〉表示源矩形左上角的 Y 坐标，〈sx2〉表示源矩形右下角的 X 坐标，〈sy2〉表示源矩形右下角的 Y 坐标，〈bgcolor〉表示图像的背景颜色，〈observer〉表示在进行多个图像转换时要通知的对象。

**【例 12-1】** 使用 drawImage()方法显示指定的图像。

```
1   import java.awt. * ;
2   import java.net. * ;
3   import java.applet. * ;
4   public class ExamImage extends Applet {
5       public void paint(Graphics g) {
6           int hgt=80;
7           int wth=160;
8           Toolkit t=getToolkit();
9           Image exampleImage=t.getImage("win.JPG");
10          wth=exampleImage.getWidth(this);
11          hgt=exampleImage.getHeight(this);
12          g.drawImage(exampleImage,0,0,wth,hgt,this);
13          g.drawImage(exampleImage,160,0,wth,hgt,this);
14          g.drawImage(exampleImage,0,140,wth,hgt,this);
15          g.drawImage(exampleImage,160,140,wth,hgt,this);
16      }
17  }
```

说明：
（1）首先要在当前目录下存放图像文件 win.JPG。
（2）程序中的第 4 行声明 ExamImage 类,它继承自 Applet 类。第 9 行声明图像对象实例 exampleImage 并获得初始图像,第 12～15 行在不同位置将图像重复显示四次。程序运行结果如图 12-1 所示。

图 12-1　使用 drawImage( )方法显示指定的图像

【例 12-2】　在显示区域内显示指定的图像。

```
1   import java.awt. * ;
2   import javax.swing. * ;
3   import java.awt.event. * ;
4   public class DispImage extends JFrame{
5       public DispImage(){
6           ImagePanel p＝new ImagePanel();
7           getContentPane().add(p);
8           setSize(320,240);
9           setVisible(true);
10      }
11      public static void main(String args[]){
12          new DispImage();
13      }
14  }
15  class ImagePanel extends JPanel {
16      public void paintComponent(Graphics g) {
17          super.paintComponent(g);
18          Toolkit t＝getToolkit();
19          Image image＝t.getImage("win.JPG");
20          g.drawImage(image,20,20,image.getWidth(this),image.getHeight
21                          (this),this);
22          g.drawImage(image,160,20,image.getWidth(this),image.getHeight
23                          (this),this);
24      }
```

25 }

说明:程序中的第4行声明DispImage类,它继承自JFrame类。第5~14行定义构造方法,第20~23行在水平位置将图像重复显示两次。程序运行结果如图12-2所示。

图12-2 在显示区域内显示指定的图像

## 12.3 声 音 播 放

声音播放的过程包括两方面:加载声音文件和调用声音播放方法。

### 12.3.1 加载声音文件

在播放一个声音文件之前,必须首先使用applet对象中的getAudioClip()方法来加载声音文件。

(1) public AudioClip getAudioClip(URL ⟨position⟩)。

功能:加载指定URL位置的声音文件,⟨position⟩表示指定声音文件的URL位置。

(2) public AudioClip getAudioClip(URL ⟨position⟩,String ⟨file⟩)。

功能:加载指定URL位置的指定声音文件。

说明:⟨position⟩表示指定声音文件的URL位置,⟨file⟩表示指定的声音文件。

### 12.3.2 声音播放方法

在java.applet软件包中提供一个名为AudioClip的接口,只有通过该接口才能播放声音文件。AudioClip接口是一个播放声音文件的简单接口,声音文件可以单独播放,可以同时播放并得到混合声音。

在AudioClip的接口中有三个声音播放的方法:play()、loop()和stop()。

(1) public abstract void loop()。

功能:开始循环播放声音文件。

(2) public abstract void play()。

功能:开始播放声音文件。

(3) public abstract void stop()。

功能:停止播放声音文件。

说明:这三个成员方法都没有调用参数,也都没有返回值。

【例 12-3】 播放指定的声音文件。

```
1  import java.awt.Graphics;
2  import java.applet.Applet;
3  public class SoundPlay extends Applet {
4      public void paint(Graphics g) {
5          g.drawString("正在播放指定的声音文件",60,40);
6          play(getDocumentBase(),"spacemusic.au");
7      }
8  }
```

说明：程序中的第 4～7 行定义 paint()方法，其中第 6 行语句的功能是连接并播放声音文件 spacemusic.au，该文件要存放在当前目录中。程序运行结果如图 12-3 所示。

图 12-3　播放指定的声音文件

【例 12-4】 播放两个声音文件。

```
1  Import java.net. * ;
2  Import java.awt. * ;
3  Import java.awt.event. * ;
4  Import java.applet. * ;
5  public class PlaySound extends Applet{
6      AudioClip Snd;
7      public void init() {
8          Snd=getAudioClip(getDocumentBase(),"spacemusic.au");
9          this.addMouseListener(new MouseOp(this));
10     }
11     public void paint(Graphics g) {
12         g.drawString("播放两个声音文件",100,20);
13     }
14 }
15 Class MouseOp extends MouseAdapter {
16     Applet m_Parent;
17     MouseOp(Applet p) {
18         m_Parent=p;
19     }
```

```
20        public void mouseEntered(MouseEvent e){
21            ((PlaySound)m_Parent).Snd.play();
22        }
23        public void mouseExited(MouseEvent e){
24            m_Parent.play(m_Parent.getDocumentBase(),"yahoo.au");
25        }
26    }
```

说明:

(1) 程序中的第 7~10 行定义 init()方法,功能是连接声音文件并用鼠标操作来播放声音文件 spacemusic.au,该文件要存放在当前目录中。

(2) 第 15~26 行定义类 MouseOp,第 21 行表示用鼠标操作来播放第 1 个声音文件,第 24 行表示用鼠标操作来播放第 2 个声音文件。程序运行结果如图 12-4 所示。

**图 12-4　播放两个声音文件**

# 12.4　动画

### 12.4.1　动画概念

动画就是许多静态图像的连续播放,主要用于描述与运动有关的过程,以便直观有效地理解。换言之,动画生成就是一幅幅动画页面的生成。在计算机中,设计动画方法包括两种:造型动画和帧动画。

1. 造型动画

造型动画是对每一个运动的物体分别进行设计,使每一个动元具有大小、形状、颜色等,最后用这些动元构成完整的帧画面。造型动画每帧都是由图像、声音、文字等造型元素组成的,由制作表组成的脚本控制动画中每一帧动元的表演和行为。

2. 帧动画

帧动画是由一幅幅位图组成的连续的画面,就像视频画面一样,要分别设计每屏幕显示的画面。在各种媒体的创作系统中,动画创作要求的硬件可以说是最高的,它不仅需要高速的CPU,还需要较大的内存,而创作动画的软件工具也较复杂、庞大。

在屏幕显示时,可以将各种媒体元素集成后同时表现出来。多媒体元素并非毫无目的地拼凑在一起,而是按设计要求进行创意和精心的组织与安排,从而形成一个高质量的完美的多媒体应用节目。

### 12.4.2　程序示例

【例 12-5】　动画效果演示。

```
1   import java.applet.Applet;
2   import java.awt. * ;
3   public class ExAnimator extends Applet {
4       Image[] src;
5       int total=8;
6       int curImage=0;
7       public void init() {
8           src=new Image[total];
9           for (int i=1;i<total;i++)
10              src [i]=getImage(getDocumentBase(),"Images\\Img"+i+".
                    JPG");
11      }
12      public void start() {
13          curImage=0;
14      }
15      public void paint(Graphics g) {
16          g.drawString("动画效果演示",40,40);
17          g.drawImage(src[curImage],80,60,this);
18          curImage=curImage+1;
19          curImage=curImage%total;
20          try {
21              Thread.sleep(100);
22          }
23          catch (InterruptedException e) {
24              showStatus(e.toString());
25          }
26          repaint();
27      }
28  }
29
```

说明：

（1）程序中的第 7～11 行重新定义 init()方法，功能是构造图像数组 src[]，全部图像文件要首先存放在 Images 目录中，文件名分别是 Img1.JPG、……、Img7.JPG。

（2）第 13 行表示显示动画时，从第 1 幅图像（指文件 Img1.JPG）开始显示。

（3）第 18 行控制显示动画时进行图像切换，第 19 行控制循环显示全部图像文件，第 21

行表示图像切换时间为 100 毫秒。

（4）第 15～26 行定义类 MouseOp，第 21 行表示用鼠标操作来播放第 1 个声音文件，第 24 行表示用鼠标操作来播放第 2 个声音文件。程序运行结果如图 12-5 所示。

**图 12-5　动画效果演示**

## 12.5　本章知识点

（1）图像显示：Image 类和 URL 类，图像装载和显示。
（2）声音播放：加载声音文件和声音播放方法。
（3）动画播放：造型动画和帧动画。

# 习　题　十　二

**一、单项选择题**

1. Java 语言为图像显示提供的两个类是：Image 和（　　　）。
A. Image 类　　　　　B. URL 类　　　　　C. Graph 类　　　　　D. 以上说法均错

2. 在 Java 语言中，装载图像时可用成员方法（　　）。
A. getGraph()　　　B. getGraph()　　　C. getImage()　　　D. getImages()

3. 要加载声音文件时，应该使用 applet 对象中的（　　　）。
A. getSound()方法　　　　　　　　　B. getLister()方法
C. getAudio()方法　　　　　　　　　D. getAudioClip()方法

**二、填空题**

1. 在 URL 类中，要获得当前 URL 指定主机名可使用_____方法。

2. 在 Java 语言中，要显示图像时可用_____方法。

3. 在计算机中，设计动画方法包括两种：造型动画和_____。

4. 如下 Applet 程序使用 drawImage()方法定位显示一个指定的图像，请在_____处填入适当内容完成该程序。

```
1   import java.awt. * ;
2   import java.net. * ;
```

```
3    import java.applet. * ;
4    public class ImageDisplay extends _____  {
5         public void paint(Graphics g) {
6              Toolkit t＝getToolkit();
7              Image exampleImage＝t.getImage("win.JPG");
8              g.drawImage(exampleImage,60,60,this);
9         }
10   }
```

5. 如下 Applet 程序使用 drawImage()方法定位显示一个指定的图像,请在_____处填入适当内容完成该程序。

```
1    import java.applet. * ;
2    import java.awt. * ;
3    public class ExImage extends Applet {
4         Image fig;
5         public void init() {
6              fig＝getImage(getDocumentBase(),"win.JPG");
7              resize(400,300);
8         }
9         public void paint(Graphics g) {
10             g._____(fig,0,0,this);
11        }
12   }
```

三、编程题

1. 编写一个 Java 程序,使用 drawImage()方法定位显示四个图像。

2. 编写一个 Java 程序,可以播放一个声音文件。

3. 编写一个 Java 程序,能够实现动画效果。

# 习题参考答案

## 习 题 一

一、单项选择题
1. C    2. A    3. D    4. D    5. B    6. A    7. C
二、填空题
1. 堆栈溢出检查
2. Java OS
3. J2EE
三、简答题(略)
四、编程题(略)

## 习 题 二

一、单项选择题
1. A    2. B    3. C    4. D    5. D    6. D    7. D    8. C    9. D    10. D
11. A    12. A    13. B    14. C    15. A    16. B
二、填空题
1. 三
2. Java Applet 浏览器
3. 编程
4. 必须相同
5. main()
6. public
7. 方法名
8. java
9. classpath
10. java,class
三、简答题(略)
四、操作题(略)

习 题 三

一、单项选择题

1. B    2. D    3. C    4. D    5. C    6. A    7. D    8. B    9. A    10. C
11. A    12. A    13. D    14. D    15. D    16. D    17. B    18. D    19. D
20. C    21. B    22. B    23. B    24. D    25. B

二、填空题

1. double

2. false

3. 0

4. 32

5. 层次

6. 分号分隔

7. true

三、简答题(略)

四、操作题(略)

习 题 四

一、单项选择题

1. B    2. D    3. A    4. C    5. D    6. A    7. D

二、填空题

1. 至少 1 次

2. 分支控制语句

3. continue

4. do…while

5. 嵌套

6. 循环体

7. 任意

8. a.length－1 或 5

9. 30

10. 3

三、简答题(略)

四、编程题(略)

## 习 题 五

一、单项选择题

1. B　2. D　3. A　4. D　5. B　6. D　7. D　8. C　9. B

二、填空题

1. 行为特征

2. 方法体

3. import

4. 内部类

三、阅读题(略)

四、编程题(略)

## 习 题 六

一、单项选择题

1. C　2. D　3. D　4. B　5. B　6. B

二、填空题

1. 运行错误

2. 异常处理代码

3. Java 应用程序

4. 抛出异常

5. 间接抛出

6. 非运行异常类

三、上机题(略)

## 习 题 七

一、单项选择题

1. C　2. C　3. D　4. D　5. D　6. D　7. D　8. C　9. A　10. A

11. D　12. A　13. B　14. D

二、填空题

1. NotifyAll()

2. ObjectOutputStream

3. writeObject()

4. new, Runnable

5. 新建,可运行,阻塞,可运行,终止

三、上机题(略)

## 习 题 八

**一、单项选择题**

1. C    2. A    3. D    4. D    5. A    6. D    7. D    8. A    9. B    10. B

**二、填空题**

1. 流或 stream

2. 输入流

3. RandomAccessFile

4. delete()

**三、上机题（略）**

## 习 题 九

**一、单项选择题**

1. A    2. C    3. D    4. C    5. D    6. C

**二、填空题**

1. 事件源

2. 布局管理器

3. AWT

4. 边框布局管理器 BorderLayout

5. 控制

6. import java.awt. * ; ,true

**三、上机题（略）**

## 习 题 十

**一、单项选择题**

1. B    2. C    3. B    4. D    5. A    6. B    7. D

**二、填空题**

1. stop()

2. CODE

3. 文本

**三、上机题（略）**

## 习 题 十 一

**一、单项选择题**

1. C    2. D    3. A

二、填空题

1. RGB 颜色模型

2. 高度和宽度

3. 13

4. 圆角矩形

5. FontMetrics 类

6. 旋转

三、编程题(略)

四、上机题(略)

## 习 题 十 二

一、单项选择题

1. B　　2. C　　3. D

二、填空题

1. getHost()

2. drawImage()

3. 帧动画

4. Applet

5. drawImage

三、编程题(略)

# 参 考 文 献

[1] 教育部考试中心.Java 语言程序设计.北京:高等教育出版社,2015 年 12 月
[2] 刘宝林.Java 程序设计与案例.北京:高等教育出版社,2004 年 11 月
[3] 印旻,王行言.Java 语言与面向对象程序设计教程(第 2 版).北京:清华大学出版社,1999 年 1 月
[4] 王克宏,董丽,等.Java 技术及其应用.北京:高等教育出版社,2007 年 2 月
[5] 郑莉.Java 语言程序设计(第 2 版).北京:清华大学出版社,2012 年 6 月
[6] 辛运帏.Java 程序设计(第 3 版).北京:清华大学出版社,2012 年 8 月
[7] 耿祥义.Java2 实用教程(第 4 版).北京:清华大学出版社,2012 年 8 月
[8] 孙一林.Java 编程技术.北京:机械工业出版社,2008 年 6 月
[9] 宛延铠.实用 Java 程序设计教程.北京:机械工业出版社,2007 年 12 月
[10] 朱庆生.Java 程序设计.北京:清华大学出版社,2011 年 5 月